6

Schlüssel zur
Mathematik

Schleswig-Holstein

Herausgegeben von
Reinhold Koullen †

Unter Beratung von
Anke Engelbrecht
Christina Tippel
Melanie Trusch

Teile dieses Unterrichtswerkes basieren auf Inhalten bereits erschienener Lehrwerke.
Diese wurden herausgegeben von Reinhold Koullen † und Udo Wennekers
sowie erarbeitet von:

Helga Berkemeier, Ilona Gabriel, Wolfgang Hecht, Jeannine Heinrichs, Barbara Hoppert, Reinhold Koullen †, Doris Ostrow, Hans-Helmut Paffen, Günther Reufsteck, Jutta Schaefer, Gabriele Schenk, Hermann Schneider, Willi Schmitz, Ingeborg Schönthaler, Christine Sprehe, Wolfgang Stindl, Herbert Strohmayer, Diana Tibo, Martina Verhoeven, Udo Wennekers, Ralf Wimmers, Rainer Zillgens

Unter Beratung von: Manuela Becker, Marion Heller, Martin Klauer, Luitgard Schatral, Sebastian Schönthaler, Diana Tibo

Redaktion: Viola Wilhelm

Illustration: Roland Beier

Grafik: Christian Böhning, Ulrich Sengebusch †

Umschlaggestaltung und Layoutkonzept:
Syberg | Kirstin Eichenberg und Torsten Symank

Layout und technische Umsetzung:
CMS – Cross Media Solutions GmbH

Begleitmaterialien zum Lehrwerk			
für Schülerinnen und Schüler		**für Lehrerinnen und Lehrer**	
Arbeitsheft	978-3-06-006555-4	Lösungsheft	978-3-06-006557-8
		Handreichungen	978-3-06-006560-8

www.cornelsen.de

Alle Drucke dieser Auflage sind inhaltlich unverändert
und können im Unterricht nebeneinander verwendet werden.

© 2016 Cornelsen Schulverlage GmbH, Berlin

Druck: Mohn Media Mohndruck, Gütersloh

1. Auflage, 1. Druck 2016
Schülerbuch
978-3-06-006554-7

Inhalt

👥 Partnerarbeit   👥 Gruppenarbeit

Rallye durch dein Mathe-Buch

Auf diesen zwei Seiten findest du einige Hinweise zu deinem neuen Mathematikbuch.
Löse die Rätsel (ä, ö und ü sind erlaubt).
Das Lösungswort verrät dir, was das Bild auf dem Umschlag zeigt.

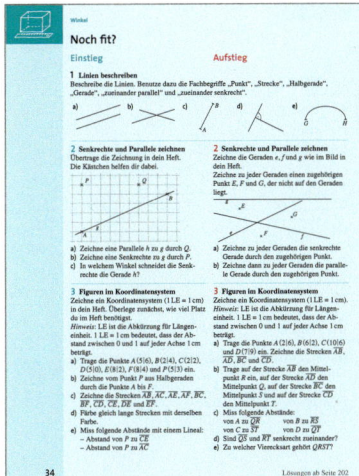

■ Noch fit?
Mit dem Einstiegstest kannst du
dein bisher erworbenes
Wissen testen. Deine Ergebnisse
kannst du mit den Lösungen im
Anhang vergleichen.
**Rätsel zum Noch fit? im Kapitel
Daten:**
Wann soll es regnen?
_ _ 5 _ _ 11 _

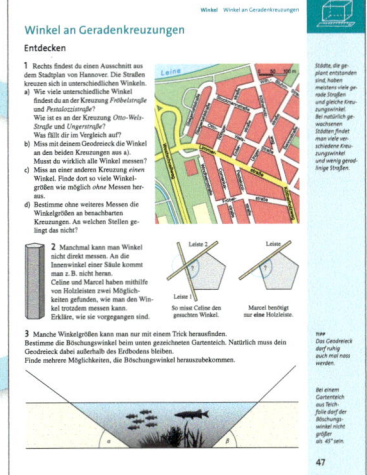

■ Entdecken
Jede Lerneinheit beginnt mit
einführenden Aufgaben, die
zum Ausprobieren und
Entdecken anregen.
**Rätsel zum Entdecken zum Thema
Brüche – Vergleichen, Addieren und
Subtrahieren – Brüche addieren und
subtrahieren:**
Was ist beim Schulfest übrig geblie-
ben? _ _ _ 3 _ 10

■ Verstehen
Der neue Unterrichtsstoff wird anhand von
Merksätzen und Beispielen erklärt.
**Rätsel zum Verstehen zum Thema
Dezimalbrüche – Umwandeln, Addieren
und Subtrahieren – Brüche, Dezimalbrüche
und Prozentschreibweise:**
Was kostet 2,75 Euro? 6 _ _ _ _ _ _ _ _

■ Üben und anwenden
Die Aufgaben trainieren den neu
gelernten Unterrichtsstoff.
**Rätsel zum Üben und an-
wenden zum Thema
Körper – Vergleichen und
Messen von Körpern:**
Welcher Artikel wird in
einer 10 ml-Dose ange-
boten?
_ _ _ 1 14

In der Randspalte
stehen zusätzliche
Informationen,
Aufgaben und
Lösungshinweise.

Mittelschwere
Aufgaben haben
eine schwarze
Aufgabennummer.

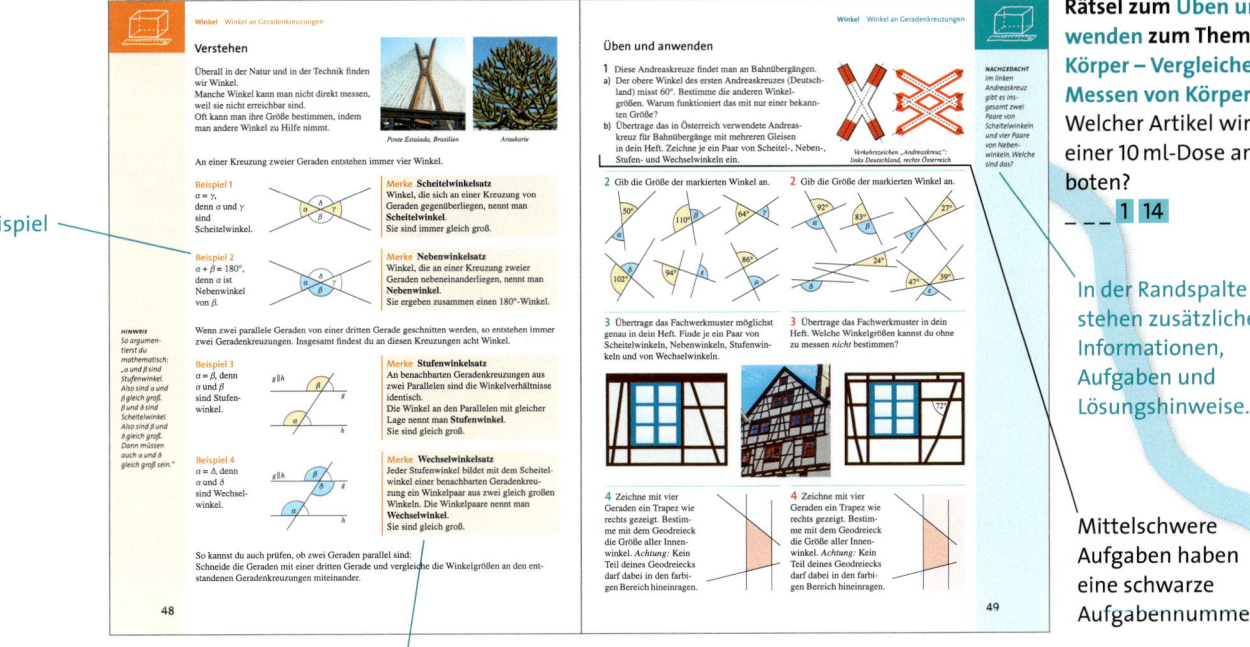

Beispiel

Wichtiger Merkstoff

Die linke Spalte
enthält leichtere
Aufgaben.

Die rechte Spalte
enthält schwierigere
Aufgaben.

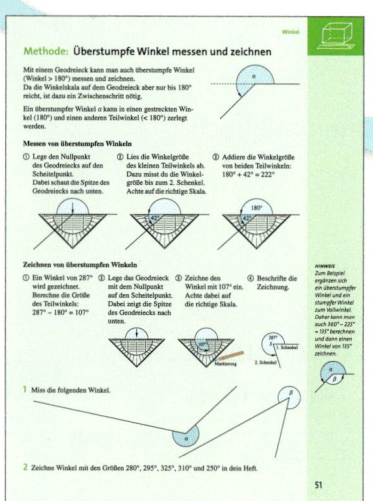

Die Symbole in den oberen Ecken stehen für bestimmte Bereiche in der Mathematik:

Zahlen und Variablen

Geometrie

Funktionen

Daten und Zufall

■ Methode und Thema
Auf den Methodenseiten werden die wichtigsten mathematischen Methoden vorgestellt und geübt. Die Themenseiten zeigen mathematische Inhalte aus verschiedenen Lebensbereichen.
Rätsel zur Methode Primfaktorzerlegung:
Welche Zahl, die nicht Primzahl ist, kann man als Produkt aus Primzahlen schreiben?

_ _ _ 2 _ _ _ _ _ _

■ Klar so weit?
Mit dem Zwischentest kannst du überprüfen, ob du den neuen Unterrichtsstoff verstanden hast. Deine Ergebnisse kannst du mit den Lösungen im Anhang vergleichen.
Rätsel zum Klar so weit? im Kapitel Winkel:
Welches Tier hat ein Gesichtsfeld von 260°?
_ _ _ 12 _

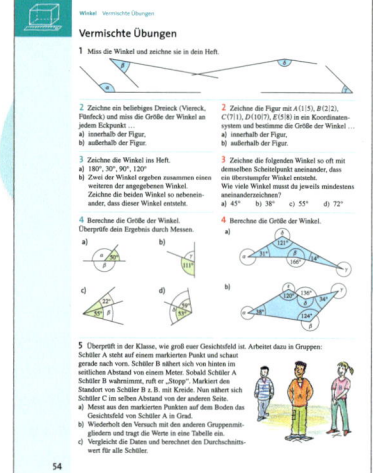

■ Vermischte Übungen
Die Seiten enthalten Aufgaben zu allen Lerneinheiten eines Kapitels.
Rätsel zu den Vermischten Übungen im Kapitel Teilbarkeit:
Wie heißt der Käpt'n, dem der Tresor gehört?
_ _ 9 _ _ _

■ Zusammenfassung
Die Zusammenfassung am Ende eines Kapitels enthält die wichtigsten Merksätze zum Nachschlagen.
Rätsel zu der Zusammenfassung im Kapitel Dezimalbrüche und Brüche – Multiplizieren und Dividieren:
Das Ergebnis von 3,65 · 2,723 hat 5 …?
_ _ _ _ _ _ _ _ _ 7 _ _ 13 _ _

■ Teste dich!
Überprüfe zur Vorbereitung auf die Klassenarbeit dein Können. Die Lösungen zum Abschlusstest findest du im Anhang.
Rätsel zum Teste dich! im Kapitel Symmetrie:
Was hat fünf Zacken?
_ 8 _ _ _ _ 15 _

Wie lautet das Lösungswort?

Teilbarkeit und Brüche

Beim Memory werden die Karten zu Spielbeginn
verdeckt im Rechteck auf den Tisch gelegt.
Dabei gibt es mehrere Möglichkeiten, ein Rechteck zu legen.
In diesem Fall wurden die 30 Karten in 6 Zeilen und 5 Spalten ausgelegt,
da 30 durch 6 und durch 5 teilbar ist.
Wurden im Spiel 5 Kartenpaare gefunden,
so sind $\frac{10}{30} = \frac{1}{3}$ des Spiels gespielt.

Noch fit?

| Einstieg | Aufstieg |

1 Welche Brüche sind hier dargestellt?

a) 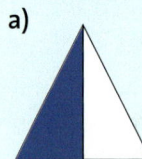 b) 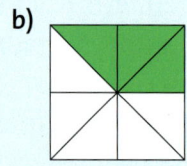 c) 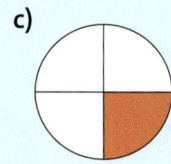 d) 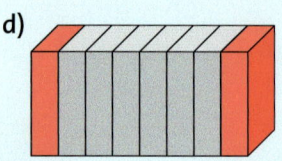 e)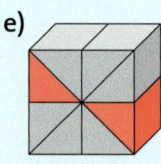

ZU AUFGABE 2
Beispiel:
$\frac{1}{5} + \frac{4}{5} = 1$

2 Brüche ergänzen
Ergänze so, dass ein Ganzes entsteht.

a) $\frac{3}{4}$ b) $\frac{4}{7}$ c) $\frac{2}{9}$ d) $\frac{10}{11}$

2 Brüche ergänzen
Ergänze auf 5 Ganze.

a) $4\frac{3}{4}$ b) $1\frac{4}{9}$ c) $3\frac{2}{7}$ d) $\frac{5}{6}$

3 Größen umrechnen
a) $1\frac{1}{2}\,\text{m} = \blacksquare\,\text{cm}$ b) $3\frac{3}{4}\,\text{m} = \blacksquare\,\text{cm}$

c) $3\frac{1}{5}\,\text{kg} = \blacksquare\,\text{g}$ d) $5\frac{1}{10}\,\text{kg} = \blacksquare\,\text{g}$

3 Größen umrechnen
a) $1\frac{1}{2}\,\text{h} = \blacksquare\,\text{min}$ b) $5\frac{2}{5}\,\text{km} = \blacksquare\,\text{m}$

c) $12\frac{3}{4}\,\text{g} = \blacksquare\,\text{mg}$ d) $10\frac{1}{4}\,\text{l} = \blacksquare\,\text{ml}$

HINWEIS
Ein Vielfaches einer Zahl entsteht, wenn diese Zahl mit einer natürlichen Zahl multipliziert wird.

4 Vielfache finden
Gib zu jeder Zahl mindestens vier verschiedene Vielfache an.

a) 2   b) 3   c) 4
d) 5   e) 10   f) 20
g) 100   h) 500   i) 1 000

4 Vielfache finden
Gib zu jeder Zahl mindestens vier verschiedene Vielfache an.

a) 7   b) 8   c) 9
d) 12   e) 25   f) 18
g) 125   h) 280   i) 146

5 Schriftlich dividieren
Bleibt beim Teilen ein Rest? Berechne.

a) 252 : 2   b) 252 : 3
c) 252 : 4   d) 252 : 5

5 Schriftlich dividieren
Bleibt beim Teilen ein Rest? Berechne.

a) 2 520 : 12   b) 2 520 : 13
c) 2 520 : 14   d) 2 520 : 15

6 Zahlenstrahl
a) Welche Zahlen sind hier markiert?

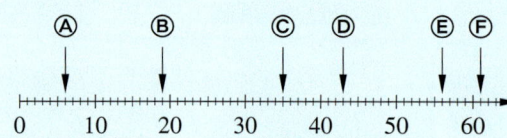

b) Zeichne einen Zahlenstrahl von 0 bis 100. Überlege dir eine sinnvolle Einteilung und trage ein:
5; 82; 99; 18; 46; 65

6 Zahlenstrahl
a) Welche Zahlen sind hier markiert?

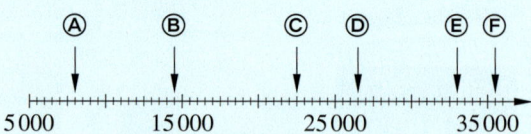

b) Zeichne einen Zahlenstrahl von 1 000 bis 2 000. Überlege dir eine sinnvolle Einteilung und trage ein:
1 500; 1 850; 1 050; 1 200; 1 450

7 Kurz und knapp
a) Das Ergebnis einer Divisionsaufgabe heißt …
b) Die Zahl, durch die dividiert wird, heißt …
c) Die Zahl vor dem Divisionszeichen heißt …

Lösungen ab Seite 202

Teiler, Vielfache und Primzahlen

Entdecken

1 Karten anordnen

Memory ist ein Spiel mit Karten, die paarweise die gleichen Bilder haben.
Die Spielkarten werden verdeckt auf dem Tisch ausgebreitet. Zur besseren Übersicht
werden sie in Form eines Rechtecks angeordnet.

a) Welche Möglichkeiten gibt es, 24 Karten auf dem Tisch als Rechteck anzuordnen?
   Formuliere zu jeder Anordnung eine Multiplikationsaufgabe.
   Hast du alle möglichen Anordnungen gefunden?
b) Welche Rechtecke lassen sich bilden, wenn nur 22 Karten im Spiel sind?
c) Der Inhalt des klassischen Memorys besteht aus 72 Karten (36 Bildpaare).
   Welche Rechtecke lassen sich bilden, wenn alle Karten genutzt werden sollen?
d) Welche Rechtecke lassen sich aus den Karten auf Seite 7 legen?

HINWEIS
*Du musst nicht immer Karten legen. Du kannst auch auf Karopapier für jede Karte ein Kreuz zeichnen und so die Kreuze entsprechend anordnen.
Zum Beispiel:*

2 👥 Kartenanzahl beim Memory

Arbeitet zu dritt.
a) Jeder nimmt sich zwei (jeder nimmt sich drei) Kartenpaare.
   Lassen sich alle eure Karten auf zwei (drei, vier, sechs, acht) Reihen
   gleichmäßig verteilen? Begründet das Ergebnis.
b) Warum lassen sich die Karten beim Memory immer auf zwei Reihen
   verteilen?
c) Überprüfe die folgenden Aussagen mit unterschiedlicher Kartenanzahl.
   ① Wenn man die Karten gleichmäßig auf sechs Reihen verteilen kann,
      dann kann man sie auch gleichmäßig auf drei Reihen verteilen.
   ② Wenn man die Karten gleichmäßig auf drei Reihen verteilen kann,
      dann kann man sie auch auf sechs Reihen verteilen.
d) Formuliert ähnliche Aussagen wie in Aufgabe c) und prüft, ob sie stimmen.

3 Perlen aufteilen

Juliane möchte für ihre vier Freundinnen Freundschaftsbänder mit Perlen machen. Sie hat eine
Tüte mit 54 gleich großen Perlen. Die vier Armbänder für die Freundinnen sollen aus gleich
vielen Perlen bestehen.
a) Wie viele Perlen kann sie für jedes Armband höchstens verwenden?
b) Juliane überlegt, ob sie einige Perlen für sich behält. Könnte sie mit insgesamt 35 (oder mit 38)
   Perlen vier gleich lange Armbänder herstellen?
c) Juliane möchte sich selbst auch ein Armband aus mindestens 15 Perlen machen. Wie viele
   Perlen kann sie für jedes Armband ihrer Freundinnen noch verwenden?

Verstehen

Stefanie hat 18 Äpfel und ihr Bruder Kalle 20 Mandarinen. Sie möchten diese mit ihren Freunden teilen.

HINWEIS
6 ist Teiler von 18. Deswegen gilt auch andersherum:
*18 ist **Vielfaches** von 6, denn*
$18 = 3 \cdot 6$.

Die 18 Äpfel können *gleichmäßig* an die insgesamt 6 Kinder verteilt werden.

   18 : 6 = 3   Es bleibt kein Rest.

Man sagt: „18 ist durch 6 **teilbar**" oder „6 ist **Teiler** von 18."
Man schreibt: 6 | 18

Die 20 Mandarinen können *nicht* gleichmäßig an 6 Kinder verteilt werden.

   20 : 6 = 3 Rest 2

Man sagt: „20 ist durch 6 **nicht teilbar**" oder „6 ist **kein Teiler** von 20."
Man schreibt: 6 ∤ 20

> **Merke** Eine Zahl ist ein **Teiler** einer anderen Zahl, wenn beim Dividieren kein Rest bleibt.

Die 18 hat noch weitere Teiler, z. B. ist auch 3 ein Teiler von 18, denn 18 : 3 = 6 (ohne Rest).
1, 2, 3, 6, 9 und 18 sind die Teiler der Zahl 18.
Für die Teilermenge von 18 schreibt man: $T_{18} = \{1; 2; 3; 6; 9; 18\}$.

Kalle will zu seinem Geburtstag Kart fahren. Er hat von seinen Eltern 7 Kartfahrten geschenkt bekommen.

Es gibt einige Zahlen, die nur zwei Teiler haben, nämlich die 1 und sich selbst:
Beispiele: 7 hat nur die Teiler 1 und 7; die Zahl 13 hat nur die Teiler 1 und 13.

> **Merke** Zahlen, die genau zwei Teiler haben (die 1 und sich selbst), heißen **Primzahlen**.

Beispiele für Primzahlen: 2; 3; 5; 7; 11; 13; 17; 19; …
Beachte: Die Zahl 1 ist *keine* Primzahl, da sie nur *einen* Teiler hat, $T_1 = \{1\}$.

Üben und anwenden

1 Welche der folgenden Zahlen sind …
a) … durch 2 teilbar?
   15; 32; 35; 42; 63; 84; 98
b) … durch 3 teilbar?
   6; 16; 23; 24; 25; 60; 66; 72
c) … durch 5 teilbar?
   15; 23; 40; 55; 72; 95; 102; 240; 264
d) … durch 9 teilbar?
   12; 18; 38; 44; 45; 81; 82; 99; 108

2 Welche der Zahlen sind Vielfache …
a) … von 6?
   36; 49; 54; 66; 78; 84; 99; 114; 130; 143
b) … von 8?
   15; 16; 23; 24; 25; 40; 45; 48; 79; 80; 81;
   800; 880; 888

3 Übertrage in dein Heft.
Schreibe an die Stelle des Kästchens
„ist Vielfaches von" oder „ist Teiler von".
a) 4 ▢ 16   b) 6 ▢ 3   c) 5 ▢ 20
d) 28 ▢ 7   e) 8 ▢ 2   f) 35 ▢ 7
g) 14 ▢ 42   h) 1 ▢ 6   i) 21 ▢ 21

4 Übertrage ins Heft.
Ergänze die fehlende Ziffer so, dass eine
passende Zahl entsteht.
a) 8 ist Teiler von 6▢.
b) 9 ist Teiler von 6▢.
c) 10 ist Teiler von 6▢.
d) 11 ist Teiler von 6▢.
e) 7▢ ist Vielfaches von 8.
f) 4▢ ist Vielfaches von 11.
g) 7▢ ist Vielfaches von 9.
h) 4▢ ist Vielfaches von 10.

1 Welche der folgenden Zahlen sind …
a) … durch 7 teilbar?
   15; 32; 35; 42; 63; 84; 98; 104; 140; 210
b) … durch 8 teilbar?
   15; 23; 40; 56; 62; 72; 98; 102; 104; 160;
   240; 256; 258; 264; 270
c) … durch 12 teilbar?
   12; 26; 38; 48; 60; 84; 94; 102; 144; 168;
   240; 480; 1 200; 1 206; 1 212; 1 224

2 Welche der Zahlen sind Vielfache …
a) … von 13?
   36; 39; 51; 65; 79; 81; 99; 113; 130; 143
b) … von 17?
   34; 71; 85; 186; 187; 340; 356; 1 717

3 Übertrage in dein Heft. Schreibe an die
Stelle des Kästchens „ist Teiler von" oder
„ist kein Teiler von" bzw. „ist Vielfaches von"
oder „ist kein Vielfaches von".
a) 4 ▢ 46   b) 96 ▢ 3   c) 15 ▢ 20
d) 28 ▢ 70   e) 84 ▢ 12   f) 35 ▢ 17
g) 13 ▢ 36   h) 14 ▢ 44   i) 16 ▢ 16

4 Übertrage ins Heft.
Ergänze die fehlende Ziffer so, dass eine
passende Zahl entsteht.
a) 17 ist Teiler von 5▢.
b) 23 ist Teiler von 9▢.
c) 35 ist Teiler von 3▢.
d) 42 ist Teiler von 2▢4.
e) ▢8 ist Vielfaches von 12.
f) ▢8 ist Vielfaches von 16.
g) 1▢7 ist Vielfaches von 13.
h) 40▢ ist Vielfaches von 17.

NACHGEDACHT
Sarah meint:
„Das bedeutet
doch alles das-
selbe!"

33 ist ein
Vielfaches
von 11.

33 ist teilbar
durch 11.

33 hat den
Teiler 11.

Hat Sarah recht?
Probiere mit
anderen Zahlen
und begründe.

5 👥 Kaja, Marlin und Maxim haben von ihrer Oma diesen
Geldbetrag bekommen.
Können sie das Geld gerecht aufteilen?
Erläutert eure Rechnungen.

6 👥 Für welche der Zahlen 12; 40; 54 und 60 gilt:
a) Die Zahl ist ein Vielfaches von 4. Außerdem ist sie durch 6 teilbar.
b) Die Zahl hat die Teiler 2; 3 und 4 und ist Vielfaches von 5.
c) Die Zahl ist durch 3 teilbar, aber nicht durch 4.
d) Formuliert eine ähnliche Aufgabe.

Erik:

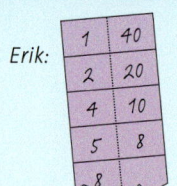

1	40
2	20
4	10
5	8
8	

Nele:

| $1 \cdot 51$ |
| ~~2~~ |
| $3 \cdot 17$ |
| ~~4~~ |
| ~~5~~ |
| ~~6~~ |
| ~~7~~ $(7 \cdot 7 = 49)$ |
| ~~8~~ $(8 \cdot 8 = 64)$ |

$T_{51} = \{1; 3; 17; 51\}$

7 👥 Erik hat alle Teiler von 40 bestimmt.
a) In der Randspalte seht ihr, wie Erik vorgegangen ist. Beschreibt seinen Lösungsweg.
Woran hat er erkannt, dass er *alle* Teiler gefunden hat und fertig ist?
Gebt die Teilermenge T_{40} in geordneter Weise an, beginnt mit dem kleinsten Teiler.
b) In der Randspalte seht ihr auch, wie Nele alle Teiler von 51 bestimmt hat.
Warum konnte sie bereits aufhören, nachdem sie geprüft hatte, ob 8 ein Teiler von 51 ist?

---

8 Durch welche Zahlen ist diese Zahl teilbar? Schreibe auf.
Gehe vor wie Erik in Aufgabe 7.
a) 6   b) 4   c) 9   d) 10
e) 12   f) 15   g) 16   h) 20

8 Bestimme alle Teiler und gib die Teilermenge an.
Gehe vor wie Nele in Aufgabe 7.
a) T_{84} b) T_{110} c) T_{218} d) T_{53} e) T_{96}
f) T_{126} g) T_{164} h) T_{195} i) T_{72} j) T_{300}

---

9 Vervollständige die Teilermengen im Heft.
a) $T_{12} = \{1; 2; 3; \blacksquare; \blacksquare; 12\}$
b) $T_{20} = \{1; \blacksquare; \blacksquare; 5; \blacksquare; 20\}$

9 Nenne zwei Zahlen mit genau …
a) … zwei Teilern.   b) … drei Teilern.
c) … vier Teilern.   d) … fünf Teilern.

---

10 Bei der Suche nach Primzahlen ist ein Verfahren hilfreich, das vor über 2000 Jahren der griechische Gelehrte Eratosthenes von Kyrene (284–202 v. Chr.) erfunden hat.
Es heißt „Primzahl-Sieb" und funktioniert so:
– Schreibe alle Zahlen von 2 bis z. B. 100 auf;
– Kreise die 2 ein, dann streiche alle Vielfachen von 2, aber nicht die 2 selbst (im Bild rote Striche);
– Verfahre ebenso mit der 3 (im Bild blaue Striche);
– Gehe zur nächsten nicht durchgestrichenen Zahl, kreise sie ein und streiche alle Vielfachen aber nicht die Zahl selbst;
– Wiederhole den vorhergehenden Schritt so lange, bis alle Zahlen eingekreist oder gestrichen sind.
Die eingekreisten Zahlen sind Primzahlen.
a) Schreibe alle Zahlen von 2 bis 200 in dein Heft und probiere das Primzahl-Sieb aus.
b) Überlege, warum du die Vielfachen von 4, 6 und 8 nicht streichen musst.

---

11 Bestimme die Teilermengen. Kennzeichne alle Primzahlen durch Unterstreichen.
Beispiel $\underline{T_{13}} = \{1; 13\}$

 T_{28} T_{35} T_{43} T_{99} T_{81} T_{169} 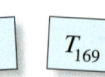 T_{19} T_{37} T_{111} T_{39} T_{201} T_{196}

---

12 Begründe.
a) Warum ist 17 eine Primzahl?
b) Warum ist 24 keine Primzahl?
c) Warum ist 35 keine Primzahl?

12 👥 Es gibt zwei direkt aufeinander folgende Zahlen, die Primzahlen sind.
a) Welche Zahlen sind das?
b) Warum gibt es nur *ein* solches Paar?

Teilbarkeitsregeln

Entdecken

1 Übertrage die Tabelle in dein Heft.

1	②	3	④	5̶	6	7	8	9	10
11	12	13	14	15	16	17	18	19	20
21	22	23	24	25	26	27	28	29	30
31	32	33	34	35	36	37	38	39	40
41	42	43	44	45	46	47	48	49	50
51	52	53	54	55	56	57	58	59	60
61	62	63	64	65	66	67	68	69	70
71	72	73	74	75	76	77	78	79	80
81	82	83	84	85	86	87	88	89	90
91	92	93	94	95	96	97	98	99	100

a) Kreise alle Zahlen rot ein, die durch 2 teilbar sind.

b) Kreuze alle Zahlen blau an, die durch 5 teilbar sind.

c) Welche Zahlen sind durch 2 *und* durch 5 teilbar? Warum?

d) Ergänze die folgenden Satzanfänge:
   – Eine Zahl ist durch 5 teilbar, wenn …
   – Eine Zahl ist durch 2 teilbar, wenn …
   – Eine Zahl ist durch 10 teilbar, wenn …

e) Die Teilbarkeitsregeln für 2; 5 und 10 bezeichnet man als *Endziffernregeln*.
   Kannst du begründen, warum?

f) Denke dir eine Zahl aus und teile sie deinem Tischnachbarn mit. Dieser gibt dann an,
   ob die Zahl durch 2; 5 oder 10 teilbar ist oder nicht. Wechselt danach die Rollen.

2 Jeder Euro-Schein hat eine Nummer,
z. B. VA1956079064. Diese sogenannte Seriennummer
kann helfen, einen Schein auf Echtheit zu prüfen.
Der erste Buchstabe ist ein Code für die Druckerei.
Darauf folgen ein weiterer Buchstabe und zehn Ziffern.
Führe die folgenden Berechnungen mit der Nummer
eines Euro-Scheins durch:

a) Addiere alle zehn Ziffern der Geldscheinnummer.
   Beispiel $1 + 9 + 5 + 6 + 0 + 7 + 9 + 0 + 6 + 4 = 47$

b) Ersetze die Buchstaben durch ihre Position im
   Alphabet (A wird durch 1 ersetzt, B durch 2 usw.)
   Beispiel V ist der 22. Buchstabe im Alphabet.

c) Addiere die Buchstabenpositionen zur Summe
   der Ziffern in Aufgabenteil a).
   Beispiel $47 + 22 + 1 = 70$

d) Addiere die Ziffern der entstandenen Summe,
   bis die Zahl einstellig wird.
   Beispiel $7 + 0 = 7$

Druckereikennung			
Athen	Y	Haarlem	P
Berlin	R	Leipzig	W
Brüssel	Z	Loughton	H
Carregado	M	Madrid	V
Chamalières	U	München	X
Chantepie	E	Rom	S
Dublin	T	Warschau	D
Gateshead	J	Wien	N

e) Probiert mit mehreren Euro-Scheinen und
   vergleicht eure Ergebnisse.
   Was fällt euch auf?

NACHGEDACHT
*Welche Länder
gehören zur
EU (Europäische
Union)?
Haben alle Län-
der der EU den
Euro eingeführt?
Erkundige dich,
ob es noch wei-
tere Länder gibt,
die als Währung
Euro haben.*

Verstehen

Miriam und Jonas haben ihre Sparschweine vertauscht. Nun wissen sie nicht mehr, welches wem gehört. Im Sparschwein Ⓐ befinden sich 120 € und im Sparschwein Ⓑ sind 135 €. Miriam hat in ihrem Sparschwein nur 10-€-Scheine gesammelt. Jonas hat ausschließlich 5-€-Scheine gespart. Wem gehört welches Sparschwein?

Ob eine Zahl durch 2, durch 5 oder durch 10 teilbar ist, kann man leicht prüfen: Das erkennt man schon an der letzten Ziffer (**Endziffer**) der Zahl.

> **Merke**
> Eine Zahl ist **durch 10 teilbar**, wenn ihre letzte Ziffer **0** ist.
> Eine Zahl ist **durch 5 teilbar**, wenn ihre letzte Ziffer **0** oder **5** ist.
> Eine Zahl ist **durch 2 teilbar**, wenn ihre letzte Ziffer **0**; **2**; **4**; **6** oder **8** ist.
> Eine durch 2 teilbare Zahl heißt **gerade Zahl**, alle anderen Zahlen heißen **ungerade Zahlen**.

Beispiel 1

120 ist durch 10; 5 und 2 teilbar, da die Endziffer 0 ist.
135 ist durch 5 teilbar, aber nicht durch 2 und nicht durch 10, da die Endziffer 5 ist.

Zurück zum Beispiel ganz oben auf der Seite: Wem gehört das Sparschwein Ⓑ?
135 ist *nicht* durch 10 teilbar, da die Endziffer *nicht* 0 ist.
Also können im Sparschwein Ⓑ *nicht* nur 10-€-Scheine sein, es gehört also Jonas.

Miriam und Jonas machen mit ihrer Freundin Esra einen Ausflug. Für Bahnfahrt und Eintritt kaufen sie Gruppenkarten für zusammen 48 €.
Können sie diesen Betrag zwischen sich ganz gerecht aufteilen?

Hm, 8 ist nicht durch 3 teilbar, dann ist wohl 48 auch nicht durch 3 teilbar.

Aber 48 ist doch durch 3 teilbar, denn 48 : 3 = 16 ohne Rest!

Um zu prüfen, ob eine Zahl durch 3 teilbar ist, gibt es ein anderes Verfahren. Zunächst muss man die Quersumme der Zahl berechnen.

> **Merke** Die Summe aller Ziffern einer Zahl nennt man **Quersumme**.

Beispiel 2

Die Quersumme von   48 ist 12, denn 4 + 8 = 12.
Die Quersumme von 533 ist 11, denn 5 + 3 + 3 = 11.

Anhand der Quersumme kann man leicht ermitteln, ob eine Zahl durch 3 teilbar ist. Man muss dazu prüfen, ob die Quersumme durch 3 teilbar ist.

Beispiel 2 (Fortsetzung)

Die Quersumme von 48 ist 12; und 12 ist durch 3 teilbar. Also ist auch 48 durch 3 teilbar.
Die Quersumme von 533 ist 11; und 11 ist *nicht* durch 3 teilbar. Also ist auch 533 *nicht* durch 3 teilbar.

> **Merke** Eine Zahl ist **durch 3 teilbar**, wenn ihre Quersumme durch 3 teilbar ist.

HINWEIS
Man kann beim Prüfen der Teilbarkeit auch die Quersumme von der Quersumme nehmen. Beispiel: Die Quersumme von 978 ist 24, die Quersumme von 24 ist 6 und 6 ist durch 3 teilbar. Also ist auch 978 durch 3 teilbar.

Üben und anwenden

1 Setze | oder ∤ ein.
a) 10 ▦ 20   b) 10 ▦ 25
c) 10 ▦ 60   d) 10 ▦ 65
e) 10 ▦ 650   f) 10 ▦ 100

2 Setze | oder ∤ ein.
a) 5 ▦ 22   b) 5 ▦ 25   c) 5 ▦ 26
d) 5 ▦ 100   e) 5 ▦ 650   f) 5 ▦ 651

3 Welche der folgenden Zahlen sind durch 2 teilbar? Schreibe mit | bzw. ∤.
a) 4   b) 15   c) 16
d) 20   e) 21   f) 22
g) 111   h) 121   i) 212

4 Entscheide, ob die Zahlen durch 2; 5 oder 10 teilbar sind.
a) 40; 25; 36; 18; 75; 30
b) 195; 200; 564; 101; 450; 305
c) 988; 989; 990; 991; 992; 993
d) 2 600; 1 109; 6 650; 3 700; 4 468

5 👥 Arbeitet zu zweit. Schreibt die Zahlen von 302 bis 330 geordnet ins Heft. Zeichnet um alle durch 2 teilbaren Zahlen einen grünen Kreis, um alle durch 5 teilbaren Zahlen einen blauen und um alle durch 10 teilbaren Zahlen einen roten Kreis. Was fällt euch auf? Stellt euer Ergebnis und eure Überlegungen in der Klasse vor.

1 Setze | oder ∤ ein.
a) 10 ▦ 120   b) 10 ▦ 425
c) 10 ▦ 893   d) 10 ▦ 1 010
e) 10 ▦ 1 020   f) 10 ▦ 1 001

2 Welche der Zahlen sind durch 5 teilbar? Begründe jeweils.
a) 121   b) 135   c) 7 150
d) 55 552   e) 48 505   f) 15 514

3 Welche der Zahlen sind durch 2 teilbar? Begründe jeweils.
a) 674   b) 2 225   c) 1 680
d) 20 000   e) 21 000   f) 22 222
g) 10 101   h) 1 Mio.   i) 5 Mrd.

4 Entscheide, ob die Zahlen durch 2; 5 oder 10 teilbar sind.
a) 478; 1 225; 3 658; 1 876; 300
b) 925; 32 615; 5 617; 1 010; 23 455
c) 5 250; 980; 999; 1 000; 2 775
d) 25; 24; 25 000; 444; 42 375

5 Ergänze im Heft, so dass die Zahlen …
a) …durch 10 teilbar sind:
   3▦; 43▦; 1▦0; 34▦; 337▦51▦
b) …durch 5 teilbar sind:
   7▦; 2▦0; 33▦0; 5▦0▦; ▦▦0; ▦300
c) …durch 2 teilbar sind:
   ▦; 15▦; 80▦; ▦7▦; ▦9▦9

6 Welche der Geldbeträge kann man passend mit ausschließlich 2-€-Stücken (oder: mit ausschließlich 5-€-Scheinen; mit ausschließlich 10-€-Scheinen) bezahlen?
a) 146 €   b) 235 €   c) 605 €   d) 193 €   e) 1 245 €   f) 4 400 €   g) 804 €   h) 1 229 €
i) 👥 Überlege dir drei weitere Geldbeträge und gebe sie zum Lösen einem Partner.

7 Jeweils 10 Eier werden in einer Schachtel verpackt.
Bei welcher Anzahl bleibt kein Rest?
Wie viele Eier bleiben in den anderen Fällen übrig?
a) 200   b) 875
c) 250   d) 255
e) 420   f) 25
g) 785   h) 257
i) 698   j) 391

7 Bei einem Reitturnier werden am Eingang A Stehplatzkarten für 2 €, am Eingang B Sitzplatzkarten für 5 € und am Eingang C VIP-Karten für 10 € verkauft. Der Hauptkassierer hat sich die Einnahmebeträge der Kassen notiert: 725 €, 494 € und 440 €.
a) Ordne die Einnahmebeträge den jeweiligen Eingängen zu.
b) Wie viele Karten wurden an den drei Eingängen insgesamt verkauft?

ZU AUFGABE 6
Wie kann man die Beträge d) und h) bezahlen, wenn man sowohl 2-€-Stücke als auch 5-€-Scheine benutzen darf? Stellt euch zu zweit gegenseitig ähnliche Aufgaben.

8 Berechne die Quersumme der Zahlen.
a) 25   b) 153   c) 890
d) 1 987   e) 8 054   f) 2 500 657
g) 578 964   h) 10 942   i) 5 987 458

9 Fülle die Tabelle im Heft aus.

Zahl	Quersumme der Zahl	teilbar durch 3?
411		
414		
855		
3 194		
7 032		

10 Überprüfe, ob die Zahl durch 3 teilbar ist. Wenn ja, teile die Zahl durch 3 und gib das Ergebnis an.
a) 39   b) 49   c) 126
d) 405   e) 753   f) 939

11 Bestimme die nächstkleinere Zahl, die durch 3 teilbar ist.
a) 56   b) 85   c) 235
d) 163   e) 328   f) 659
g) Erläutere, wie du vorgegangen bist.

12 Bestimme die nächstgrößere Zahl, die durch 3 teilbar ist.
a) 28   b) 64   c) 73
d) 122   e) 284   f) 361
g) Erläutere, wie du vorgegangen bist.

13 Ist deine Telefonnummer, Hausnummer, Postleitzahl, Körpergröße in cm, Schuhgröße oder dein Geburtsjahr durch 3 teilbar?
Wer aus eurer Klasse hat dabei die meisten durch 3 teilbaren Zahlen?

153

2004

14 Maja ist 12 Jahre alt und meint:
„Mein älterer Bruder Tim hat heute Geburtstag. Sein Alter ist durch 2, 3 und 6 teilbar."
Wie alt könnte Tim sein?
Wie bist du vorgegangen?

8 👥 Würfelt mit drei Würfeln. Bildet aus den gewürfelten Ziffern verschiedene dreistellige Zahlen. Berechnet die Quersumme aller Zahlen. Was fällt euch auf? Probiert mit weiteren Würfen und präsentiert euer Experiment und eure Überlegungen.

9 Welche der Zahlen sind durch 3 teilbar? Teile diese Zahlen durch 3.
a) 318; 497; 397; 548; 648; 732
b) 1 123; 2 232; 3 357; 4 456; 6 333
c) 12 345; 34 560; 90 009; 46 789; 32 211
d) 54 241; 63 711; 238 947; 425 763
e) 1 356 484; 3 884 211; 69 351 264

10 Ergänze eine Ziffer, so dass die Zahl durch 3 teilbar ist. Gibt es mehrere Lösungen? Begründe jeweils.
a) 52▮   b) 22▮57
c) 3▮51   d) ▮5 402

11 Bestimme die nächstkleinere Zahl, die durch 3 *und* durch 5 teilbar ist.
a) 23   b) 46   c) 67
d) 89   e) 125   f) 248
g) Erläutere, wie du vorgegangen bist.

12 Bestimme die nächstgrößere Zahl, die durch 3 *und* durch 5 teilbar ist.
a) 35   b) 43   c) 99
d) 120   e) 141   f) 1 325
g) Erläutere, wie du vorgegangen bist.

13 Paul behauptet: „Wenn ich aus allen zehn Ziffern eine zehnstellige Zahl zusammenstelle, egal in welcher Reihenfolge, so ist sie immer durch 3 teilbar."
Stimmst du Paul zu?

14 Bilde aus den Ziffern von 0 bis 5 fünfstellige Zahlen, die durch 3 teilbar sind. Dabei darf keine Ziffer doppelt vorkommen und innerhalb der Zahl sollen die Ziffern der Größe nach geordnet sein (vorne die größte). Wie viele solche Zahlen gibt es? Begründe.

Brüche erweitern und kürzen

Entdecken

1 Auf dem Schulfest bieten Jan, Lea und Berna das Spiel „Glücksrad" an.

Einen Preis gewinnt man, wenn der Zeiger beim Drehen auf dem grünen Feld stehen bleibt.
Vergleiche die Glücksräder: Bei wem würdest du spielen? Begründe.

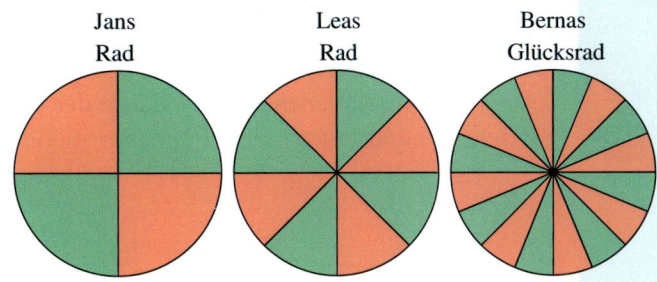

Jans Rad   Leas Rad   Bernas Glücksrad

2 Zu Leons Geburtstagsfeier haben seine Eltern zwei Bleche Kuchen gebacken, einen Bienenstich und einen Streuselkuchen.

Nach der Feier sind einige Stücke übriggeblieben.
Schaue genau: Von welchem Kuchen ist mehr übriggeblieben?

3 Welcher Anteil ist grün, welcher Anteil ist blau? Gib die Anteile in möglichst vielen verschiedenen Schreibweisen an.
📖 Vergleiche deine Ergebnisse mit deinen Nachbarn. Wer findet die meisten Schreibweisen?

4 Welcher Anteil vom Streifen ist gelb?

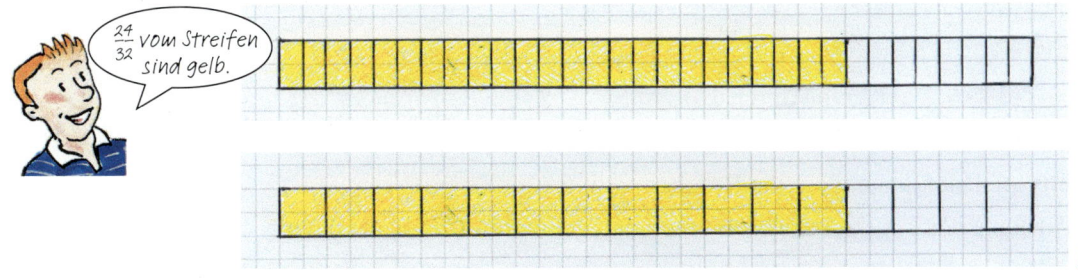

$\frac{24}{32}$ vom Streifen sind gelb.

Ich habe den Streifen anders eingeteilt.

a) Wie hat Nora den Streifen eingeteilt? Gib mit dem passenden Bruch den gelben Anteil an.
b) Kannst du den Streifen anders einteilen als Timm und Nora? Zeichne selbst solche Streifen in dein Heft: Jeder Streifen soll 16 cm lang sein, davon 12 cm gelb.
   Zeichne möglichst viele verschiedene Einteilungen und gib mit dem jeweils passenden Bruch den gelben Anteil an.
c) Warum kann man den gelben Anteil *nicht* angeben, wenn man diesen Streifen so einteilt, dass immer 3 (oder 6) Kästchen zusammengehören?

Verstehen

Tom und Pia wollen sich eine Pizza teilen.

„Kannst du die Pizza nicht in kleinere Stücke schneiden?" fragt Pia, als Tom die Riesenpizza halbiert. „Solch große Stücke passen doch gar nicht auf unsere Teller!"

Tom überlegt einen Augenblick und teilt jede Hälfte mit zwei weiteren Schnitten.

„Aber ich will auf jeden Fall die Hälfte der Pizza haben", sagt er.

„Kriegst du doch auch" lacht Pia, „aber in kleineren Stücken".

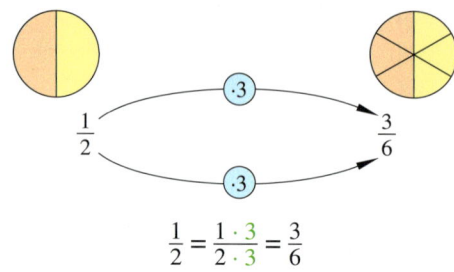

$$\frac{1}{2} = \frac{1 \cdot 3}{2 \cdot 3} = \frac{3}{6}$$

> **Merke** **Erweitern eines Bruchs** bedeutet, Zähler und Nenner des Bruchs mit der gleichen natürlichen Zahl zu multiplizieren.
>
> Dadurch ändert sich der Wert des Bruchs nicht.

ERINNERE DICH
Zahlen wie $1\frac{1}{2}$ oder $3\frac{2}{5}$ heißen **gemischte Zahlen**. Sie sind größer als 1 Ganzes, z.B. $1\frac{1}{2} = 1 + \frac{1}{2}$.

Beispiel 1

$\frac{2}{5} = \frac{2 \cdot 4}{5 \cdot 4} = \frac{8}{20}$ (Erweitern mit 4)

Beispiel 2

$1\frac{3}{4} = 1\frac{3 \cdot 2}{4 \cdot 2} = 1\frac{6}{8}$ (Erweitern bei einer gemischten Zahl)

Beim Kuchenessen am Nachmittag bemerkt Pia: „Jetzt haben wir tatsächlich 9 von den 12 Kuchenstücken aufgegessen!" „Dann haben wir ja drei Viertel des Kuchens gegessen", stellt Tom fest.

Er hat so gerechnet:

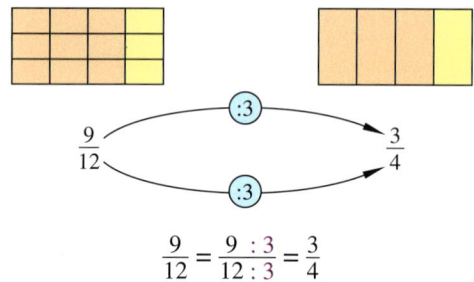

$$\frac{9}{12} = \frac{9 : 3}{12 : 3} = \frac{3}{4}$$

> **Merke** **Kürzen eines Bruchs** bedeutet, Zähler und Nenner des Bruchs durch die gleiche natürliche Zahl zu dividieren.
>
> Auch durch das Kürzen ändert sich der Wert des Bruchs nicht.

Beispiel 3

$\frac{100}{160} = \frac{100 : 20}{160 : 20} = \frac{5}{8}$ (Kürzen durch 20)

Beispiel 4

$3\frac{16}{24} = 3\frac{16 : 8}{24 : 8} = 3\frac{2}{3}$ (Kürzen bei einer gemischten Zahl)

In Beispiel 3 sieht man, dass die Brüche $\frac{100}{160}$ und $\frac{5}{8}$ gleich groß sind.

Als Ergebnis einer Aufgabe schreibt man den gekürzten Bruch, also hier $\frac{5}{8}$.

Einen Bruch, der nicht weiter gekürzt werden kann, nennt man **vollständig gekürzt**.

Beispiel 5

Kürze $\frac{72}{96}$ vollständig. Man kann einen Bruch auf zwei Arten vollständig kürzen.

Schrittweises Kürzen:

$$\frac{72}{96} = \frac{72 : 2}{96 : 2} = \frac{36 : 2}{48 : 2} = \frac{18 : 2}{24 : 2} = \frac{9 : 3}{12 : 3} = \frac{3}{4}$$

Üben und anwenden

1 Erkläre an der Zeichnung, wie erweitert wurde. Notiere auch die zugehörigen Brüche.

a) 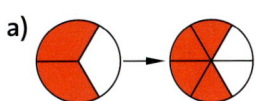 b) 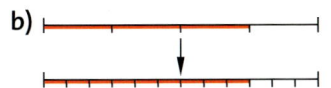 c)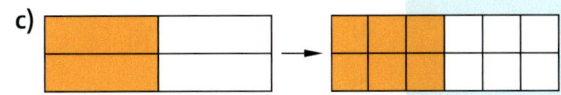

2 Erkläre an der Zeichnung, wie gekürzt wurde. Notiere auch die zugehörigen Brüche.

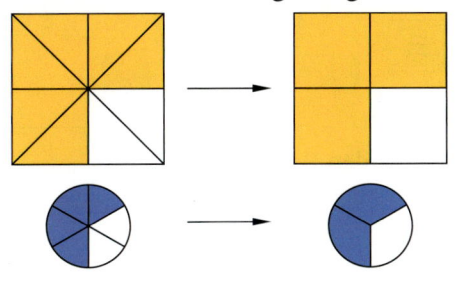

2 Finde je zwei Brüche, die den roten Anteil an der Figur angeben.
Beschreibe: Was haben die beiden Brüche mit „Kürzen/Erweitern" zu tun?

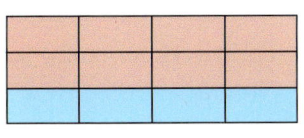 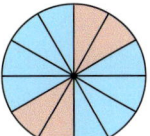 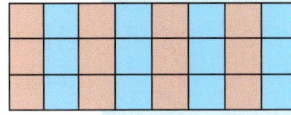

3 Mit welcher Zahl wurde erweitert?

a) $\frac{3}{4} = \frac{3 \cdot \blacksquare}{4 \cdot \blacksquare} = \frac{9}{12}$ b) $\frac{5}{2} = \frac{5 \cdot \blacksquare}{2 \cdot \blacksquare} = \frac{25}{10}$ c) $\frac{8}{9} = \frac{8 \cdot \blacksquare}{9 \cdot \blacksquare} = \frac{48}{54}$ d) $\frac{2}{3} = \frac{2 \cdot \blacksquare}{3 \cdot \blacksquare} = \frac{28}{42}$

4 Durch welche Zahl wurde gekürzt?

a) $\frac{4}{6} = \frac{4 : \blacksquare}{6 : \blacksquare} = \frac{2}{3}$ b) $\frac{24}{36} = \frac{24 : \blacksquare}{36 : \blacksquare} = \frac{4}{6}$ c) $\frac{16}{32} = \frac{16 : \blacksquare}{32 : \blacksquare} = \frac{2}{4}$ d) $\frac{42}{28} = \frac{42 : \blacksquare}{28 : \blacksquare} = \frac{3}{2}$

5 Erweitere jeden Bruch mit 2, mit 5 und mit 12.

a) $\frac{1}{2}$ b) $\frac{2}{3}$ c) $\frac{4}{7}$ d) $\frac{1}{5}$ e) $1\frac{1}{2}$ f) $2\frac{3}{4}$

5 Bestimme die fehlende Zahl.

a) $\frac{\blacksquare}{7} = \frac{15}{35}$ b) $\frac{\blacksquare}{9} = \frac{45}{81}$ c) $\frac{\blacksquare}{5} = \frac{12}{20}$

d) $\frac{\blacksquare}{11} = \frac{35}{77}$ e) $\frac{\blacksquare}{3} = \frac{7}{21}$ f) $\frac{\blacksquare}{15} = \frac{56}{120}$

6 Kürze durch 5.

a) $\frac{15}{25}$ b) $\frac{40}{100}$ c) $\frac{35}{45}$ d) $\frac{50}{30}$ e) $\frac{10}{55}$

f) $\frac{65}{75}$ g) $\frac{20}{30}$ h) $\frac{45}{60}$ i) $\frac{80}{95}$ j) $\frac{105}{125}$

6 Bestimme die fehlende Zahl x.

a) $\frac{3}{x} = \frac{24}{56}$ b) $\frac{84}{108} = \frac{7}{x}$ c) $\frac{50}{90} = \frac{5}{x}$

d) $\frac{8}{x} = \frac{72}{90}$ e) $\frac{10}{x} = \frac{40}{96}$ f) $\frac{66}{96} = \frac{11}{x}$

7 Prüfe durch Kürzen oder Erweitern, ob das Gleichheitszeichen stimmt.

a) $\frac{2}{6} = \frac{1}{3}$ b) $\frac{12}{36} = \frac{2}{6}$ c) $\frac{12}{36} = \frac{1}{3}$

d) $\frac{4}{12} = \frac{12}{36}$ e) $\frac{2}{6} = \frac{6}{12}$ f) $\frac{1}{3} = \frac{4}{12}$

g) $\frac{24}{48} = \frac{1}{2}$ h) $\frac{28}{35} = \frac{4}{5}$ i) $\frac{7}{8} = \frac{21}{32}$

7 Erweiterungszahl gesucht

a) Schreibe als Bruch mit dem Nenner 24.

① $\frac{2}{3}$ ② $\frac{7}{12}$ ③ $\frac{3}{8}$ ④ $\frac{1}{2}$ ⑤ $\frac{11}{3}$

b) Schreibe als Bruch mit dem Nenner 48.

① $\frac{1}{2}$ ② $\frac{5}{6}$ ③ $\frac{7}{12}$ ④ $\frac{23}{24}$ ⑤ $\frac{7}{3}$

8 Bestimme die fehlende Zahl.

a) $\frac{5}{8} = \frac{\blacksquare}{32}$ b) $\frac{4}{5} = \frac{\blacksquare}{30}$ c) $\frac{5}{6} = \frac{\blacksquare}{24}$

d) $\frac{7}{4} = \frac{\blacksquare}{28}$ e) $\frac{2}{3} = \frac{\blacksquare}{27}$ f) $\frac{8}{9} = \frac{\blacksquare}{63}$

8 Stimmt das Gleichheitszeichen?

a) $\frac{8}{9} = \frac{96}{108}$ b) $\frac{7}{8} = \frac{63}{64}$ c) $\frac{1}{9} = \frac{5}{95}$

d) $\frac{96}{104} = \frac{12}{13}$ e) $\frac{154}{214} = \frac{15}{21}$ f) $\frac{105}{213} = \frac{34}{71}$

9 Mit welcher Zahl wird erweitert, damit der Nenner 100 ist? Beispiel $\frac{1}{4} = \frac{25}{100}$, also 25

a) $\frac{1}{2}$ b) $\frac{7}{10}$ c) $\frac{13}{20}$

d) $\frac{9}{50}$ e) $\frac{3}{4}$ f) $\frac{19}{25}$

9 Welche der Brüche lassen sich auf eine Stufenzahl (10; 100; 1 000; …) erweitern?

a) $\frac{3}{5}$ b) $\frac{7}{25}$ c) $\frac{2}{3}$

d) $\frac{1}{8}$ e) $\frac{5}{6}$ f) $\frac{19}{200}$

10 Jeweils ein roter und ein blauer Bruch sind gleich groß.

Schreibe so: $\frac{3}{4} = \frac{3 \cdot 4}{4 \cdot 4} = \frac{12}{16}$

11 Kürze den Bruch schrittweise bis zum Ende.

Beispiel $\frac{20}{120} = \frac{10}{60} = \frac{5}{30} = \frac{1}{6}$

a) $\frac{60}{180} = \frac{\blacksquare}{90} = \frac{\blacksquare}{18} = \frac{\blacksquare}{6} = \frac{\blacksquare}{3}$

b) $\frac{72}{270} = \frac{36}{\blacksquare} = \frac{\blacksquare}{45} = \frac{4}{\blacksquare}$

c) $\frac{\blacksquare}{360} = \frac{48}{\blacksquare} = \frac{12}{\blacksquare} = \frac{\blacksquare}{6} = \frac{2}{3}$

d) $\frac{60}{80} = \frac{\blacksquare}{\blacksquare} = \frac{\blacksquare}{\blacksquare} = \ldots$ e) $\frac{50}{250} = \frac{\blacksquare}{\blacksquare} = \ldots$

11 Kürze den Bruch vollständig. Ergänze in deinem Heft.

a) $\frac{240}{\blacksquare} = \frac{\blacksquare}{72} = \frac{20}{24} = \frac{10}{\blacksquare} = \frac{\blacksquare}{6}$

b) $\frac{\blacksquare}{630} = \frac{45}{\blacksquare} = \frac{\blacksquare}{105} = \frac{5}{35} = \frac{1}{\blacksquare}$

c) $\frac{\blacksquare}{360} = \frac{72}{\blacksquare} = \frac{24}{60} = \frac{\blacksquare}{15} = \frac{2}{\blacksquare}$

d) $\frac{144}{180} = \frac{\blacksquare}{\blacksquare} = \frac{\blacksquare}{\blacksquare} = \ldots$

e) $\frac{64}{128} = \frac{\blacksquare}{\blacksquare} = \frac{\blacksquare}{\blacksquare} = \ldots$

ERINNERE DICH
Zwei Zahlen, die keinen gemeinsamen Teiler außer der 1 haben, heißen **teilerfremd**. *Sind Zähler und Nenner teilerfremd, kann man nicht weiter kürzen.*

12 Kürze so lange, bis Zähler und Nenner teilerfremd sind.

a) $\frac{32}{40}$ b) $\frac{25}{30}$ c) $\frac{72}{84}$ d) $\frac{56}{64}$

e) $\frac{24}{60}$ f) $\frac{8}{12}$ g) $\frac{16}{20}$ h) $\frac{15}{35}$

12 Kürze so lange, bis Zähler und Nenner teilerfremd sind.

a) $\frac{75}{105}$ b) $\frac{80}{120}$ c) $\frac{20}{24}$ d) $\frac{39}{65}$

e) $\frac{105}{120}$ f) $\frac{60}{108}$ g) $\frac{216}{102}$ h) $\frac{276}{216}$

13 Zeichne geeignete Kreisbilder oder Rechtecke und zeige, dass $\frac{1}{2} = \frac{4}{8}$ und $\frac{3}{4} = \frac{12}{16}$.

14 Welche dieser Brüche kann man auf den Nenner 24 erweitern? Welche nicht?

$\frac{1}{2}$; $\frac{1}{3}$; $\frac{1}{4}$; $\frac{1}{5}$; $\frac{1}{6}$; $\frac{1}{7}$; $\frac{1}{8}$

Erkläre: Warum kann man manche der Brüche nicht auf den Nenner 24 erweitern?

13 Finde fünf Brüche mit …

a) dem Nenner 36, die sich kürzen lassen.

b) dem Nenner 36, die sich *nicht* kürzen lassen. Kannst du begründen, warum man sie nicht kürzen kann?

14 Aidyl stellt fest: „Man kann jeden Bruch mit 2, 3, 4, …, 10 erweitern, aber nicht jeden Bruch durch diese Zahlen kürzen." Warum ist das so?

15 Nico sammelt Briefmarken. Von seinen 120 Briefmarken stammen 40 aus Deutschland, 30 aus England, 24 aus Frankreich und der Rest aus anderen Ländern. Gib die Anteile an der Gesamtmenge als gekürzte Bruchteile an.

15 Die Erich-Kästner-Schule hat 950 Schüler. An einem Sommermorgen kommen 380 Schüler mit dem Fahrrad zur Schule, 300 mit dem Bus, 25 werden mit dem Auto gebracht und der Rest geht zu Fuß. Gib die Anteile als vollständig gekürzte Brüche an.

Brüche vergleichen und ordnen

Entdecken

1 Niclas und Ahmed sind Torhüter und haben beim Fußballturnier mehrere Elfmeter gehalten. Niclas hat 2 von 5 Elfmetern gehalten, Ahmed konnte 3 von 8 Elfmetern abwehren.
Welcher Torhüter war erfolgreicher beim Elfmeterhalten?

2 Bei welchem der drei Gefäße ist die Chance, eine orange Kugel zu ziehen, am geringsten? Bei welchem Gefäß am höchsten? Gib eine Begründung an.

3 Übertrage den folgenden Zahlenstrahl in dein Heft.

$\frac{1}{6}$ $\frac{2}{6}$ $\frac{3}{6}$ $\frac{4}{6}$ $\frac{5}{6}$ $\frac{6}{6}$ $\frac{7}{6}$

0   1   2

a) Ergänze die fehlenden Brüche am Zahlenstrahl.
b) Kürze alle Brüche, bei denen dies möglich ist. Schreibe den gekürzten Bruch an die gleiche Stelle unter den Zahlenstrahl.
c) Welcher Bruch liegt auf dem Zahlenstrahl genau zwischen $\frac{1}{2}$ und $\frac{2}{3}$?
d) Bestimme die Lage der Brüche $\frac{1}{4}$ und $\frac{3}{4}$ auf dem Zahlenstrahl.
e) Warum befinden sich $\frac{6}{6}$ und 1 an der gleichen Stelle des Zahlenstrahls?
f) Florian möchte lieber $1\frac{1}{6}$ statt $\frac{7}{6}$ schreiben. Darf er das? Begründe.

4 Zeichne einen Zahlenstrahl mit folgenden Eigenschaften:
– Der Zahlenstrahl ist mindestens 14 cm lang.
– Zwischen der 0 am Beginn des Zahlenstrahls und der 1 liegen genau 8 cm.

Trage auf dem Zahlenstrahl die folgenden Brüche ein: $\frac{1}{8}$; $\frac{3}{8}$; $\frac{7}{8}$; $\frac{1}{4}$; $\frac{3}{4}$; $\frac{1}{2}$; $1\frac{1}{2}$; $1\frac{3}{8}$; $\frac{5}{16}$.

5 Setze im Heft das richtige Zeichen (>, <, =).
Formuliere jeweils eine passende Regel und begründe sie.

a) $\frac{5}{8}$ ☐ $\frac{3}{8}$; $\frac{7}{10}$ ☐ $\frac{9}{10}$; $\frac{4}{7}$ ☐ $\frac{5}{7}$; $1\frac{7}{12}$ ☐ $1\frac{4}{12}$

Beispiel   *Regel: Von zwei Brüchen mit gleichem Nenner ist der größer, der … .*
Begründung: …

b) $\frac{2}{3}$ ☐ $\frac{2}{5}$; $\frac{4}{8}$ ☐ $\frac{4}{9}$; $\frac{19}{100}$ ☐ $\frac{19}{50}$; $2\frac{3}{7}$ ☐ $2\frac{3}{10}$ c) $\frac{2}{3}$ ☐ $\frac{4}{6}$; $\frac{5}{10}$ ☐ $\frac{1}{2}$; $\frac{3}{4}$ ☐ $\frac{8}{12}$; $\frac{7}{8}$ ☐ $\frac{30}{40}$

d) $\frac{7}{7}$ ☐ 1;   3 ☐ $\frac{12}{4}$; $\frac{9}{3}$ ☐ 9;   1 ☐ $\frac{5}{1}$ e) 👥 Vergleicht in der Klasse: Welche Regeln findest du am verständlichsten formuliert?

HINWEIS
Beim Begründen der Regeln können Skizzen helfen: Stelle die Brüche mithilfe von Kreisen oder Rechtecken dar.

Verstehen

Tom und Pia haben durch Teilen einer Pizza herausgefunden, dass $\frac{1}{2}$ das Gleiche wie $\frac{3}{6}$ ist. Das kann man sich auch am Zahlenstrahl verdeutlichen:

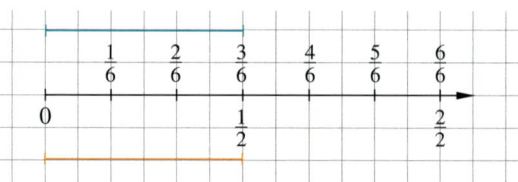

Ein Ganzes wird geteilt in 6 gleiche Teile:

Ein Ganzes wird geteilt in 2 gleiche Teile:

> **Merke** Jeder Bruch lässt sich als Punkt auf dem Zahlenstrahl darstellen.
>
> Brüche, die gleich groß sind, liegen auf dem Zahlenstrahl an derselben Stelle.
>
> Von zwei Brüchen ist der größer, der auf dem Zahlenstrahl weiter rechts liegt.

ZU BEISPIEL 2
Was ist mehr:
$\frac{2}{5}l$ *oder* $\frac{1}{3}l$?

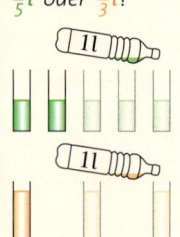

Beispiel 1

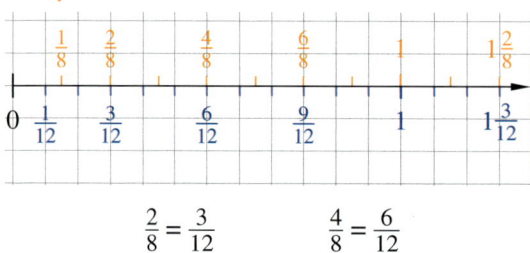

$$\frac{2}{8} = \frac{3}{12} \qquad \frac{4}{8} = \frac{6}{12}$$

Beispiel 2

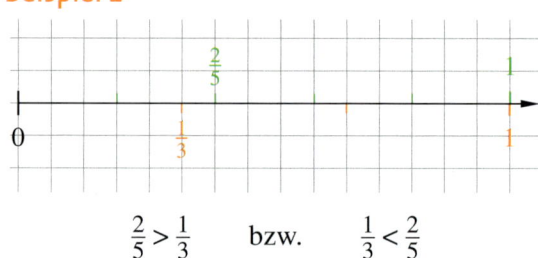

$$\frac{2}{5} > \frac{1}{3} \qquad \text{bzw.} \qquad \frac{1}{3} < \frac{2}{5}$$

Man kann Brüche auch ohne Zahlenstrahl vergleichen.

HINWEIS
Brüche mit gleichem Nenner nennt man **gleichnamige Brüche**. *Sie haben den gleichen Namen,*
z.B. $\frac{3}{11}$ *und* $\frac{10}{11}$.
Brüche mit unterschiedlichem Nenner heißen **ungleichnamige Brüche**.

Der leichte Fall: Die Nenner sind gleich.

Beispiel 3

$\frac{3}{5} \ \blacksquare \ \frac{4}{5}$ Weil 3 Fünftelstücke weniger sind als 4 Fünftelstücke, gilt: $\frac{3}{5} < \frac{4}{5}$.

Regel: Bei gleichem Nenner ist der Bruch größer, dessen Zähler größer ist.

Der Normalfall: Die Nenner sind verschieden. Dann hat der Lösungsweg zwei Schritte.

Beispiel 4

$\frac{1}{2} \ \blacksquare \ \frac{3}{5}$ ① $\frac{1}{2} = \frac{5}{10}$ und $\frac{3}{5} = \frac{6}{10}$

② Da $\frac{5}{10} < \frac{6}{10}$, gilt auch: $\frac{1}{2} < \frac{3}{5}$.

① Die Brüche werden durch Erweitern auf einen gemeinsamen Nenner gebracht. Das nennt man **Gleichnamigmachen**.

② Dann kann man sie leicht vergleichen.

> **Merke** Zusammen mit den natürlichen Zahlen bilden Brüche die Menge der **Bruchzahlen**.
> Zwischen zwei Bruchzahlen liegt immer noch eine weitere Bruchzahl.

Beispiel 5

Zwischen $\frac{1}{3} = \frac{2}{6}$ und $\frac{2}{3} = \frac{4}{6}$ liegt der Bruch $\frac{3}{6} = \frac{1}{2}$.

Üben und anwenden

1 Welche Brüche sind markiert? Kürze den gefundenen Bruch vollständig.

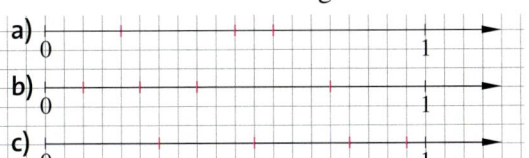

1 Welche Brüche sind markiert? Kürze den gefundenen Bruch vollständig.

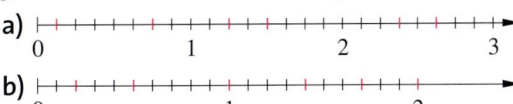

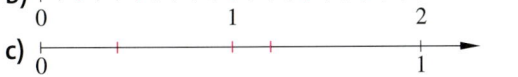

HINWEIS
zu 1
Schaue zuerst, welche Einteilung der Zahlenstrahl hat. Wo liegt die 1?

2 Markiere am Zahlenstrahl und vergleiche.

a) $2\frac{1}{4}$ und $\frac{11}{4}$

b) $1\frac{5}{6}$ und $1\frac{5}{12}$

c) $\frac{10}{3}$ und $3\frac{2}{3}$

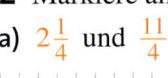

3 Zeichne einen Zahlenstrahl mit dem genannten Abstand zwischen 0 und 1. Dann trage die Zahlen ein.

a) 12 cm Abstand zwischen 0 und 1

$$\frac{5}{12}; \frac{7}{12}; \frac{1}{6}; \frac{5}{6}; \frac{2}{3}; \frac{1}{4}; \frac{3}{4}; \frac{1}{2}; \frac{11}{24}$$

b) 3 cm Abstand zwischen 0 und 1

$$\frac{1}{3}; \frac{5}{6}; \frac{1}{2}; 3\frac{2}{3}; \frac{1}{12}; \frac{12}{6}; \frac{9}{3}; 1\frac{1}{6}$$

3 Zeichne einen Zahlenstrahl mit dem genannten Abstand zwischen 0 und 1. Dann trage die Zahlen ein.

a) 4 cm Abstand zwischen 0 und 1

$$\frac{1}{4}; \frac{3}{4}; \frac{1}{2}; \frac{5}{8}; \frac{7}{4}; \frac{8}{4}; 2\frac{1}{2}; \frac{5}{2}; \frac{18}{8}$$

b) 6 cm Abstand zwischen 0 und 1

$$\frac{4}{6}; \frac{1}{3}; \frac{1}{2}; \frac{1}{4}; 1\frac{3}{4}; \frac{10}{6}; \frac{5}{12}; \frac{7}{24}; \frac{13}{12}$$

ZU DEN AUFGABEN 3 UND 3
Zeichne den Zahlenstrahl über die 1 hinaus.

4 Vergleiche die beiden dargestellten Brüche. Welcher Bruch ist größer?

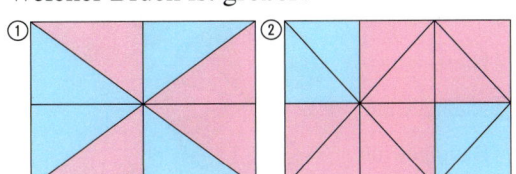

4 Vergleiche die beiden dargestellten Brüche.

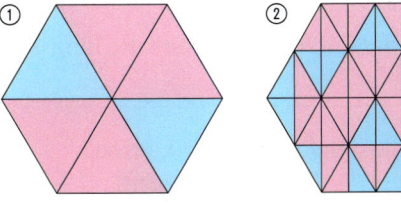

5 Erweitere auf einen gemeinsamen Nenner und vergleiche.

a) $\frac{1}{2}$ und $\frac{1}{4}$ b) $\frac{3}{5}$ und $\frac{1}{10}$ c) $\frac{2}{3}$ und $\frac{1}{4}$

5 Mache gleichnamig und vergleiche.

a) $\frac{3}{4}; \frac{5}{7}$ b) $\frac{7}{3}; \frac{2}{5}$ c) $\frac{2}{3}; \frac{4}{7}$ d) $\frac{5}{8}; \frac{7}{9}$

e) $\frac{5}{6}; \frac{3}{11}$ f) $\frac{9}{8}; \frac{7}{6}$ g) $\frac{4}{3}; \frac{9}{2}$ h) $\frac{7}{12}; \frac{4}{5}$

6 Setze im Heft < oder > ein.

a) $\frac{7}{12} \blacksquare \frac{5}{12}$ b) $\frac{3}{4} \blacksquare \frac{1}{4}$ c) $\frac{1}{2} \blacksquare \frac{2}{3}$

d) $\frac{2}{3} \blacksquare \frac{2}{5}$ e) $\frac{3}{4} \blacksquare \frac{3}{7}$ f) $\frac{5}{6} \blacksquare \frac{5}{9}$

6 Übertrage in dein Heft und vergleiche die Brüche. Setze das richtige Zeichen (<, >, =) ein.

a) $\frac{2}{7} \blacksquare \frac{7}{9}$ b) $\frac{8}{11} \blacksquare \frac{9}{10}$ c) $\frac{24}{25} \blacksquare \frac{35}{35}$

d) $\frac{5}{3} \blacksquare \frac{7}{5}$ e) $\frac{7}{15} \blacksquare \frac{28}{60}$ f) $\frac{18}{12} \blacksquare \frac{33}{22}$

7 Welcher Anteil ist größer?

a) $\frac{5}{24}$ oder $\frac{11}{24}$ b) $\frac{7}{12}$ oder $\frac{5}{12}$ c) $\frac{9}{12}$ oder $\frac{4}{12}$

d) $\frac{1}{2}$ oder $\frac{1}{4}$ e) $\frac{1}{8}$ oder $\frac{1}{6}$ f) $\frac{5}{6}$ oder $\frac{2}{3}$

g) $\frac{3}{4}$ oder $\frac{9}{12}$ h) $\frac{2}{3}$ oder $\frac{3}{4}$

7 Vergleiche die Brüche.

a) $\frac{5}{6}; \frac{3}{8}$ b) $\frac{3}{10}; \frac{4}{15}$ c) $\frac{7}{8}; \frac{11}{12}$ d) $\frac{5}{12}; \frac{7}{9}$

e) $\frac{3}{16}; \frac{5}{24}$ f) $\frac{5}{14}; \frac{10}{21}$ g) $\frac{15}{27}; \frac{10}{18}$ h) $\frac{11}{20}; \frac{13}{25}$

NACHGEDACHT
Clara vergleicht so:

$\frac{5}{8} \blacksquare \frac{7}{12}$

$\frac{5 \cdot 12}{8 \cdot 12} \blacksquare \frac{7 \cdot 8}{12 \cdot 8}$

$\frac{60}{96} > \frac{56}{96}$

Wie geht Clara vor? Ist ihr Ergebnis korrekt? Kann man ihr Verfahren immer anwenden? Welchen Nachteil hat das Verfahren?

8 Vergleiche die Brüche. Es wird einfacher, wenn du zuerst kürzt und dann einen gemeinsamen Nenner suchst.

a) $\frac{10}{14}$ und $\frac{16}{21}$ b) $\frac{13}{26}$ und $\frac{15}{30}$ c) $\frac{8}{18}$ und $\frac{11}{33}$

d) $\frac{8}{40}$ und $\frac{7}{30}$ e) $\frac{9}{64}$ und $\frac{15}{120}$ f) $\frac{48}{16}$ und $\frac{14}{5}$

8 Ordne die Brüche der Größe nach.

a) $\frac{3}{4}$; $\frac{2}{3}$; $\frac{5}{8}$ b) $\frac{4}{7}$; $\frac{2}{5}$; $\frac{1}{2}$

c) $\frac{13}{20}$; $\frac{11}{15}$; $\frac{3}{5}$ d) $\frac{11}{7}$; $\frac{3}{2}$; $\frac{7}{6}$

e) $\frac{9}{4}$; $\frac{31}{25}$; $\frac{63}{50}$ f) $\frac{21}{40}$; $\frac{13}{25}$; $\frac{13}{20}$

9 Erweitere die Brüche auf einen Nenner und ordne sie dann nach der Größe. Beginne mit dem kleinsten Bruch.

a) $\frac{1}{2}$; $\frac{3}{4}$; $\frac{2}{5}$; $\frac{11}{20}$; $\frac{7}{10}$ b) $\frac{1}{2}$; $\frac{2}{3}$; $\frac{3}{5}$; $\frac{5}{6}$; $\frac{7}{15}$; $\frac{17}{30}$; $\frac{7}{10}$ c) $\frac{3}{4}$; $1\frac{2}{3}$; $\frac{1}{2}$; $1\frac{1}{4}$; $\frac{5}{6}$; $\frac{11}{12}$; $1\frac{1}{6}$; $\frac{13}{12}$

10 Welche Zahlen kannst du einsetzen? Manchmal gibt es mehrere Möglichkeiten.

a) $\frac{4}{7} < \frac{\blacksquare}{7} < \frac{6}{7}$ b) $\frac{3}{8} < \frac{\blacksquare}{8} < \frac{7}{8}$ c) $\frac{1}{5} < \frac{\blacksquare}{5} < 1$

10 Welche Brüche liegen dazwischen? Gib jeweils zwei mögliche Brüche an.

a) $\frac{3}{7}$ und $\frac{5}{7}$ b) $\frac{1}{9}$ und $\frac{2}{9}$ c) $\frac{1}{3}$ und $\frac{1}{4}$

11 Welcher Bruch liegt genau in der Mitte zwischen den beiden Brüchen?

a) $\frac{3}{7}$ und $\frac{5}{7}$ b) $\frac{1}{9}$ und $\frac{5}{9}$ c) $\frac{1}{3}$ und $\frac{2}{3}$

11 Welcher Bruch liegt genau in der Mitte zwischen den beiden Brüchen?

a) $\frac{1}{3}$ und $\frac{7}{9}$ b) $\frac{1}{2}$ und $\frac{5}{9}$ c) $\frac{4}{5}$ und $\frac{1}{2}$

12 Ralph fotografiert sehr gerne. An seinem Fotoapparat muss er die Belichtungszeit einstellen. Er kann wählen zwischen $\frac{1}{500}$ s, $\frac{1}{250}$ s, $\frac{1}{125}$ s und $\frac{1}{60}$ s. Welches ist die kürzeste, welches die längste Belichtungszeit?

12 An welchem Glücksrad ist die Chance größer …
a) für einen Hauptgewinn,
b) für einen Kleingewinn,
c) für eine Niete?

☐ Niete

🟩 Kleingewinn

🟫 Hauptgewinn

①

②

13 Wo würdest du deine Lose kaufen?

Jedes vierte Los gewinnt!

35 GEWINNE JE 100 LOSE

Auf 20 Lose – 6 Gewinne!!!

13 Wer hatte den kleinsten Fehleranteil?

	Anzahl der Worte	Anzahl der Fehler	Fehler-anteil
Silke	200	7	$\frac{7}{200}$
Heike	250	8	
Ina	150	6	
Lena	300	9	

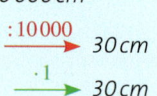
14 Der Maßstab 1 : 10 000 kann auch als Bruch $\frac{1}{10\,000}$ geschrieben werden.

Das bedeutet: Auf der Landkarte sind alle Strecken $\frac{1}{10\,000}$-mal so lang wie in der Wirklichkeit.

Beispiel Eine 3 km lange Strecke ist auf der Karte $\frac{1}{10\,000}$ von 3 km lang, vgl. Randspalte.

Welche Landkarte von Schleswig-Holstein benötigt mehr Platz: eine Karte im Maßstab 1 : 10 000 oder eine Karte im Maßstab 1 : 20 000? Begründe mithilfe von Brüchen.

Methode: Gemeinsame Teiler und Vielfache bestimmen

Zwei Zahlen haben immer gemeinsame Teiler und Vielfache.

Der **größte gemeinsame Teiler** (kurz: **ggT**) zweier Zahlen ist die größte Zahl, die in *beiden* Teilermengen vorkommt.

Um ihn zu bestimmen, vergleicht man die Teilermengen.

Beispiel 1 Bestimme den größten gemeinsamen Teiler von 12 und 15 (kurz: $ggT(12; 15)$).
$T_{12} = \{1; 2; 3; 4; 6; 12\}$
$T_{15} = \{1; 3; 5; 15\}$
Die gemeinsamen Teiler von 12 und 15 sind grün markiert: $ggT(12; 15) = 3$.

1 Stelle die Teilermengen der Zahlen auf. Bestimme den größten gemeinsamen Teiler.
a) 9 und 12   b) 20 und 48   c) 15 und 18   d) 32 und 72
e) 9 und 10   f) 12 und 30   g) 16 und 42   h) 32 und 48

2 Finde den größten gemeinsamen Teiler der beiden Zahlen.
a) $ggT(15; 55)$ b) $ggT(24; 38)$ c) $ggT(12; 54)$ d) $ggT(32; 8)$
e) $ggT(9; 24)$ f) $ggT(2; 40)$ g) $ggT(15; 27)$ h) $ggT(32; 56)$

Das **kleinste gemeinsame Vielfache** (kurz: **kgV**) zweier Zahlen ist die kleinste Zahl, die in *beiden* Vielfachenmengen vorkommt.

Man kann auch die Vielfachen einer Zahl in einer Vielfachenmenge aufschreiben.

Beispiel 2 Bestimme das kleinste gemeinsame Vielfache von 12 und 8 (kurz: $kgV(8; 12)$).
$V_{12} = \{12; 24; 36; 48; 60; 72; 84; 96; 108; 120; 132; \dots\}$
$V_8 = \{8; 16; 24; 32; 40; 48; 56; 64; 72; 80; 88; 96; 104; \dots\}$
Die gemeinsamen Vielfachen der Zahlen 12 und 8 sind grün markiert: $kgV(8; 12) = 24$.

3 Schreibe zunächst die ersten fünf Vielfachen auf.
Finde anschließend jeweils das kleinste gemeinsame Vielfache.
a) 3 und 6   b) 9 und 18   c) 7 und 21   d) 10 und 50
e) 9 und 6   f) 14 und 28   g) 5 und 15   h) 17 und 51

4 Gib das kleinste gemeinsame Vielfache an.
a) $kgV(12; 16)$ b) $kgV(15; 25)$ c) $kgV(6; 7)$ d) $kgV(12; 40)$
e) $kgV(15; 36)$ f) $kgV(21; 28)$ g) $kgV(120; 144)$ h) $kgV(14; 26)$

Jede natürliche Zahl, die keine Primzahl ist, lässt sich als Produkt aus Primzahlen schreiben.
Man nennt das **Primfaktorzerlegung**.

Beispiel 3 Zerlege die 24 in ihre Primfaktoren. $24 = 2 \cdot 2 \cdot 2 \cdot 3$

5 Schreibe die Zahlen in deinem Heft als Produkt aus Faktoren, die nur Primzahlen sind.
a) $4 = \blacksquare \cdot \blacksquare$ b) $9 = \blacksquare \cdot \blacksquare$ c) $14 = \blacksquare \cdot \blacksquare$ d) $28 = \blacksquare \cdot \blacksquare \cdot \blacksquare$
e) $35 = \blacksquare \cdot \blacksquare$ f) $42 = \blacksquare \cdot \blacksquare \cdot \blacksquare$ g) $50 = \blacksquare \cdot \blacksquare \cdot \blacksquare$ h) $66 = \blacksquare \cdot \blacksquare \cdot \blacksquare$

6 Gib die Primfaktorzerlegung der folgende Zahlen an.
a) 12; 15; 18   b) 25; 27; 30   c) 45; 48; 56   d) 77; 82; 85

Klar so weit?

→ Seite 10

Teiler, Vielfache und Primzahlen

1 Übertrage in dein Heft und setze das Zeichen | oder ∤ richtig ein.
a) 4 ■ 36   b) 6 ■ 74   c) 7 ■ 82
d) 3 ■ 330   e) 5 ■ 501   f) 8 ■ 56

2 Welche Aussagen sind wahr?
a) 3 ist ein Teiler von 43.
b) 260 ist ein Vielfaches von 13.
c) 30 ist kein Vielfaches von 5.
d) 7 ist kein Teiler von 84.
e) 12 ist ein Vielfaches von 1.
f) 12 ist ein Teiler von 12.

3 Gib die Teilermenge der Zahlen an.
a) 4   b) 6   c) 7   d) 12   e) 20

4 Begründe.
a) Warum ist 13 eine Primzahl?
b) Warum ist 15 keine Primzahl?

1 Übertrage in dein Heft und setze das Zeichen | oder ∤ richtig ein.
a) 11 ■ 352   b) 13 ■ 263   c) 24 ■ 576
d) 31 ■ 810   e) 49 ■ 980   f) 21 ■ 221

2 Welche Aussagen sind wahr?
a) 11 ist ein Teiler von 143.
b) 119 ist ein Vielfaches von 13.
c) 130 ist kein Vielfaches von 15.
d) 37 ist kein Teiler von 111.
e) 101 ist ein Vielfaches von 11.
f) 11 ist ein Teiler von 111.

3 Gib die Teilermenge der Zahlen an.
a) 24   b) 16   c) 17   d) 52   e) 125

4 Welche der Zahlen sind Primzahlen? Begründe.
a) 47   b) 73   c) 51   d) 63   e) 91   f) 27

→ Seite 14

Teilbarkeitsregeln

5 Welche der Zahlen sind gerade Zahlen, welche sind ungerade?
a) 13   b) 94   c) 941
d) 3 018   e) 5 573   f) 8 021
g) 10 098   h) 1 001   i) 1 Mio.

HINWEIS
zu Aufgabe 6
Fertige eine
Tabelle in
deinem Heft an.

6 Prüfe, ob die Zahlen durch 2 (durch 5; durch 10) teilbar sind.
a) 25   b) 12   c) 38
d) 79   e) 410   f) 2 510
g) 146   h) 999   i) 300
j) 6 666   k) 4 370   l) 134 576

7 Entscheide, ob die Zahlen durch 3 teilbar sind. Begründe.
a) 75; 93; 25; 72; 111; 207
b) 124; 126; 813; 749; 477

8 Setze eine Ziffer ein, sodass die Zahl durch 3 teilbar ist.
a) 5■; 2■; 11■; 4■; 19■
b) 73■; 1■1; 1■0; ■00

5 Welche der Zahlen sind durch 2, 5 bzw. 10 teilbar?
a) 53   b) 940   c) 9 400
d) 3 003   e) 5 555   f) 0
g) 1 980   h) 10 001   i) 1 Mrd.

6 Ergänze im Heft, sodass die Zahlen …
a) … durch 10 teilbar sind:
    77■; 5■■; 6■0; 4■■; 3 37■51■
b) … durch 5 teilbar sind:
    5■; 7■0; 3 3■5; 6■0■; 7■■0; ■800
c) … durch 2, aber nicht durch 5 teilbar sind:
    ■; 15■; 80■; ■7■■; ■■9■9■

7 Entscheide, ob die Zahlen durch 3 teilbar sind. Begründe.
a) 235; 486; 534; 2 311; 3 336
b) 6 777; 6 824; 33 312; 87 702

8 Welche Ziffern kann man einsetzen, sodass die Zahl durch 3 teilbar ist?
a) 4■82   b) 8■48   c) 4 12■

Brüche erweitern und kürzen

→ Seite 18

9 Gib den roten und den grünen Anteil mit einem Bruch an. Finde drei Möglichkeiten.

a)

b)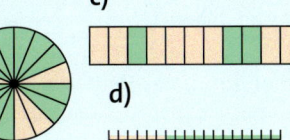

c)

d)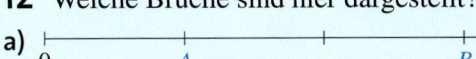

9 Erkläre, wie erweitert wurde.

a)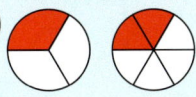

b)

c)

d)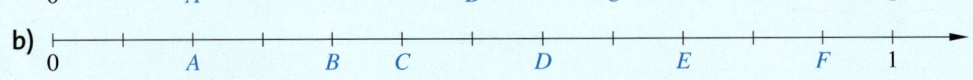

10 Erweitere jeweils.

a) $\frac{1}{2}$; $\frac{4}{5}$; $\frac{2}{3}$; $\frac{5}{6}$; $\frac{14}{15}$ auf $\frac{\blacksquare}{30}$

b) $\frac{1}{4}$; $\frac{1}{6}$; $\frac{2}{3}$; $\frac{3}{8}$; $\frac{5}{6}$; $\frac{7}{12}$ auf $\frac{\blacksquare}{24}$

c) $\frac{1}{2}$; $\frac{1}{3}$; $\frac{1}{4}$; $\frac{1}{6}$; $\frac{1}{12}$ auf $\frac{\blacksquare}{36}$

d) $\frac{3}{4}$; $\frac{2}{3}$; $\frac{5}{6}$; $\frac{3}{8}$; $\frac{4}{9}$; $\frac{11}{18}$ auf $\frac{\blacksquare}{72}$

10 Ergänze im Heft.

a) $\frac{3}{11} = \frac{\blacksquare}{33}$

b) $\frac{4}{7} = \frac{24}{\blacksquare}$

c) $\frac{5}{8} = \frac{20}{\blacksquare}$

d) $\frac{4}{13} = \frac{\blacksquare}{52}$

e) $\frac{3}{7} = \frac{\blacksquare}{105}$

f) $\frac{3}{4} = \frac{99}{\blacksquare}$

g) $\frac{1}{3} = \frac{\blacksquare}{24}$

h) $\frac{2}{5} = \frac{50}{\blacksquare}$

11 Kürze, falls möglich.

a) $\frac{3}{9}$

b) $\frac{8}{12}$

c) $\frac{18}{27}$

d) $\frac{18}{16}$

e) $\frac{4}{24}$

f) $\frac{21}{44}$

11 Kürze, falls möglich.

a) $\frac{5}{100}$

b) $\frac{6}{81}$

c) $\frac{180}{540}$

d) $\frac{12}{90}$

e) $\frac{14}{41}$

f) $\frac{40}{200}$

Brüche vergleichen und ordnen

→ Seite 22

12 Welche Brüche sind hier dargestellt?

a)
```
0        A            B       C           1
```

b)
```
0        A       B   C       D       E       F   1
```

13 Mache gleichnamig und vergleiche.

a) $\frac{2}{3}$ und $\frac{4}{7}$ b) $\frac{5}{4}$ und $\frac{11}{9}$ c) $\frac{3}{5}$ und $\frac{7}{25}$

d) $\frac{7}{8}$ und $\frac{11}{12}$ e) $\frac{5}{14}$ und $\frac{10}{21}$ f) $\frac{8}{15}$ und $\frac{9}{20}$

13 Setze das richtige Zeichen (<, >, =) ein.

a) $\frac{3}{11}$ $\blacksquare$ $\frac{3}{5}$ b) $\frac{85}{5}$ $\blacksquare$ 17 c) $\frac{57}{35}$ $\blacksquare$ $\frac{11}{7}$

d) $\frac{5}{12}$ $\blacksquare$ $\frac{13}{18}$ e) $\frac{12}{14}$ $\blacksquare$ $\frac{30}{70}$ f) $\frac{7}{20}$ $\blacksquare$ $\frac{3}{8}$

14 Vergleiche die Brüche. Es wird einfacher, wenn du zuerst kürzt.

a) $\frac{4}{12}$ $\blacksquare$ $\frac{3}{9}$ b) $\frac{2}{5}$ $\blacksquare$ $\frac{18}{45}$ c) $\frac{7}{12}$ $\blacksquare$ $\frac{5}{6}$

14 Ordne die Brüche der Größe nach.

a) $\frac{3}{10}$; $\frac{4}{5}$; $\frac{7}{10}$

b) $\frac{2}{3}$; $\frac{5}{6}$; $\frac{7}{6}$

15 Schreibe als natürliche Zahl oder als gemischte Zahl.

a) $\frac{11}{3}$ b) $\frac{25}{1}$ c) $\frac{54}{9}$ d) $\frac{155}{2}$ e) $\frac{57}{11}$ f) $\frac{19}{19}$ g) $\frac{77}{12}$ h) $\frac{256}{16}$ i) $\frac{121}{13}$ j) $\frac{139}{8}$

Vermischte Übungen

1 Übertrage ins Heft und ergänze.

a)
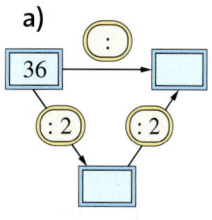

b)
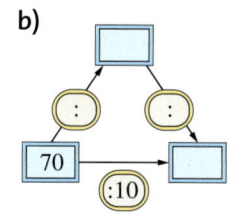

2 Gib passende Zahlen an. Begründe jeweils.
a) Welche natürlichen Zahlen zwischen 314 und 341 sind durch 2; 5 bzw. 10 teilbar?
b) Welche natürlichen Zahlen zwischen 416 und 437 sind durch 3 teilbar?
c) Welche natürlichen Zahlen zwischen 6 561 und 6 587 sind durch 2 und 5 teilbar?

ZU AUFGABE **3**
a) 2 | 894
3 | 891
5 | 890
10 | 890

3 Vervollständige die Zahlen im Heft so, dass sie teilbar sind …
a) … durch 2:
7■; ■2; 25■; 2■4; ■36; 2 03■; 2 29■
b) …durch 3:
7■; ■2; 25■; 2■4; ■36; 2 03■; 2 29■
c) …durch 5:
7■; ■0; 25■; 2■5; ■30; 2 03■; 2 29■

4 Ergänze fehlende Zahlen im Heft.

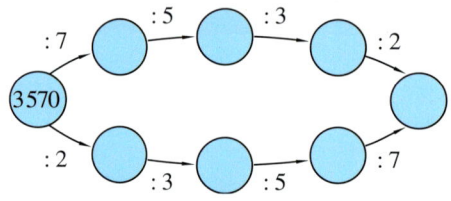

ZUM WEITERARBEITEN
Überprüfe und begründe:
– Es gibt genau eine Primzahl, die gerade ist.
– Es gibt zwischen 10 und 20 mindestens 5 Primzahlen.

5 Übertrage und ergänze.
a) $T_{12} = \{1; 2; ■; ■; ■; ■\}$
b) $T_{14} = \{1; 2; ■; ■\}$
c) $V_{13} = \{13; ■; ■; ■; 65; ■; ■; ■; 117; …\}$

6 Ergänze die Grafik im Heft. Beachte die Richtung der Pfeile.

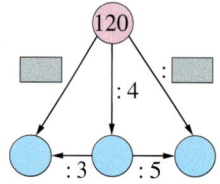

1 Übertrage ins Heft und ergänze.

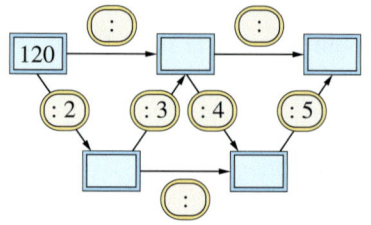

2 Überprüfe, ob die gegebene Zahl durch 2; 5 bzw. 10 teilbar ist. Falls ja, dividiere schriftlich und gib das Ergebnis an.
a)   345 234   b)   465 573   c) 1 776 582
d) 4 655 331   e) 1 111 113   f) 2 353 422
g) 3 255 655   h)   101 010   i)   582 345

3 Kannst du für die Zeichen ⬜ und ⬤ jeweils eine Ziffer einsetzen, sodass die entstehenden Zahlen durch 2 (3; 5; 10) teilbar sind? Gib geeignete Ziffern für ⬜ und ⬤ an oder begründe, warum das nicht möglich ist. Beachte das Beispiel in der Randspalte.
a) 89⬜   b) ⬜89   c) ⬜⬤
d) ⬜⬤1   e) ⬜⬤⬤   f) 123⬜⬤
g) ⬜1⬜   h) 5⬜5   i) ⬜⬜

4 Ergänze fehlende Zahlen im Heft.

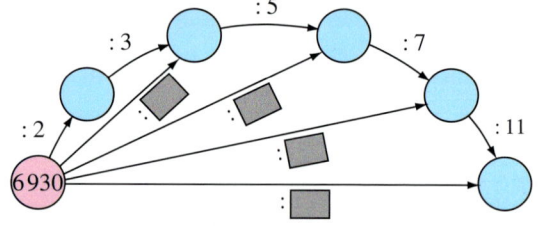

5 Übertrage und ergänze.
a) $T_{36} = \{1; 2; ■; ■; ■; ■; ■; ■; ■\}$
b) $V_{17} = \{■; ■; ■; ■; 85; ■; ■; 136; …\}$
c) $V_{■} = \{■; ■; 21; ■; ■; 42; ■; ■; 63; ■; …\}$

6 Ergänze die Grafik im Heft.

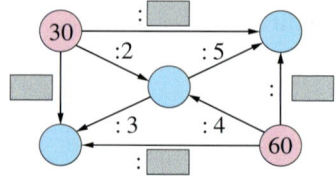

7 Schreibe die Zahlen in deinem Heft als Produkte, deren Faktoren nur Primzahlen sind.

a) $4 = \square \cdot \square$ b) $9 = \square \cdot \square$
c) $25 = \square \cdot \square$ d) $35 = \square \cdot \square$
e) $33 = \square \cdot \square$ f) $77 = \square \cdot \square$
g) $12 = \square \cdot \square \cdot \square$ h) $66 = \square \cdot \square \cdot \square$

8 Nenne eine Primzahl zwischen …

a) … 8 und 16;   b) … 12 und 24;
c) … 24 und 48;   d) … 17 und 34;
e) … 54 und 110;   f) … 111 und 222.

9 Erläutere die folgenden Abbildungen.

a)
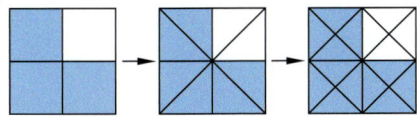

c)
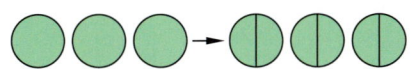

10 Erweitere die Brüche mit der in Klammern angegebenen Zahl.

a) $\frac{1}{3}$ (4)   b) $\frac{2}{5}$ (3)

c) $\frac{6}{7}$ (10)   d) $\frac{5}{9}$ (5)

e) $\frac{8}{13}$ (4)   f) $\frac{7}{15}$ (6)

g) $\frac{9}{16}$ (7)   h) $\frac{12}{23}$ (9)

11 Kürze vollständig.

a) $\frac{2}{4}$ b) $\frac{5}{10}$ c) $\frac{6}{18}$ d) $\frac{4}{20}$

e) $\frac{25}{30}$ f) $\frac{26}{39}$ g) $\frac{84}{48}$ h) $\frac{92}{76}$

12 Welche Brüche sind gleich? Begründe.

$\frac{4}{24}$; $\frac{1}{3}$; $\frac{2}{6}$; $\frac{2}{12}$; $\frac{1}{6}$; $\frac{3}{18}$; $\frac{40}{240}$; $\frac{3}{9}$; $\frac{4}{12}$; $\frac{20}{60}$; $\frac{10}{30}$

13 Ordne, beginne mit dem kleinsten Bruch.

a) $\frac{3}{5}$; $\frac{16}{30}$; $\frac{7}{10}$; $\frac{9}{15}$

b) $\frac{2}{5}$; $\frac{5}{6}$; $\frac{1}{2}$; $\frac{3}{4}$; $\frac{9}{10}$

7 Schreibe die folgenden geraden Zahlen als Summe zweier Primzahlen.
Gibt es mehrere Möglichkeiten?

a) $16 = \square + \square$ b) $32 = \square + \square$
c) $20 = \square + \square$ d) $36 = \square + \square$
e) $52 = \square + \square$ f) $38 = \square + \square$
g) $42 = \square + \square$ h) $44 = \square + \square$

8 Zwei Primzahlen, deren Differenz 2 ist, heißen Primzahlzwillinge.
a) Nenne 5 Primzahlzwillinge.
b) Suche 3 Primzahlzwillinge größer als 100.

b)

10 Finde drei gleich große Brüche mit jeweils anderem Nenner und Zähler.

a) $\frac{3}{7} = \square = \square = \square$

b) $\frac{6}{11} = \square = \square = \square$

c) $\frac{11}{101} = \square = \square = \square$

d) $\frac{8}{52} = \square = \square = \square$

11 Kürze vollständig.

a) $\frac{48}{72}$ b) $\frac{56}{144}$ c) $\frac{70}{112}$ d) $\frac{95}{209}$

e) $\frac{144}{180}$ f) $\frac{280}{392}$ g) $\frac{256}{364}$ h) $\frac{432}{688}$

12 Erweitere, falls möglich, im Heft auf Hundertstel.

$\frac{1}{2}$; $\frac{1}{3}$; $\frac{3}{4}$; $\frac{3}{5}$; $\frac{5}{6}$; $\frac{2}{8}$; $\frac{3}{8}$; $\frac{7}{10}$; $\frac{8}{12}$; $\frac{9}{12}$; $\frac{10}{12}$; $\frac{11}{12}$; $\frac{7}{13}$

13 Ordne, beginne mit dem kleinsten Bruch.

a) $\frac{2}{3}$; $\frac{1}{4}$; $\frac{7}{8}$; $\frac{5}{6}$; $\frac{11}{12}$

b) $\frac{1}{9}$; $\frac{1}{4}$; $\frac{1}{2}$; $\frac{1}{6}$; $\frac{1}{12}$; $\frac{1}{36}$; $\frac{1}{18}$

14 Zahlenrätsel

Wer knackt den Tresor?

Käpt'n Skippy hat sich einen Tresor für die sichere Aufbewahrung seiner Einnahmen angeschafft, nun aber seine Geheimzahl vergessen.

Er hat jedoch eine Anweisung zur Bestimmung der Geheimnummer angefertigt.

Multipliziere drei und fünf.
Multipliziere diese Zahl mit der kleinsten ungeraden Primzahl.
Rechne 4 dazu.
Teile nun durch die Märchenzahl (z. B. aus „Schneewittchen").
Kontrolle (erstes Zwischenergebnis):
Diese Zahl ist eine Primzahl. Wenn nicht, hast du dich verrechnet.
Multipliziere nun diese Zahl mit $2 \cdot 2 \cdot 5 \cdot 5$.
Subtrahiere dann siebenundzwanzig.
Untersuche, ob diese Zahl durch vier teilbar ist.
Wenn ja, addiere sechzehn, wenn nicht, addiere zwei.
Kontrolle (zweites Zwischenergebnis):
Diese Zahl ist durch neun teilbar. Wenn nicht, hast du dich verrechnet.
Addiere 138.
Subtrahiere die fünfte (d.h. die fünftkleinste) Primzahl.
Du hast richtig gerechnet, wenn die Zahl durch 416 teilbar ist.
Nun weißt du die Geheimnummer für den Tresor.

15 Primzahlen

👥 Arbeitet zu zweit.

a) Bestimme alle Primzahlen, deren letzte Ziffer eine 5 ist.

b) Bestimme alle geraden Primzahlen.

c) Warum gibt es keine Primzahl, deren letzte Ziffer eine 0 ist?

d) Welche Ziffern können als letzte Ziffer einer mehrstelligen Primzahl vorkommen, welche nicht? Begründe und nenne Beispiele.

16 Zahlendetektive

👥 Arbeitet zu zweit.

a) Nennt die kleinste Zahl, die durch drei (durch fünf) verschiedene Primzahlen teilbar ist.

b) Welche zweistelligen natürlichen Zahlen erfüllen alle genannten Bedingungen?

– Die Zahl ist ungerade und größer als 60.

– Vertauscht man die Ziffern, entsteht eine Primzahl.

– Die Zahl hat genau vier Teiler.

17 Gesetze und Regeln

👥 Arbeitet zu zweit oder in einer Gruppe.

Welche Behauptung ist richtig? Bestätige oder widerlege mithilfe von Beispielen.

a) Wenn eine Zahl durch 8 teilbar ist, dann ist sie auch durch 2 und durch 4 teilbar.

b) Wenn eine Zahl durch 2 *und* durch 4 teilbar ist, dann ist sie auch durch 8 teilbar.

c) Wenn eine Zahl *nicht* durch 4 teilbar ist, dann ist sie auch nicht durch 8 teilbar.

d) Wenn eine Zahl *nicht* durch 8 teilbar ist, dann ist sie auch nicht durch 4 teilbar.

e) Wenn eine Zahl durch 25 teilbar ist, dann ist sie auch durch 5 teilbar.

Überprüfe die Behauptungen mithilfe von Beispielen oder Gegenbeispielen.

a) Zwei gerade Zahlen sind nie zueinander teilerfremd.

b) Zwei ungerade Zahlen sind immer zueinander teilerfremd.

c) Von vier aufeinanderfolgenden natürlichen Zahlen ist immer eine durch 4 teilbar. Können auch mehrere dieser Zahlen durch 4 teilbar sein?

d) Jakob behauptet: „Je größer eine Zahl ist, desto größer ist auch die Quersumme."

Zusammenfassung

Teiler, Vielfache und Primzahlen

→ Seite 10

Wenn man ohne Rest teilen kann, sagt man z. B.: „18 ist durch 6 **teilbar**" oder „6 ist **Teiler** von 18."

$$18 : 6 = 3 \qquad 6 \mid 18$$
$$35 : 7 = 5 \qquad 7 \mid 35$$

Andersherum gilt: „18 ist **Vielfaches** von 6."

$$18 = 3 \cdot 6$$

Alle Teiler einer Zahl zusammen bilden die **Teilermenge** dieser Zahl.

$$T_{18} = \{1; 2; 3; 6; 9; 18\}$$
$$T_{35} = \{1; 5; 7; 35\}$$

Zahlen, die genau zwei Teiler haben (und zwar 1 und sich selbst), heißen **Primzahlen**.

Primzahlen: 2; 3; 5; 7; 11; 13; …

Teilbarkeitsregeln

→ Seite 14

Eine Zahl ist durch …
10 teilbar, wenn ihre letzte Ziffer **0** ist.
 5 teilbar, wenn ihre letzte Ziffer **0** oder **5** ist.
 2 teilbar, wenn ihre letzte Ziffer **0**; **2**; **4**; **6** oder **8** ist.

270 ist durch 10 teilbar, da die Endziffer 0 ist.
85 ist durch 5 teilbar, da die Endziffer 5 ist.
567 ist *nicht* teilbar durch 2, da die Endziffer nicht 0; 2; 4; 6 oder 8 ist.

Eine durch 2 teilbare Zahl heißt **gerade Zahl**, alle anderen heißen **ungerade Zahlen**.

568 ist eine gerade Zahl.
283 865 411 761 ist eine ungerade Zahl.

Die Summe aller Ziffern einer Zahl nennt man **Quersumme**.

Die Quersumme von **735** ist **7** + **3** + **5** = 15

Eine Zahl ist durch **3 teilbar**, wenn ihre Quersumme durch 3 teilbar ist.

735 ist durch 3 teilbar, da die Quersumme 15 von 735 ist und durch 3 teilbar ist.

Brüche erweitern und kürzen

→ Seite 18

Erweitern eines Bruchs: Zähler und Nenner werden mit der gleichen natürlichen Zahl multipliziert. Der Wert des Bruchs ändert sich dadurch nicht.

Erweitern eines Bruchs:

$$\frac{3}{4} = \frac{3 \cdot 2}{4 \cdot 2} = \frac{6}{8} \qquad 2\frac{1}{3} = 2\frac{1 \cdot 5}{3 \cdot 5} = 2\frac{5}{15}$$

Kürzen eines Bruchs: Zähler und Nenner werden durch die gleiche natürliche Zahl dividiert. Der Wert des Bruchs ändert sich dadurch nicht.

Kürzen eines Bruchs:

$$\frac{6}{9} = \frac{6 : 3}{9 : 3} = \frac{2}{3} \qquad 5\frac{12}{16} = 5\frac{12 : 4}{16 : 4} = 5\frac{3}{4}$$

Brüche vergleichen und ordnen

→ Seite 22

Brüche, die gleich groß sind, liegen auf dem Zahlenstrahl an derselben Stelle. Von zwei Brüchen ist der größer, der auf dem Zahlenstrahl weiter rechts liegt.

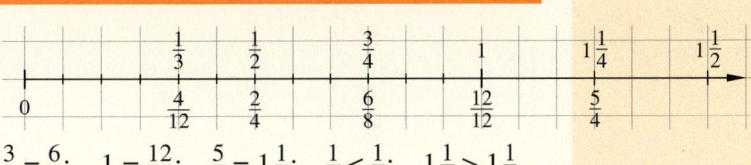

$$\frac{3}{4} = \frac{6}{8}; \quad 1 = \frac{12}{12}; \quad \frac{5}{4} = 1\frac{1}{4}; \quad \frac{1}{3} < \frac{1}{2}; \quad 1\frac{1}{2} > 1\frac{1}{4}$$

Teste dich!

6 Punkte

1 Gib jeweils alle Teiler der folgenden Zahlen als Teilermengen an.

a) 18   b) 20   c) 35   d) 48   e) 98   f) 111

10 Punkte

2 Übertrage die Tabellen ins Heft. Kreuze an, wenn Teilbarkeit vorliegt.

a)

	2	3	5	10
16				
30				
37				
48				
300				

b)

	2	3	5	10
125				
322				
500				
675				
728				

8 Punkte

3 Ergänze die fehlende Ziffer. Gibt es mehrere Möglichkeiten?

a) 24█ ist durch 10 teilbar.   b) 63█ ist durch 5 teilbar.

c) 5█2 ist durch 3 teilbar.   d) 1█4 ist durch 2 teilbar.

e) 1 53█ ist durch 2 und durch 3 teilbar.   f) 3 24█ ist durch 5 aber nicht durch 2 teilbar.

g) 6 01█ ist durch 2 aber nicht durch 5 teilbar.   h) 7 02█ ist durch 2 und durch 5 teilbar.

5 Punkte

4 Primzahlen

a) Zähle alle Primzahlen zwischen 0 und 20 auf.

b) Nenne eine Primzahl zwischen 30 und 40.

c) Nenne eine Primzahl zwischen 100 und 200.

d) Nenne alle Primzahlen, die auf 5 enden.

e) Warum gibt es keine Primzahl, deren letzte Ziffer eine 0 ist?

3 Punkte

5 Erweitere die Brüche jeweils mit 3, mit 7 und mit 12.

a) $\frac{5}{6}$ b) $\frac{3}{11}$ c) $4\frac{7}{10}$

6 Punkte

6 Kürze so weit wie möglich.

a) $\frac{12}{18}$ b) $\frac{24}{32}$ c) $\frac{35}{140}$ d) $3\frac{54}{81}$ e) $\frac{24}{84}$ f) $12\frac{84}{144}$

6 Punkte

7 Ermittle die fehlenden Zahlen.

a) $\frac{1}{5} = \frac{\blacksquare}{10}$ b) $\frac{5}{15} = \frac{1}{\blacksquare}$ c) $\frac{18}{24} = \frac{\blacksquare}{4}$ d) $\frac{2}{\blacksquare} = \frac{12}{30}$ e) $\frac{\blacksquare}{3} = \frac{16}{24}$ f) $\frac{3}{4} = \frac{21}{\blacksquare}$

4 Punkte

8 Schreibe als natürliche Zahl oder als gemischte Zahl.

a) $\frac{46}{7}$ b) $\frac{168}{12}$ c) $\frac{77}{17}$ d) $\frac{69}{26}$

6 Punkte

9 Übertrage den Zahlenstrahl ins Heft und markiere die Lage der folgenden Brüche.

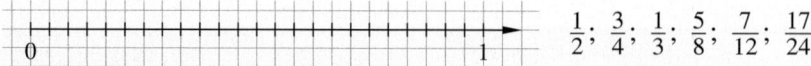

$\frac{1}{2}; \frac{3}{4}; \frac{1}{3}; \frac{5}{8}; \frac{7}{12}; \frac{17}{24}$

3 Punkte

10 Ordne die folgenden Brüche nach der Größe. Beginne mit dem größten Bruch.

a) $\frac{2}{8}; \frac{5}{8}; \frac{3}{8}; \frac{7}{8}; \frac{4}{8}; \frac{1}{8}; \frac{8}{8}; \frac{9}{8}; \frac{6}{8}$ b) $\frac{3}{4}; \frac{2}{3}; \frac{7}{8}; \frac{11}{12}; \frac{1}{2}; \frac{5}{6}; \frac{23}{24}; \frac{47}{48}$

Der Skifahrer zeigt sein Können beim Freestyle-Skiing.
Nach dem Absprung dreht er sich, dabei überkreuzen
sich seine Skier und bilden einen Winkel.
Bevor er landet, sind seine Skier wieder parallel.

Noch fit?

Einstieg   ## Aufstieg

1 Linien beschreiben

Beschreibe die Linien. Benutze dazu die Fachbegriffe „Punkt", „Strecke", „Halbgerade",
„Gerade", „zueinander parallel" und „zueinander senkrecht".

a)  b)  c) 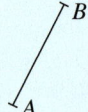 d) e)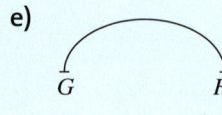

---

2 Senkrechte und Parallele zeichnen

Übertrage die Zeichnung in dein Heft.
Die Kästchen helfen dir dabei.

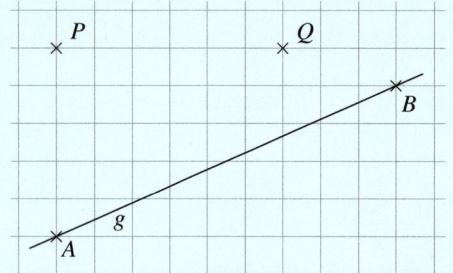

a) Zeichne eine Parallele h zu g durch Q.
b) Zeichne eine Senkrechte zu g durch P.
c) In welchem Winkel schneidet die Senkrechte die Gerade h?

2 Senkrechte und Parallele zeichnen

Zeichne die Geraden e, f und g wie im Bild in
dein Heft.
Zeichne zu jeder Geraden einen zugehörigen
Punkt E, F und G, der nicht auf den Geraden
liegt.

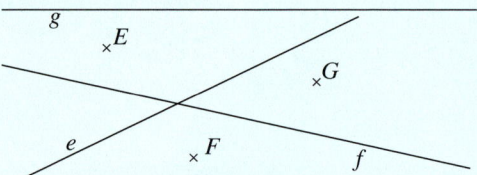

a) Zeichne zu jeder Geraden die senkrechte
   Gerade durch den zugehörigen Punkt.
b) Zeichne dann zu jeder Geraden die parallele Gerade durch den zugehörigen Punkt.

---

3 Figuren im Koordinatensystem

Zeichne ein Koordinatensystem (1 LE = 1 cm)
in dein Heft. Überlege zunächst, wie viel Platz
du im Heft benötigst.
Hinweis: LE ist die Abkürzung für Längeneinheit. 1 LE = 1 cm bedeutet, dass der Abstand zwischen 0 und 1 auf jeder Achse 1 cm
beträgt.

a) Trage die Punkte $A(5|6)$, $B(2|4)$, $C(2|2)$,
   $D(5|0)$, $E(8|2)$, $F(8|4)$ und $P(5|3)$ ein.
b) Zeichne vom Punkt P aus Halbgeraden
   durch die Punkte A bis F.
c) Zeichne die Strecken $\overline{AB}$, $\overline{AC}$, $\overline{AE}$, $\overline{AF}$, $\overline{BC}$,
   $\overline{BF}$, $\overline{CD}$, $\overline{CE}$, $\overline{DE}$ und $\overline{EF}$.
d) Färbe gleich lange Strecken mit derselben
   Farbe.
e) Miss folgende Abstände mit einem Lineal:
   – Abstand von P zu $\overline{CE}$
   – Abstand von P zu $\overline{AC}$

3 Figuren im Koordinatensystem

Zeichne ein Koordinatensystem (1 LE = 1 cm).
Hinweis: LE ist die Abkürzung für Längeneinheit. 1 LE = 1 cm bedeutet, dass der Abstand zwischen 0 und 1 auf jeder Achse 1 cm
beträgt.

a) Trage die Punkte $A(2|6)$, $B(6|2)$, $C(10|6)$
   und $D(7|9)$ ein. Zeichne die Strecken $\overline{AB}$,
   $\overline{AD}$, $\overline{BC}$ und $\overline{CD}$.
b) Trage auf der Strecke $\overline{AB}$ den Mittelpunkt R ein, auf der Strecke $\overline{AD}$ den
   Mittelpunkt Q, auf der Strecke $\overline{BC}$ den
   Mittelpunkt S und auf der Strecke $\overline{CD}$
   den Mittelpunkt T.
c) Miss folgende Abstände:
   von A zu $\overline{QR}$ von B zu $\overline{RS}$
   von C zu $\overline{ST}$ von D zu $\overline{QT}$
d) Sind $\overline{QS}$ und $\overline{RT}$ senkrecht zueinander?
e) Zu welcher Vierecksart gehört $QRST$?

Lösungen ab Seite 202

Winkel erkennen und Winkelarten beschreiben

Entdecken

1 👥 Auf den Bildern findet ihr Winkel. Zeigt euch gegenseitig möglichst viele Winkel.

2 Du kannst durch Falten Winkel selbst erzeugen. Falte ein Blatt Papier zweimal, sodass sich die Faltlinien schneiden.
a) Wie viele Winkel erkennst du?
b) 👥 Vergleiche mit deinem Nachbarn oder deiner Nachbarin die entstandenen Winkel. Was fällt euch auf?
c) Wie musst du das Papier falten, damit
   – gleich große Winkel entstehen?
   – unterschiedlich große Winkel entstehen?

3 Mithilfe eines DIN-A4-Blatts kannst du Winkelgrößen vergleichen. Schneide eine Ecke ab und vergleiche den rechten Winkel mit den abgebildeten Winkeln. Welche Winkel sind gleich groß, größer oder kleiner? Notiere deine Ergebnisse.

rechter Winkel

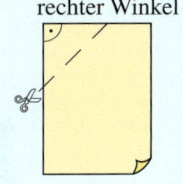

4 👥 Arbeiten mit einem Winkelmodell

Material:
Für den Bau des Winkelmodells benötigt ihr
– Pappe für zwei rechteckige Pappstreifen
– eine Musterbeutelklammer

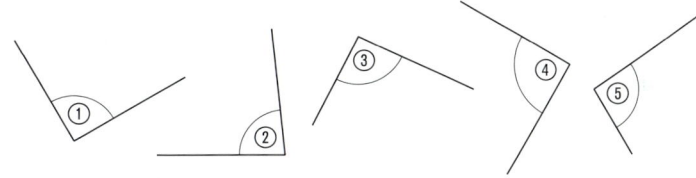

2. Schenkel

1. Schenkel

HINWEIS
So sehen Musterbeutelklammern aus.

Anleitung:
① Zeichnet zwei unterschiedlich lange, rechteckige Streifen auf einen Bogen Pappe.
② Schneidet die Streifen aus.
③ Beschriftet die beiden Streifen mit „1. Schenkel" und „2. Schenkel".
④ Verbindet beide Streifen mithilfe der Klammer.

Stellt einen rechten Winkel am Winkelmodell ein. Verändert den Winkel wie unten beschrieben. Diskutiert miteinander, welche Bezeichnung ihr dem neuen Winkel geben könnt.
Stellt einen Winkel ein, der …
a) halb so groß ist wie ein rechter Winkel.
b) doppelt so groß ist wie ein rechter Winkel.
c) größer, aber nicht doppelt so groß ist wie ein rechter Winkel.
d) dreimal so groß ist wie ein rechter Winkel.

Verstehen

Winkel findest du überall in deiner Umgebung. Stellt man z. B. eine Leiter auf, so darf der Winkel zwischen den beiden Hälften nicht zu klein werden. Sonst besteht die Gefahr, dass man mit der Leiter umkippt.

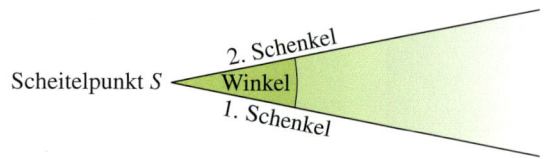

> **Merke**   Ein **Winkel** wird durch zwei **Schenkel** begrenzt, die von einem gemeinsamen Punkt ausgehen. Diesen Anfangspunkt nennt man **Scheitelpunkt S**.

Winkel werden meistens mit griechischen Buchstaben bezeichnet.

alpha:	beta:	gamma:	delta:	epsilon:

Für einen sicheren Stand der Leiter sollte der Winkel α zwischen den beiden Schenkeln der Leiter mindestens 40° betragen.

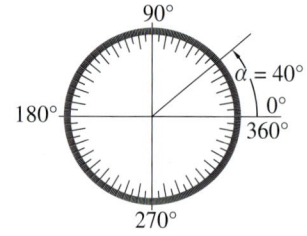

Bei einem Winkel α von 40 Grad schreibt man $\alpha = 40°$.

> **Merke**   Die Größe eines Winkels wird im Winkelmaß **Grad** (°) angegeben.
> Einen Winkel von 1° erhält man, wenn ein Kreis in 360 gleich große Teile geteilt wird.

Mithilfe des Winkelmodells können Winkel dargestellt werden.
Je nach Größe des Winkels unterscheidet man verschiedene Winkelarten.

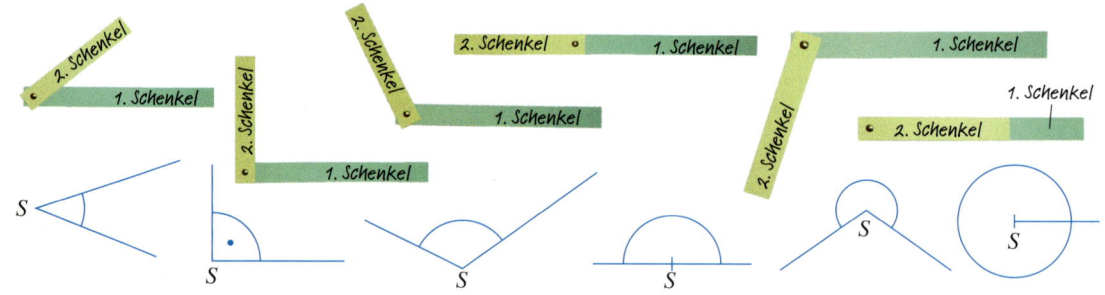

> **Merke**   **Winkelarten** im Überblick
>
> | spitzer Winkel | rechter Winkel | stumpfer Winkel | gestreckter Winkel | überstumpfer Winkel | Vollwinkel |
> |---|---|---|---|---|---|
> | größer als 0°, aber kleiner als 90° | genau 90°, Schenkel sind senkrecht zueinander | größer als 90°, aber kleiner als 180° | genau 180° | größer als 180°, aber kleiner als 360° | genau 360° |

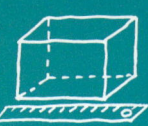

Üben und anwenden

1 👥 Zeigt auf den Bildern möglichst viele Winkel.

2 Erkläre, wo sich Scheitelpunkt und Schenkel der Winkel an folgenden Gegenständen befinden: Zimmertür, Stuhl, Bücherschrank, Radiergummi, Geodreieck.

2 Suche in deinem Klassenzimmer verschiedene Winkel.
Erkläre an ihnen die Begriffe Scheitelpunkt und Schenkel.

3 Zeichne zwei sich schneidende Geraden in dein Heft.
a) Bezeichne alle entstandenen Winkel mit griechischen Buchstaben.
Vergleiche die Größen der Winkel. Beschreibe, was dir auffällt.
b) Wie viele verschieden große Winkel entstehen, wenn du zwei senkrecht aufeinanderstehende Geraden zeichnest? Begründe.

3 Was ist gemeint?
Fertige eine Skizze an.
a) Er schießt aus einem *günstigen Winkel* auf das Tor.
b) Der *Steigungswinkel* beim Flugzeug darf nicht zu groß sein.
c) Die Straßen kreuzen sich unter einem bestimmten *Kreuzungswinkel*.
d) Der schiefe Turm von Pisa zeigt einen *Neigungswinkel* von einigen Grad.

4 Übertrage die Figuren in dein Heft und kennzeichne die Winkel.

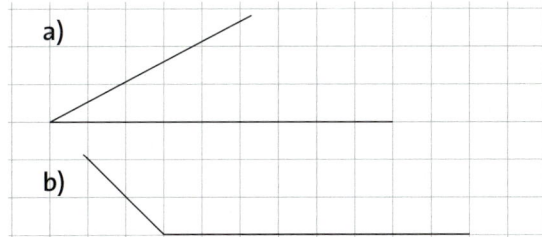

4 Übertrage die Figuren in dein Heft und kennzeichne die Winkel.

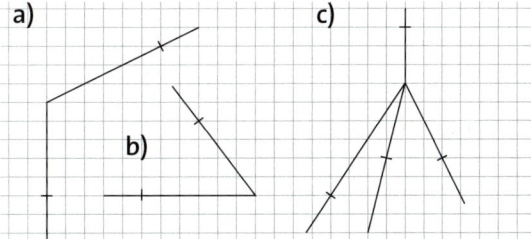

5 👥 Arbeitet zu zweit.
Zeige deinem Lernpartner mit den Armen, Beinen oder einem gebastelten Winkelmodell spitze, rechte, stumpfe und gestreckte Winkel.
Dein Lernpartner muss die Winkel erkennen und benennen.
Wechselt euch gegenseitig ab.

5 Suche in deinem Klassenzimmer Winkel.
a) Wo findest du rechte Winkel?
Überlege dir, wie du ohne ein Geodreieck überprüfen kannst, ob es sich um einen rechten Winkel handelt.
b) Suche auch Beispiele für spitze, stumpfe, gestreckte und überstumpfe Winkel.

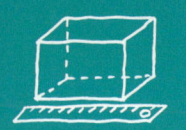

6 Gib zu den Winkeln α, β, γ, δ und ε die Winkelart an.

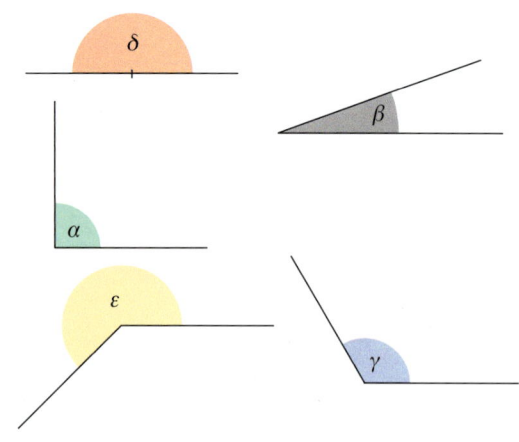

6 Gib für jeden Winkel in den Dreiecken und Vierecken an, ob es ein spitzer, rechter oder stumpfer Winkel ist.

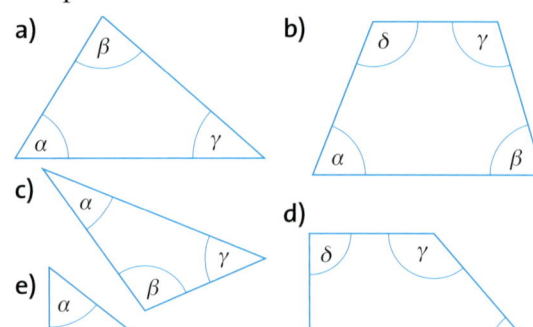

7 👥 Zeichne verschiedene Vierecke. Tausche mit einem Partner und bestimme die Winkelarten in den Vierecken.

7 Begründe jeweils zeichnerisch.
Gibt es ein Viereck, bei dem alle Winkel spitz (alle Winkel stumpf) sind?

8 Ordne die verschiedenen Winkelgrößen den Winkeln α bis δ zu. Du musst dazu keine Winkel messen.
Begründe deine Vorgehensweise.
120°, 90°, 45°, 20°

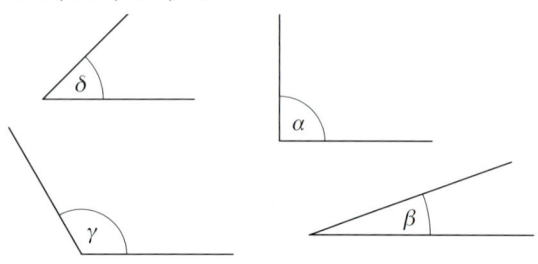

8 Gib für die Winkel α bis ε jeweils die Winkelart an.
Schätze die ungefähre Größe der Winkel.

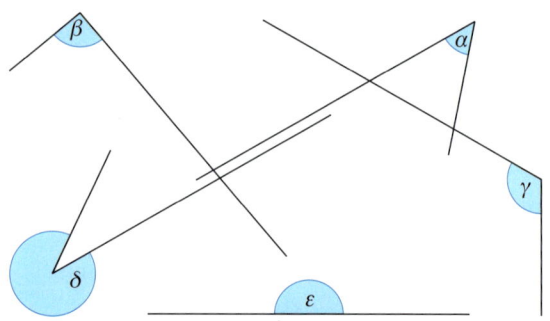

9 Welche Winkelarten bilden die Zeiger der Uhren?

a)
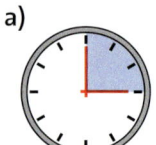

b)
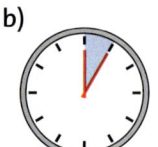

c)
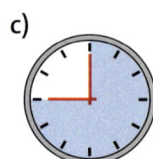

9 Die beiden Zeiger einer Uhr bilden zwei verschiedene Winkel.
a) Bestimme jeweils beide Winkelarten:
     20:00 Uhr   6:00 Uhr   15:05 Uhr
     10:30 Uhr   24:00 Uhr   3:45 Uhr
b) Finde für spitze, rechte, stumpfe und überstumpfe Winkel je zwei Uhrzeiten.

10 Ordne die folgenden Winkelgrößen den entsprechenden Winkelarten zu:
360°, 45°, 138°, 253°, 17°, 90°, 179°, 180°, 89°, 91°.

11 Erstell einen Eintrag im Lerntagebuch oder Merkheft zum Thema „Winkelbezeichnungen".
a) Schreibe die ersten fünf griechischen Buchstaben groß ins Lerntagebuch.
b) Wie kannst du mehr als fünf Winkel unterschiedlich bezeichnen?

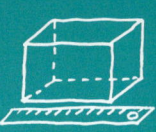

Winkel messen

Entdecken

1 👥 Baut eine Winkelscheibe oder verwendet eine vorhandene.

Material für den Bau einer Winkelscheibe:
– zwei verschiedenfarbige Bogen Pappe (DIN A4)
– zwei Winkelskalen.

Anleitung:
① Klebt je eine Winkelskala auf die beiden Pappbogen. Färbt die Skalen passend zur Pappe mit Buntstiften. Schneidet die Skalen aus.
② Schneidet beide Scheiben vom Rand bis zur Mitte ein.
③ Steckt beide Scheiben ineinander. Achtet darauf, dass beide Winkelskalen oben sind.

   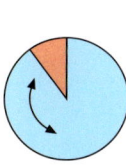 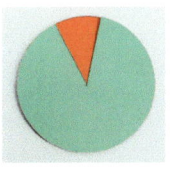 

a) Stellt die folgenden Winkel an der Winkelscheibe ein: 90°, 45°, 180°, 75°, 235°.
b) Schätzt Winkel: Stell einen Winkel so ein, dass dein Partner oder deine Partnerin nur die farbige Seite der Winkelscheibe sehen kann. Er oder sie schätzt die Winkelgröße. Notiert in einer Tabelle die geschätzte Winkelgröße, die tatsächliche Winkelgröße und die Abweichung. Wechselt euch beim Schätzen ab.

Winkelgröße		Abwei-chung
geschätzt	gemessen	
70°	55°	15°

2 👥 Tim misst den roten Winkel und meint: „Der Winkel beträgt 145°."
Lisa widerspricht: „Das kann nicht stimmen, die Winkelgröße beträgt 45°."
a) Was meint ihr?
b) Warum ist sich Lisa sicher, dass die Angabe 145° nicht stimmen kann?
c) Ist es möglich, dass der Winkel 135° groß ist?
d) Stellt eine Regel auf, mit der dieses Problem geklärt wird.

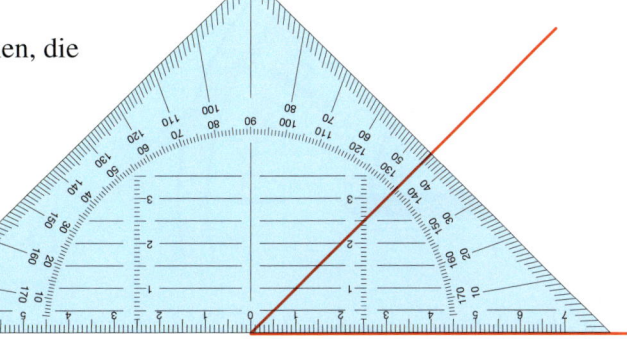

3 Übertrage die Winkel in dein Heft.
a) Bestimme jeweils die Winkelart.
b) Schätze die Winkelgröße.
c) Miss dann mit dem Geodreieck.
d) Wie bist du dabei vorgegangen? Achte dabei genau darauf, wo du das Geodreieck angelegt hast und wo du die Gradzahl abgelesen hast.

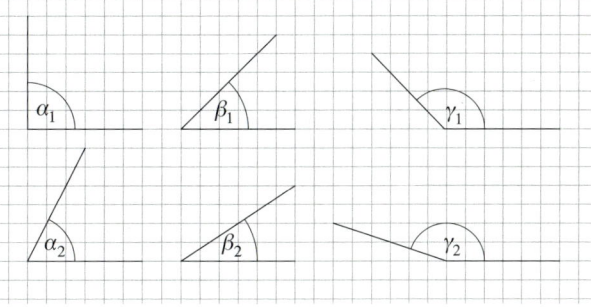

Verstehen

Um 15 Uhr erkennt man zwischen dem Stundenzeiger und dem Minutenzeiger genau einen rechten Winkel.

Sven möchte von Kai wissen, wie viel Grad der Winkel zwischen den beiden Zeigern um 15.05 Uhr beträgt.

HINWEIS
Prüfe, ob die Skalen auf deinem eigenen Geodreieck wie in der Abbildung verlaufen.

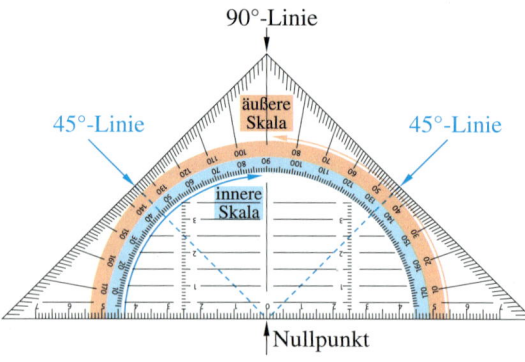

Kai zeigt Sven sein Geodreieck.
Die Grundkante des Geodreiecks zeigt eine **Zentimeter-Einteilung**, damit können Längen gemessen werden.
Die beiden kürzeren Kanten des Geodreiecks haben eine **Grad-Einteilung**, damit können Winkel gemessen werden.
Einige besondere Winkelgrößen sind markiert.

Kai legt das Geodreieck mit dem Nullpunkt auf den Scheitelpunkt und liest eine Winkelgröße von 60° auf der äußeren Skala ab.

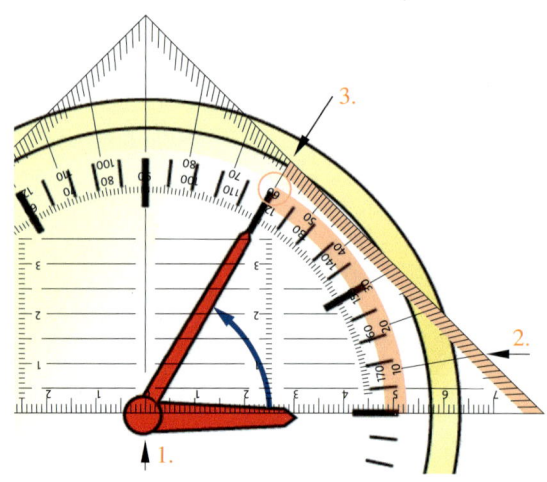

Merke Winkel werden mit dem Geodreieck gemessen. Dabei geht man in drei Schritten vor.

1. Anlegen: Der Nullpunkt des Geodreiecks und der Scheitelpunkt des Winkels liegen genau übereinander. Die Kante des Geodreiecks liegt genau auf dem 1. Schenkel.

2. Skala wählen: Die äußere Skala beginnt am 1. Schenkel mit 0°, also wird an der äußeren Skala abgelesen.

3. Ablesen: Die Winkelgröße beträgt 60°.

Um 21.05 Uhr kann zwischen den Zeigern ein stumpfer Winkel gemessen werden.
Dabei kann der Winkel auf der äußeren oder der inneren Skala abgelesen werden.

HINWEIS
Manchmal muss man einen Schenkel zum Ablesen der Winkelgröße verlängern.

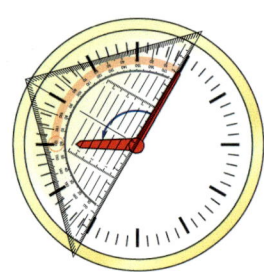

Beispiel 1
Die Grundkante liegt auf dem 1. Schenkel.

Der Winkel wird auf der **äußeren Skala** abgelesen.

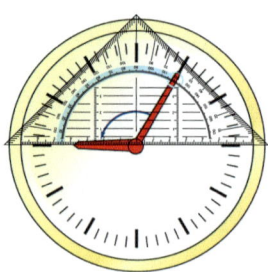

Beispiel 2
Die Grundkante liegt auf dem 2. Schenkel.

Der Winkel wird auf der **inneren Skala** abgelesen.

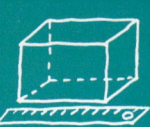

Üben und anwenden

1 Wie groß sind die Winkel? Lies die Größe am Geodreieck ab.

a)

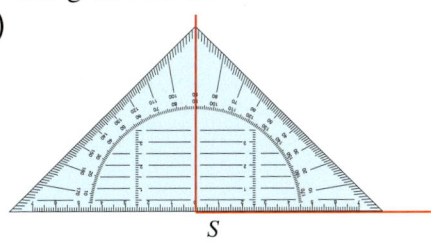

b)

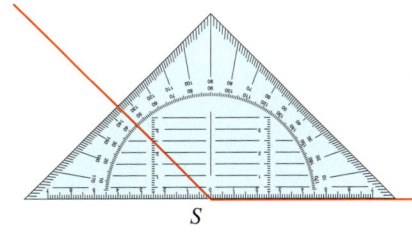

2 Miss die Größe der einzelnen Winkel und bestimme die Winkelart.

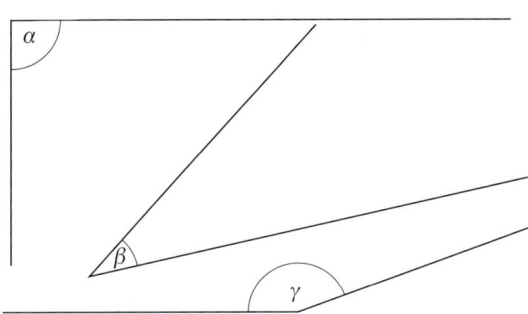

2 Gib für jeden Winkel die Winkelart an. Miss anschließend die Größe der einzelnen Winkel. Überprüfe, ob das Ergebnis zur Winkelart passt.

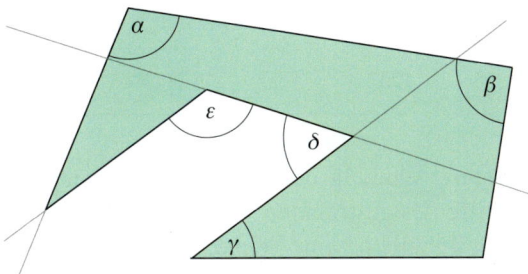

3 Zeichne das Dreieck *ABC* in ein Koordinatensystem. Wähle als Einheit ein Kästchen. Miss die Größe der Winkel innerhalb des Dreiecks und schreibe sie auf.
a) $A(1|5)$, $B(15|0)$, $C(7|10)$
b) $A(5|3)$, $B(15|3)$, $C(10|17)$
c) $A(2|2)$, $B(15|7)$, $C(0|11)$

3 Zeichne das Viereck *ABCD* in ein Koordinatensystem. Wähle als Einheit ein Kästchen. Miss die Größe der Winkel innerhalb des Vierecks und schreibe sie auf.
a) $A(4|11)$, $B(7|2)$, $C(10|11)$, $D(7|15)$
b) $A(2|4)$, $B(15|4)$, $C(21|10)$, $D(8|10)$
c) $A(2|1)$, $B(18|1)$, $C(12|8)$, $D(4|8)$

4 Betrachte die Summe der Innenwinkel.
a) Miss die Winkel des Dreiecks und addiere ihre Größen.
   Miss die Winkel des Vierecks und addiere ihre Größen.
b) Vergleiche die Winkelsumme beider Figuren. Was stellst du fest?
c) Überprüfe deine Feststellung mit den Winkelsummen aus Aufgabe 3.

① Dreieck

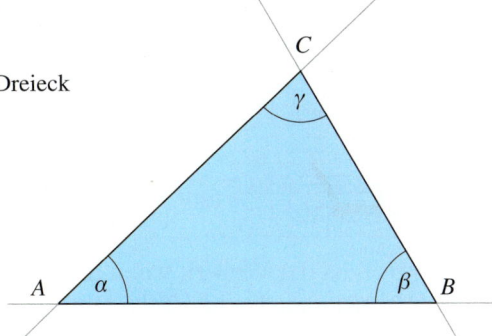

② Viereck

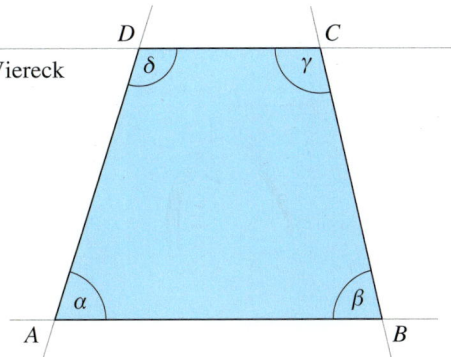

41

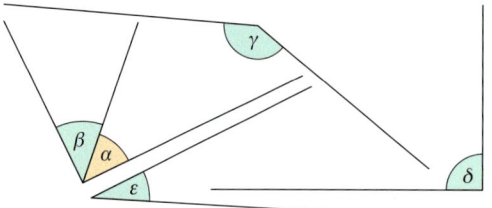 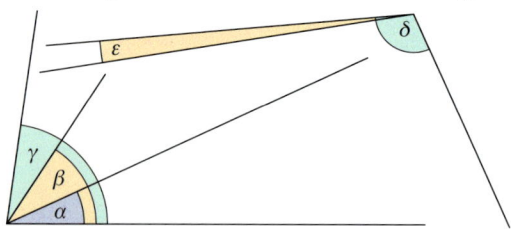

5 Vergleiche die Winkel der Größe nach. Trage die Zeichen „>, < und =" im Heft ein.

5 Miss die Winkel und ordne sie der Größe nach. Beginne mit der kleinsten Winkelgröße.

BEISPIEL

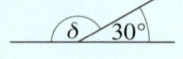

$\delta = 180° - 30°$
$\delta = 150°$

6 Berechne die Größe des Winkels.

a)
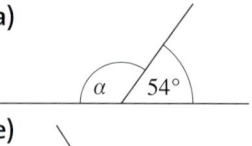
α / 54°

b)
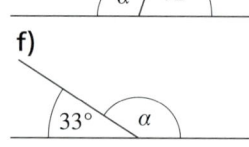
α / 72°

c)
135° / α

d)
69° / α

e)
123° / α

f)
33° / α

g)
153° / α

h)
146° / α

7 Ist die Winkelgröße eines Winkels bekannt, dann lassen sich die anderen Winkelgrößen mithilfe des gestreckten Winkels berechnen.
In der Tabelle ist eine Winkelgröße angegeben. Berechne die übrigen Winkelgrößen.

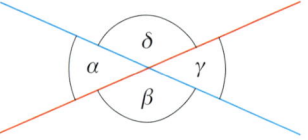

a)

α	β	γ	δ
54°			

b)

α	β	γ	δ
	104°		

NACHGEDACHT
Stell dir vor, man vergrößert die Kreise in Aufgabe 8 (bei gleicher Einteilung). Wie ändert sich dann die Größe der Winkel?

8 Bestimme die Größe des Winkels α.
Jeder der Kreise wurde in gleich große Teile zerlegt.
Beschreibe, wie man die Größe des Winkels α berechnen kann.

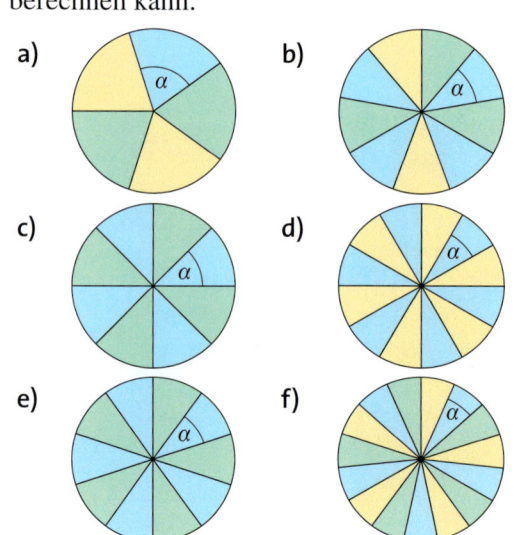

a)   b)
c)   d)
e)   f)

8 Zeichne auf ein Blatt Papier einen Kreis und schneide ihn aus. Falte ihn einmal, zweimal, dreimal usw. wie in den Bildern.

① 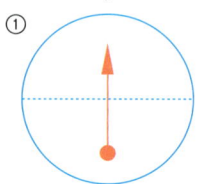 ② 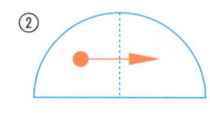 ③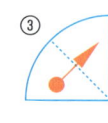

a) Gib nach jedem Falten an, wie groß die Winkel der entstandenen Kreisausschnitte sind.
Fülle dazu die Tabelle im Heft aus.

Anzahl der Kreisausschnitte	2	4		
Winkelgröße α eines Kreisausschnitts	180°			

b) Wie groß ist der Winkel, wenn du ihn in 10 (12, 18) gleich große Teile einteilst?
c) Wie kann man die Größe von α berechnen?

Winkel zeichnen

Entdecken

1  Welche Winkel könnt ihr mit einem Geodreieck leicht zeichnen? Untersucht dazu z. B. die Ecken des Geodreiecks und besondere Linien. Präsentiert eure Ergebnisse.

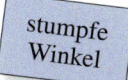 rechte Winkel   stumpfe Winkel   spitze Winkel   gestreckte Winkel   überstumpfe Winkel   Vollwinkel

2 Übertrage das Sternbild „Großer Wagen" so genau wie möglich in dein Heft. Beschreibe, wie du dabei vorgehst.

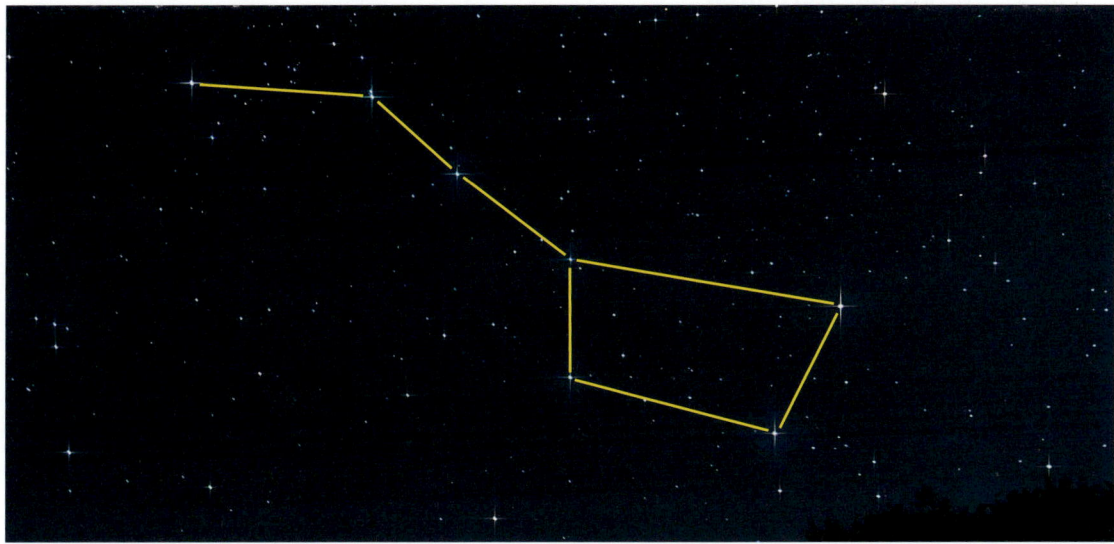

3 Auf dem Geodreieck sind drei verschiedene Skalen farblich gekennzeichnet. Erkläre, wofür die drei Skalen jeweils gebraucht werden. Werden alle drei Skalen beim Zeichnen von Winkeln verwendet? Begründe.

4 Zeichne folgende Winkel.

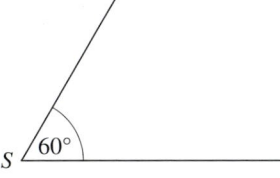 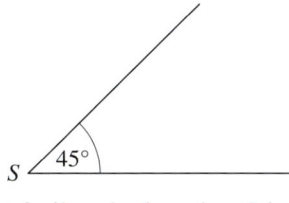 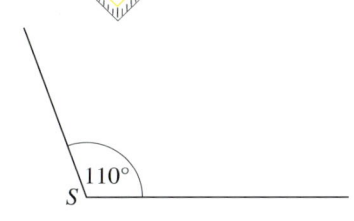

a) Zeichne die Winkel zunächst freihand, also ohne Lineal oder Geodreieck.
b) Zeichne sie dann mit einem Geodreieck:
Zeichne dazu zunächst einen Schenkel und den Scheitelpunkt.
Achte genau darauf, wo du den Nullpunkt des Geodreiecks anlegst und mithilfe welcher Skala du die Winkelgröße in Grad anträgst.
c) Vergleiche deine Ergebnisse aus a) und b).

Verstehen

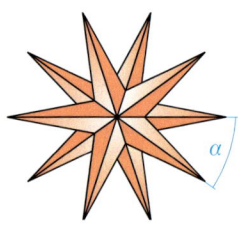

Die Theater-AG braucht für das Bühnenbild ihrer nächsten Aufführung viele regelmäßige Sterne.
Rainer und Jeanine haben eine Vorlage bekommen und wollen einige Sterne auf Tonpapier zeichnen. Dafür messen sie zuerst alle benötigten Winkel und zeichnen mit dem Geodreieck.

> **Merke** Winkel werden mit dem Geodreieck gezeichnet.
> Dabei geht man nach dem **Markierungsverfahren** oder dem **Drehverfahren** vor.

Beispiel 1 **Markierungsverfahren**

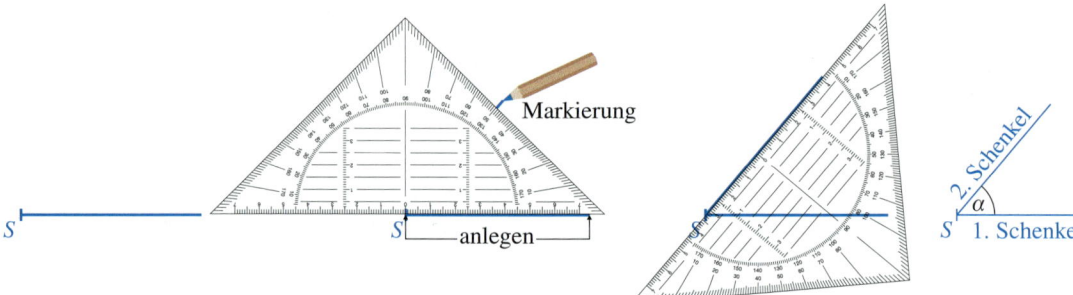

HINWEIS
Überprüfe deine gezeichneten Winkel stets mit deinem Wissen über Winkelarten.

1. Schritt:
Zeichne den 1. Schenkel und markiere den Scheitelpunkt.

2. Schritt:
Lege die Grundkante des Geodreiecks an den 1. Schenkel. Achte darauf, dass der Nullpunkt genau auf dem Scheitelpunkt liegt.
Markiere die Winkelgröße an der richtigen Winkelskala.

3. Schritt:
Verbinde deine Markierung mit dem Scheitelpunkt.

4. Schritt:
Beschrifte den Winkel.

Beispiel 2 **Drehverfahren**

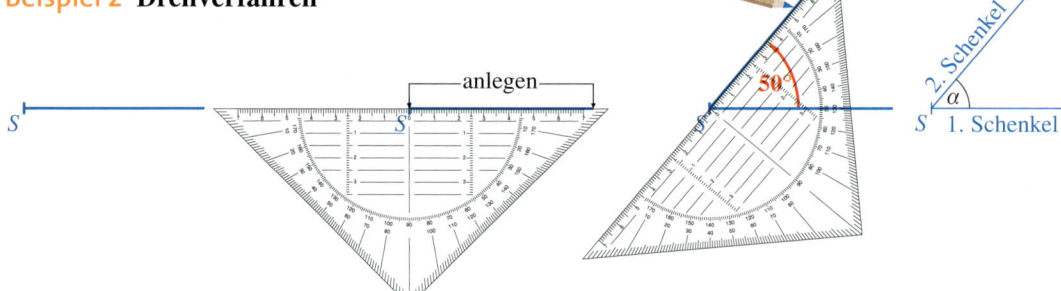

1. Schritt:
Zeichne den 1. Schenkel und markiere den Scheitelpunkt.

2. Schritt:
Lege die Grundkante des Geodreiecks an den 1. Schenkel. Das Geodreieck zeigt dabei nach unten. Achte darauf, dass der Nullpunkt genau auf dem Scheitelpunkt liegt.

3. Schritt:
Drehe das Geodreieck so weit, bis die Winkelgröße auf der Skala am 1. Schenkel erscheint.
Zeichne vom Scheitelpunkt aus den 2. Schenkel.

4. Schritt:
Beschrifte den Winkel.

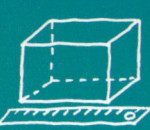

Üben und anwenden

1 Zeichne einen spitzen, rechten, stumpfen und gestreckten Winkel ins Heft.
Beschrifte die Winkel und gib die Winkelgröße an.
👥 Vergleiche dein Ergebnis mit deinem Partner oder deiner Partnerin.

2 Zeichne die Winkel ins Heft.
Beginne deine Zeichnung mit dem ersten Schenkel, markiere den Scheitelpunkt, …
a) 30° **b)** 65° **c)** 78° **d)** 27° **e)** 86°
f) 105° **g)** 135° **h)** 139° **i)** 164° **j)** 6°

2 Zeichne eine Gerade g und einen Punkt P auf der Geraden g. Trage den angegebenen Winkel im Scheitelpunkt P ab.
a) 37° **b)** 72° **c)** 156° **d)** 129° **e)** 12°
f) 177° **g)** 91° **h)** 89° **i)** 55° **j)** 7°

3 👥 Stellt verschiedene Winkel an der Winkelscheibe ein und zeichnet sie ins Heft.
Wechselt euch beim Einstellen des Winkels ab.

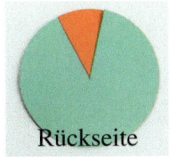

Rückseite   Vorderseite

4 Zeichne ein Dreieck mit den folgenden Eigenschaften ins Heft.
a) Es hat drei spitze Winkel.
b) Es hat einen rechten Winkel.
c) Es hat zwei rechte Winkel.
d) Es hat einen stumpfen Winkel.
👥 Vergleicht eure Dreiecke.
Was fällt euch auf?

4 Zeichne ein Viereck mit den folgenden Eigenschaften ins Heft.
a) Es hat einen stumpfen Winkel.
b) Es hat einen stumpfen und drei spitze Winkel.
c) Es hat zwei stumpfe und zwei spitze Winkel.
d) Es hat mindestens zwei rechte Winkel.

5 Übertrage die Dreiecke mit den angegebenen Maßen in dein Heft.
a) Beginne mit der Strecke $\overline{AB}$ = 5 cm.
Trage bei A den Winkel α und bei B den Winkel β an, γ ergibt sich.
① $\alpha = 105°$, $\beta = 15°$
② $\alpha = 67°$, $\beta = 67°$
③ $\alpha = 90°$, $\beta = 29°$
b) Miss jeweils die Winkelgröße von γ.
c) Addiere die drei Winkelgrößen. Was stellst du fest?

Beispiel

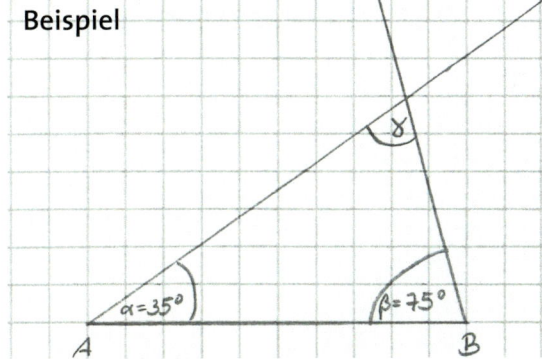

6 Zeichne die folgenden Winkel mit demselben Scheitelpunkt so oft aneinander, dass ein stumpfer Winkel entsteht.
Wie viele Winkel musst du mindestens aneinander zeichnen?
a) 40°   **b)** 30°   **c)** 25°   **d)** 20°

7 Zeichne ins Heft.
a) Die Straßen kreuzen sich in einem Winkel von 90°.
b) Die Pizza hat sechs gleich große Stücke.
c) Das Flugzeug hebt mit einem Winkel von 30° ab.

7 Zeichne ins Heft.
a) Er schießt in einem Winkel von 90° auf das Tor.
b) Die Torte hat zehn gleich große Stücke.
c) Der schiefe Turm von Pisa ist 55 m hoch und neigt sich um 4°.

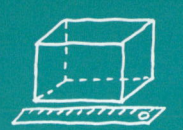

ERINNERE DICH
Eine Halbgerade hat einen Anfangspunkt, aber keinen Endpunkt.

8 Übertrage die Halbgeraden in dein Heft.
Trage im Scheitelpunkt folgende Winkel ab:
S_1: $\alpha = 24°$; S_2: $\beta = 65°$; S_3: $\gamma = 105°$

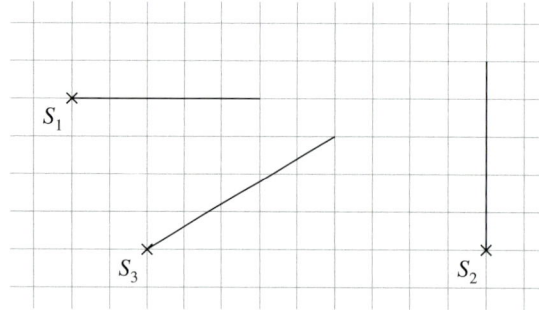

8 Übertrage die Halbgeraden in dein Heft.
Trage im Scheitelpunkt folgende Winkel ab:
S_1: $\alpha = 91°$; S_2: $\beta = 122°$; S_3: $\gamma = 156°$

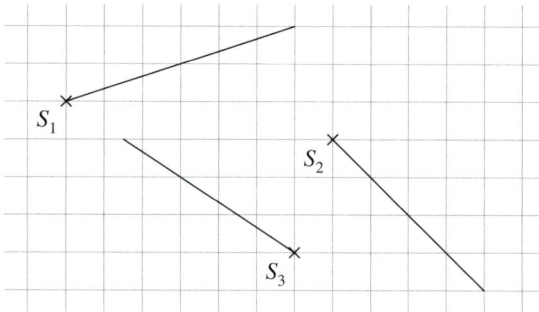

9 Wie weit ist das Schiff von den Leuchttürmen A und B entfernt?
Ermittle die Entfernungen zeichnerisch.
Zeichne 1 cm für 1 km.

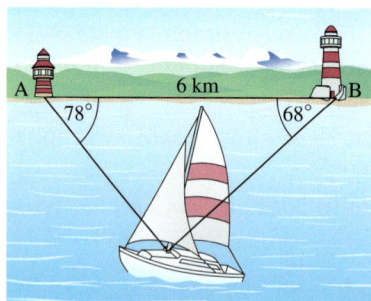

9 Der Baum wirft einen 6 m langen Schatten. Die Sonnenstrahlen bilden dabei mit dem Boden einen Winkel von 40°.

a) Zeichne das Dreieck ins Heft (1 m entspricht 1 cm).

b) Bestimme die Höhe des Baums.

c) Wie lang ist der Schatten, wenn die Sonnenstrahlen mit dem Boden einen Winkel von 55° bilden?

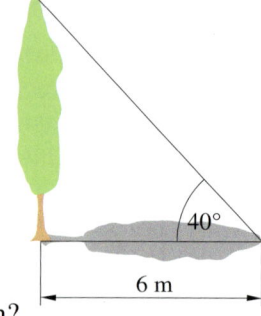

10 Zeichne den Stern ins Heft. Alle Seiten des Sterns sind 3 cm (4 cm) lang. Beginne mit der Strecke $\overline{AB}$.

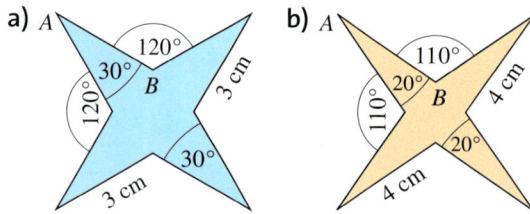

10 Zeichne das Segelboot ins Heft.
Beginne mit der Strecke $\overline{AB}$.

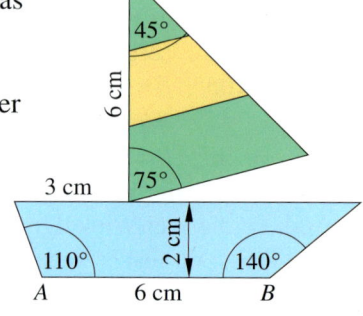

11 Zeichne den Drachen nach. Beginne mit der Strecke $\overline{AB}$.

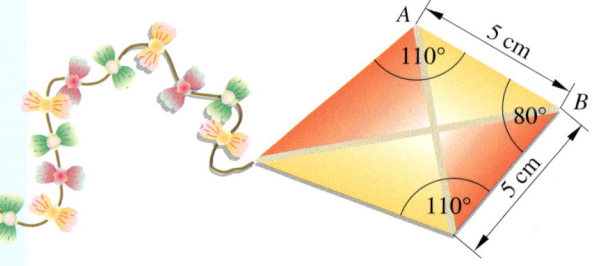

11 Überlege dir zuerst, wie du vorgehst.

a) Zeichne einen Winkel von 123°. Teile ihn auf in zwei Winkel. Der eine Winkel soll 24° messen. Wie viel Grad misst der zweite Winkel?

b) Zeichne einen Winkel von 88°. Unterteile ihn in zwei gleich große Winkel.

c) Zeichne einen Winkel von 86° und daran anschließend einen Winkel von 112°. Wie groß sind beide Winkel zusammen?

Winkel an Geradenkreuzungen

Entdecken

1 Rechts findest du einen Ausschnitt aus dem Stadtplan von Hannover. Die Straßen kreuzen sich in unterschiedlichen Winkeln.

a) Wie viele unterschiedliche Winkel findest du an der Kreuzung *Fröbelstraße* und *Pestalozzistraße*?
Wie ist es an der Kreuzung *Otto-Wels-Straße* und *Ungerstraße*?
Was fällt dir im Vergleich auf?

b) Miss mit deinem Geodreieck die Winkel an den beiden Kreuzungen aus a).
Musst du wirklich alle Winkel messen?

c) Miss an einer anderen Kreuzung *einen* Winkel. Finde dort so viele Winkelgrößen wie möglich *ohne* Messen heraus.

d) Bestimme ohne weiteres Messen die Winkelgrößen an benachbarten Kreuzungen. An welchen Stellen gelingt das nicht?

Städte, die geplant entstanden sind, haben meistens viele gerade Straßen und gleiche Kreuzungswinkel. Bei natürlich gewachsenen Städten findet man viele verschiedene Kreuzungswinkel und wenig geradlinige Straßen.

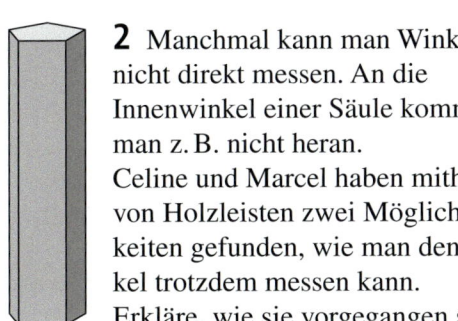

2 Manchmal kann man Winkel nicht direkt messen. An die Innenwinkel einer Säule kommt man z. B. nicht heran.
Celine und Marcel haben mithilfe von Holzleisten zwei Möglichkeiten gefunden, wie man den Winkel trotzdem messen kann.
Erkläre, wie sie vorgegangen sind.

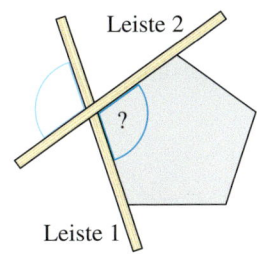

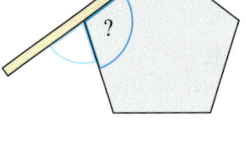

So misst Celine den gesuchten Winkel.

Marcel benötigt nur **eine** Holzleiste.

3 Manche Winkelgrößen kann man nur mit einem Trick herausfinden.
Bestimme die Böschungswinkel beim unten gezeichneten Gartenteich. Natürlich muss dein Geodreieck dabei außerhalb des Erdbodens bleiben.
Finde mehrere Möglichkeiten, die Böschungswinkel herauszubekommen.

TIPP
Das Geodreieck darf ruhig auch mal nass werden.

Bei einem Gartenteich aus Teichfolie darf der Böschungswinkel nicht größer als 45° sein.

Verstehen

Überall in der Natur und in der Technik finden wir Winkel.

Manche Winkel kann man nicht direkt messen, weil sie nicht erreichbar sind.

Oft kann man ihre Größe bestimmen, indem man andere Winkel zu Hilfe nimmt.

Ponte Estaiada, Brasilien   *Araukarie*

An einer Kreuzung zweier Geraden entstehen immer vier Winkel.

Beispiel 1

$\alpha = \gamma$, denn α und γ sind Scheitelwinkel.

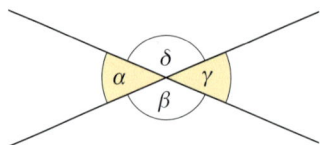

Merke Scheitelwinkelsatz

Winkel, die sich an einer Kreuzung von Geraden gegenüberliegen, nennt man **Scheitelwinkel**.

Sie sind immer gleich groß.

Beispiel 2

$\alpha + \beta = 180°$, denn α ist Nebenwinkel von β.

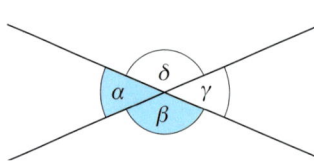

Merke Nebenwinkelsatz

Winkel, die an einer Kreuzung zweier Geraden nebeneinanderliegen, nennt man **Nebenwinkel**.

Sie ergeben zusammen einen 180°-Winkel.

Wenn zwei parallele Geraden von einer dritten Gerade geschnitten werden, so entstehen immer zwei Geradenkreuzungen. Insgesamt findest du an diesen Kreuzungen acht Winkel.

HINWEIS

So argumentierst du mathematisch:
„α und β sind Stufenwinkel. Also sind α und β gleich groß. β und δ sind Scheitelwinkel. Also sind β und δ gleich groß. Dann müssen auch α und δ gleich groß sein."

Beispiel 3

$\alpha = \beta$, denn α und β sind Stufenwinkel.

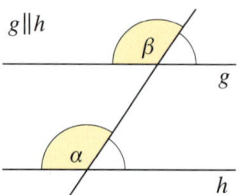

Merke Stufenwinkelsatz

An benachbarten Geradenkreuzungen aus zwei Parallelen sind die Winkelverhältnisse identisch.

Die Winkel an den Parallelen mit gleicher Lage nennt man **Stufenwinkel**.

Sie sind gleich groß.

Beispiel 4

$\alpha = \delta$, denn α und δ sind Wechselwinkel.

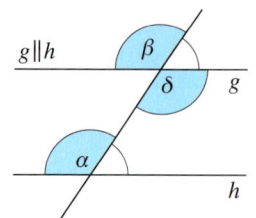

Merke Wechselwinkelsatz

Jeder Stufenwinkel bildet mit dem Scheitelwinkel einer benachbarten Geradenkreuzung ein Winkelpaar aus zwei gleich großen Winkeln. Die Winkelpaare nennt man **Wechselwinkel**.

Sie sind gleich groß.

So kannst du auch prüfen, ob zwei Geraden parallel sind:

Schneide die Geraden mit einer dritten Gerade und vergleiche die Winkelgrößen an den entstandenen Geradenkreuzungen miteinander.

Üben und anwenden

1 Diese Andreaskreuze findet man an Bahnübergängen.

a) Der obere Winkel des ersten Andreaskreuzes (Deutschland) misst 60°. Bestimme die anderen Winkelgrößen. Warum funktioniert das mit nur einer bekannten Größe?

b) Übertrage das in Österreich verwendete Andreaskreuz für Bahnübergänge mit mehreren Gleisen in dein Heft. Zeichne je ein Paar von Scheitel-, Neben-, Stufen- und Wechselwinkeln ein.

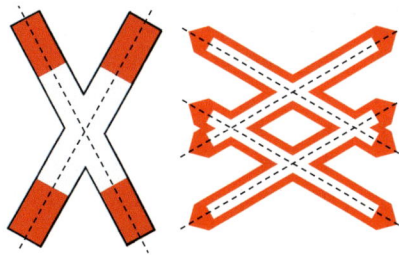

*Verkehrszeichen „Andreaskreuz":
links Deutschland, rechts Österreich*

NACHGEDACHT
Im linken Andreaskreuz gibt es insgesamt zwei Paare von Scheitelwinkeln und vier Paare von Nebenwinkeln. Welche sind das?

2 Gib die Größe der markierten Winkel an.

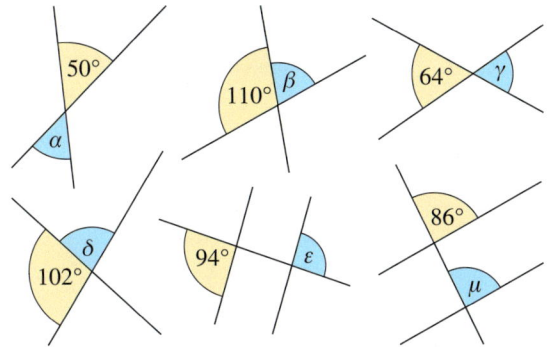

2 Gib die Größe der markierten Winkel an.

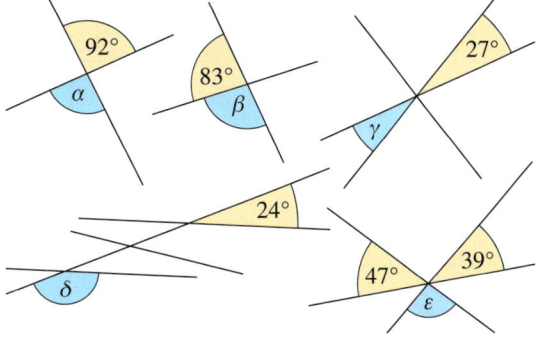

3 Übertrage das Fachwerkmuster möglichst genau in dein Heft. Finde je ein Paar von Scheitelwinkeln, Nebenwinkeln, Stufenwinkeln und von Wechselwinkeln.

3 Übertrage das Fachwerkmuster in dein Heft. Welche Winkelgrößen kannst du ohne zu messen *nicht* bestimmen?

4 Zeichne mit vier Geraden ein Trapez wie rechts gezeigt. Bestimme mit dem Geodreieck die Größe aller Innenwinkel. *Achtung:* Kein Teil deines Geodreiecks darf dabei in den farbigen Bereich hineinragen.

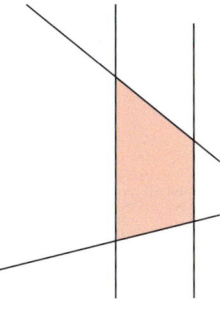

4 Zeichne mit vier Geraden ein Trapez wie rechts gezeigt. Bestimme mit dem Geodreieck die Größe aller Innenwinkel. *Achtung:* Kein Teil deines Geodreiecks darf dabei in den farbigen Bereich hineinragen.

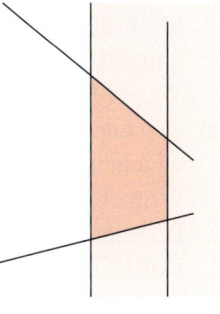

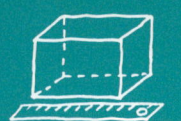

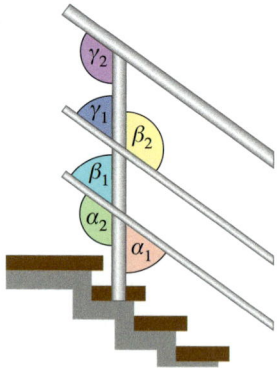

5 Vervollständige die Aussagen zum rechts abgebildeten Treppengeländer in deinem Heft.

a) α_1 ist Nebenwinkel von ▦ und Scheitelwinkel zu ▦ .

b) β_1 und ▦ sind Stufenwinkel.

c) γ_2 und ▦ sind Wechselwinkel.

d) α_2 und ▦ sind Stufenwinkel.

5 Vervollständige die Aussagen zum links abgebildeten Treppengeländer in deinem Heft.

a) β_2 ist Nebenwinkel von ▦ und Wechselwinkel von ▦ .

b) β_1 und γ_1 sind ein Paar ▦ .

c) β_1 und α_1 sind gleich groß, weil ▦ .

d) γ_2 und ▦ ergeben zusammen 180°.

6 Vervollständige die Tabelle. Die Farben beziehen sich auf das Treppengeländer aus Aufgabe 5.

	α_1	α_2	β_1	β_2	γ_1	γ_2
a)	20°		20° Scheitelwinkel	╳		╳
b)			36°	╳		╳
c)		135°			╳	
d)	╳				╳	129°
e)	╳				17°	╳

7 Prüfe, ob die folgenden Aussagen richtig oder falsch sind. Zeichne, falls möglich, ein Beispiel zur Begründung deiner Antwort.

a) Der Nebenwinkel eines rechten Winkels ist ebenfalls ein rechter Winkel.

b) Ein stumpfer Winkel hat immer einen stumpfen Nebenwinkel.

c) Ein spitzer Winkel hat immer einen spitzen Scheitelwinkel.

d) Addiert man zur Größe eines beliebigen Winkels die Größe seines Nebenwinkels und seines Scheitelwinkels, so ist das Ergebnis immer größer als 180°.

7 Prüfe, ob die folgenden Aussagen richtig oder falsch sind. Zeichne, falls möglich, ein Beispiel zur Begründung deiner Antwort.

a) Der Wechselwinkel eines rechten Winkels ist immer ein rechter Winkel.

b) Ein stumpfer Winkel hat immer einen spitzen Stufenwinkel.

c) Ein überstumpfer Winkel hat keinen Nebenwinkel.

d) Addiert man zur Größe eines Winkels zweimal die Größe seines Nebenwinkels, so erhält man das gleiche Ergebnis, wie wenn man sie einmal von 360° subtrahiert.

8 Die Fliesen für das Bad müssen schräg abgeschnitten werden. Übertrage die Zeichnung in dein Heft.

a) Miss die Größe des roten und des grünen Winkels. Was fällt dir auf?

b) Zeichne farbig ein, an welchen Stellen der grüne Winkel noch zu finden ist.

c) Begründe: Rot + Grün = 180°

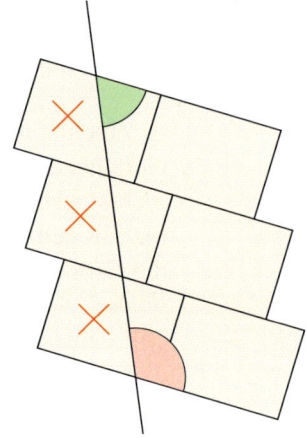

8 Die Fliesen für die Küche müssen schräg abgeschnitten werden. Der rot markierte Winkel misst 123°. Die Größe des grün markierten Winkels muss an der Schneidemaschine eingestellt werden.

a) Auf welche Gradzahl muss man die Maschine einstellen?

b) Begründe, wie man die Größe des grünen Winkels bestimmen kann.

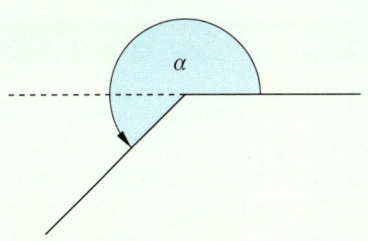

Methode: Überstumpfe Winkel messen und zeichnen

Mit einem Geodreieck kann man auch überstumpfe Winkel (Winkel > 180°) messen und zeichnen.
Da die Winkelskala auf dem Geodreieck aber nur bis 180° reicht, ist dazu ein Zwischenschritt nötig.

Ein überstumpfer Winkel α kann in einen gestreckten Winkel (180°) und einen anderen Teilwinkel (< 180°) zerlegt werden.

Messen von überstumpfen Winkeln

① Lege den Nullpunkt des Geodreiecks auf den Scheitelpunkt. Dabei schaut die Spitze des Geodreiecks nach unten.

② Lies die Winkelgröße des kleinen Teilwinkels ab. Dazu misst du die Winkelgröße bis zum 2. Schenkel. Achte auf die richtige Skala.

③ Addiere die Winkelgröße von beiden Teilwinkeln: 180° + 42° = 222°

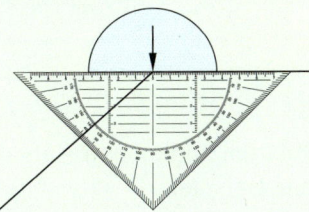
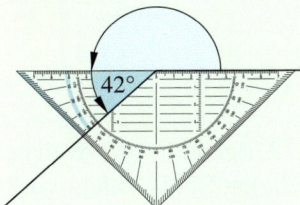
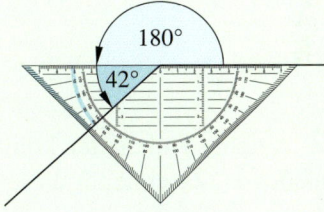

Zeichnen von überstumpfen Winkeln

① Ein Winkel von 287° wird gezeichnet. Berechne die Größe des Teilwinkels: 287° − 180° = 107°

② Lege das Geodreieck mit dem Nullpunkt auf den Scheitelpunkt. Dabei zeigt die Spitze des Geodreiecks nach unten.

③ Zeichne den Winkel mit 107° ein. Achte dabei auf die richtige Skala.

④ Beschrifte die Zeichnung.

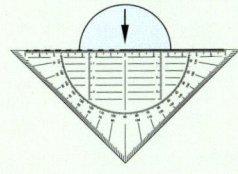
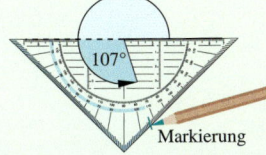
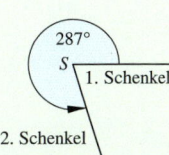

1 Miss die folgenden Winkel.

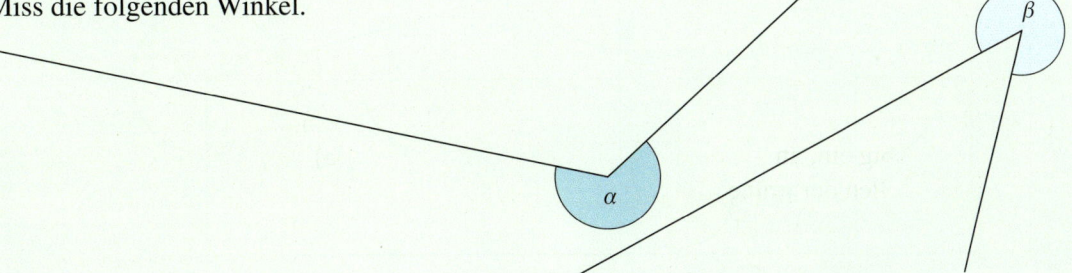

2 Zeichne Winkel mit den Größen 280°, 295°, 325°, 310° und 250° in dein Heft.

HINWEIS

Zum Beispiel ergänzen sich ein überstumpfer Winkel und ein stumpfer Winkel zum Vollwinkel. Daher kann man auch 360° − 225° = 135° berechnen und dann einen Winkel von 135° zeichnen.

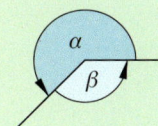

Klar so weit?

→ Seite 36

Winkel erkennen und Winkelarten beschreiben

1 Löse die Aufgabe, ohne die Winkel zu messen.
a) Gib für die Winkel α, β, γ und δ die jeweilige Winkelart an.
b) Zeichne zu jeder Winkelart zwei weitere Vertreter in dein Heft.

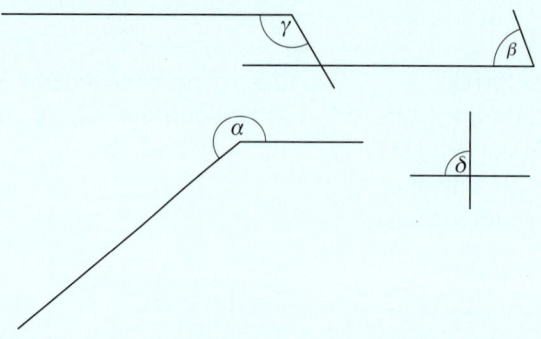

2 Welche Winkelarten kommen in Aufgabe **1** nicht vor? Zeichne für diese Winkelarten Beispiele und benenne sie.

1 Zeichne die Figur in dein Heft.
a) Beschrifte alle Winkel innerhalb der Figur mit α_1 bis α_6.
b) Nenne alle in der Figur vorhandenen Winkelarten. Schätze ihre Größe.
c) Entwirf selbst solch eine Figur.
👥 Lass deinen Lernpartner die Innenwinkel schätzen.

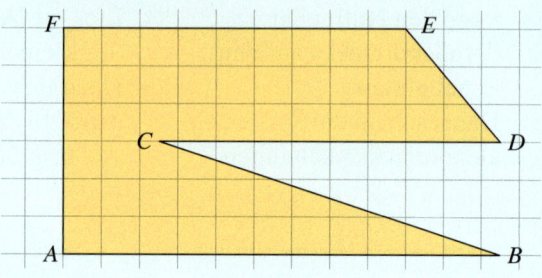

2 Welche Winkelarten kommen in Aufgabe **1** nicht vor? Zeichne Beispiele.
Warum kommen diese Winkel nicht vor?

→ Seite 40

Winkel messen

3 Miss die Größe der Winkel in Aufgabe **1**.

3 Miss die Größe der Winkel in Aufgabe **1**.

4 Übertrage die Tabelle in dein Heft und fülle sie aus.

Winkel	Winkelart	geschätze Größe	gemessene Größe
α_1			

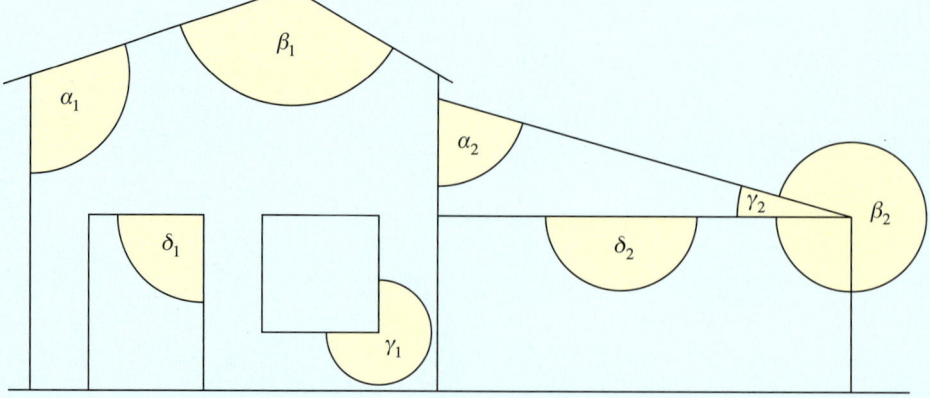

→ Seite 44

Winkel zeichnen

5 Zeichne jeweils eine Gerade g und einen Punkt P, der auf der Geraden g liegt. Trage in P den Winkel mit der gegebenen Größe an.
a) spitze Winkel: 30°, 40°, 70°
b) rechter Winkel
c) stumpfe Winkel: 120°, 165°, 95°
d) gestreckter Winkel

5 Zeichne jeweils eine Gerade g und einen Punkt P, der auf der Geraden g liegt. Trage in P den Winkel mit der gegebenen Größe an.
a) 5°, 39°, 66°, 73°
b) 154°, 161°, 93°, 111°
c) 48°, 98°, 84°, 121°
d) rechter Winkel, gestreckter Winkel

6 Zeichne das Dreieck mit den Eckpunkten $A(1|5)$, $B(7|1)$ und $C(5|8)$ in ein Koordinatensystem. Wähle als Einheit zwei Kästchen auf Karopapier.
Miss die Größe der Winkel innerhalb der Figur und schreibe sie ins Heft.

6 Zeichne das Viereck $ABCD$ in ein Koordinatensystem (1 LE = 1 cm): $A(2|10)$; $B(7|1)$; $C(10|10)$; $D(7|16)$.
Miss die Größe der Winkel innerhalb der Figur.
Schreibe sie ins Heft.

7 Tiere haben unterschiedliche Gesichtsfelder. Zeichne die Gesichtsfelder der Tiere ins Heft.
a) Hamster 110°   b) Pferd 270°
d) Frosch   340°   e) Hase 300°

Beispiel Hund 260°

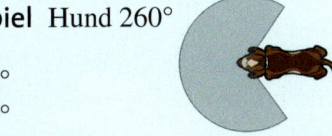

c) Leopard 180°
f) Fliege   360°

→ Seite 48

Winkel an Geradenkreuzungen

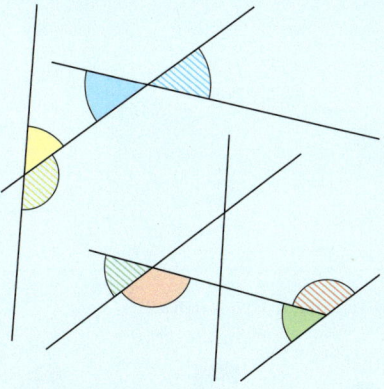

8 Links findest du eine vereinfachte Abbildung aller Start- und Landebahnen des Chicago O'Hare-Airports, der einer der weltgrößten Flughäfen ist.
a) Suche jeweils gestrichelt und vollständig gefüllte Winkel gleicher Farbe und entscheide, welche Art von Winkelpaaren vorliegt.
b) Finde weitere Winkelpaare.
c) Wie berechnest du die Größe des roten Winkels, wenn du die Größe des rot gestrichelten Winkels kennst?

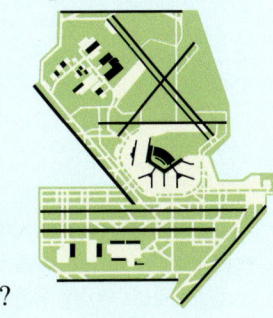

9 Betrachte den Kreis.
a) Wie heißt der Scheitelwinkel von α?
b) Nenne die Nebenwinkel von β.
c) Berechne β, γ und δ für $\alpha = 47°$ ($\alpha = 55°$).

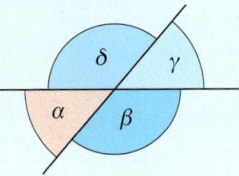

9 Begründe, weshalb die eingefärbten Winkel gleich groß sind.
a)

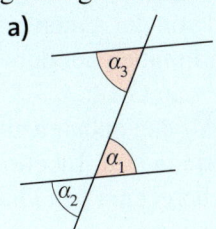

b)

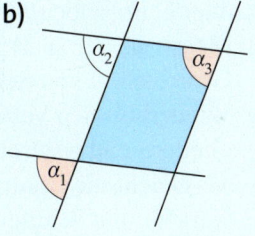

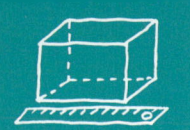

Vermischte Übungen

1 Miss die Winkel und zeichne sie in dein Heft.

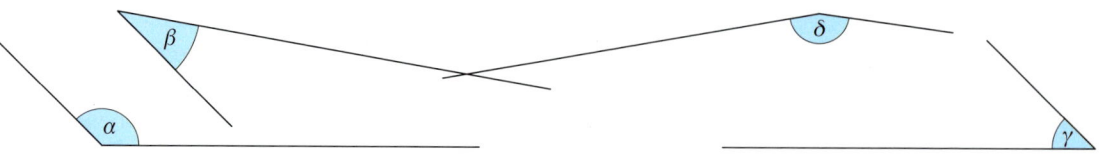

2 Zeichne ein beliebiges Dreieck (Viereck, Fünfeck) und miss die Größe der Winkel an jedem Eckpunkt …
a) innerhalb der Figur,
b) außerhalb der Figur.

3 Zeichne die Winkel ins Heft.
a) 180°, 30°, 90°, 120°
b) Zwei der Winkel ergeben zusammen einen weiteren der angegebenen Winkel. Zeichne die beiden Winkel so nebeneinander, dass dieser Winkel entsteht.

4 Berechne die Größe der Winkel. Überprüfe dein Ergebnis durch Messen.

a)

b)

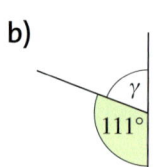

c)

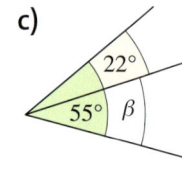

d)

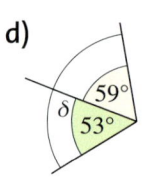

2 Zeichne die Figur mit $A(1|5)$, $B(2|2)$, $C(7|1)$, $D(10|7)$, $E(5|8)$ in ein Koordinatensystem und bestimme die Größe der Winkel …
a) innerhalb der Figur,
b) außerhalb der Figur.

3 Zeichne die folgenden Winkel so oft mit demselben Scheitelpunkt aneinander, dass ein überstumpfer Winkel entsteht. Wie viele Winkel musst du jeweils mindestens aneinanderzeichnen?
a) 45°   b) 38°   c) 55°   d) 72°

4 Berechne die Größe der Winkel.

a)

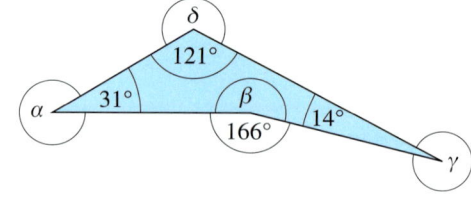

b)

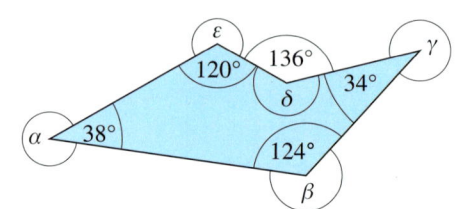

5 Überprüft in der Klasse, wie groß euer Gesichtsfeld ist. Arbeitet dazu in Gruppen: Schüler A steht auf einem markierten Punkt und schaut gerade nach vorn. Schüler B nähert sich von hinten im seitlichen Abstand von einem Meter. Sobald Schüler A Schüler B wahrnimmt, ruft er „Stopp". Markiert den Standort von Schüler B z. B. mit Kreide. Nun nähert sich Schüler C im selben Abstand von der anderen Seite.
a) Messt aus den markierten Punkten auf dem Boden das Gesichtsfeld von Schüler A in Grad.
b) Wiederholt den Versuch mit den anderen Gruppenmitgliedern und tragt die Werte in eine Tabelle ein.
c) Vergleicht die Daten und berechnet den Durchschnittswert für alle Schüler.

6 Betrachte die Richtungsänderungen am Kompass.
Gehe dabei immer im Uhrzeigersinn vor.
a) Was für eine Winkelart ergibt sich bei dem eingezeichneten 120°-Winkel?
b) Welche Winkelarten ergeben sich bei den folgenden Richtungsänderungen?

① N → SO
② NO → W
③ W → N
④ N → SW
⑤ NW → NO
⑥ S → SO

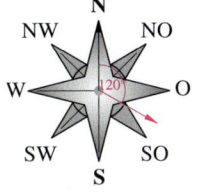

c) Gib die Richtungsänderungen aus b) als Gradzahl an.
   Beispiel N → SO entspricht einer Änderung um 135°.

6 Auf dem Kompass siehst du eine Skala von 0° bis 360° und in der Mitte eine Windrose.
a) Zeichne die Windrose in dein Heft.
b) Gib Winkelart und Größe des Winkels an, der im Uhrzeigersinn zwischen der ersten und der zweiten Himmelsrichtung liegt.

① O nach S
② SO nach SW
③ NO nach S
④ NO nach NW
⑤ NW nach S

c) Welche Himmelsrichtung zeigt der Kompass an, wenn sich die Nadel von N …
① um 25° nach links dreht,
② um 140° nach rechts dreht,
③ um 50° nach rechts dreht?

7 Ein Flugzeug fliegt in nordwestliche Richtung.
Es ändert seinen Kurs um 45° nach Süden.
In welche Richtung fliegt es jetzt?

7 Ein Fischkutter fährt auf dem Meer in Richtung Südosten.
Aufgrund des Wellengangs ändert er seinen Kurs um 45° in nördliche Richtung und dann um 90° in südliche Richtung.
Welchen Kurs hat er nun?

8 Zeichne Beispiele, um die Fragen zu beantworten. Begründe deine Antworten.
a) Wie groß ist der Scheitelwinkel eines rechten Winkels?
b) Von welcher Winkelart ist der Nebenwinkel eines stumpfen Winkels?
c) Können zwei stumpfe Winkel ein Paar von Wechselwinkeln sein?
d) Von welcher Winkelart ist der Stufenwinkel eines überstumpfen Winkels?
e) Können zwei spitze Winkel ein Paar von Nebenwinkeln sein?

9 Wie groß sind die farbig gekennzeichneten Winkel im Bild? Begründe.

9 Wie groß sind die farbig gekennzeichneten Winkel im Bild? Begründe.

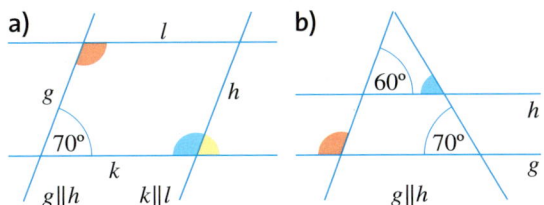

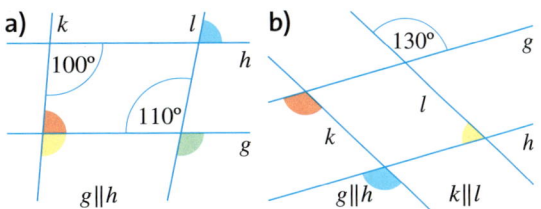

10 Zeichne ein beliebiges Dreieck und verlängere die Seiten über die Eckpunkte hinaus.
Markiere gleich große Winkel in der gleichen Farbe.

10 Benenne im Heft alle gleich großen Winkel mit gleichen griechischen Buchstaben. Begründe.

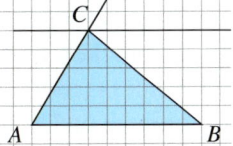

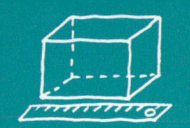

ZU AUFGABE 11
Gibt es auch in deiner Nähe Fachwerkbrücken oder Fachwerkhäuser?

11 Die **Elbbrücke bei Lauenburg** wird als Straßen- und Eisenbahnbrücke genutzt. Sie besteht aus Fachwerkbalken über Stützpfeilern, die maximal 104,6 m voneinander entfernt sind. Insgesamt ist die Brücke 517 m lang. Die Strebenfachwerke haben eine Höhe von 10,6 m.

Rechts siehst du einen Teil der Brücke. Sina und Mersin wollen die beiden rot eingezeichneten Winkel bestimmen.
Sie messen dazu an den farbig markierten Stellen insgesamt acht Winkel.

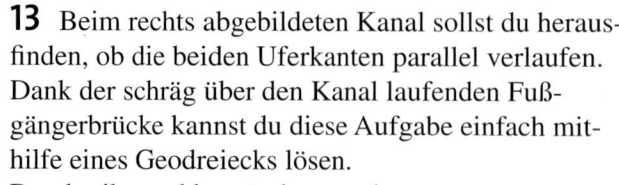

a) Welche unterschiedlichen Winkelarten findest du in der Zeichnung?
b) Welche unterschiedlichen Winkelpaare mit der gleichen Farbe findest du?
c) Wie viele unterschiedliche Winkelgrößen messen Sina und Mersin?
d) Erkläre, wie Sina und Mersin die gesuchten Winkel bestimmen können. Finde dafür möglichst viele verschiedene Möglichkeiten.

12 Kinder im Alter von etwa 6 Jahren sind im Straßenverkehr besonders stark gefährdet, weil ihr Sehwinkel um ein Drittel kleiner ist als bei Erwachsenen.
a) Berechne, um wie viel Grad der Sehwinkel für ein sechsjähriges Kind kleiner ist, wenn der Winkel für einen Erwachsenen etwa 180° beträgt.
b) Wie groß ist der Sehwinkel bei einem sechsjährigen Kind?
c) Zeichne beide Winkel aus a) und b) mit einem gemeinsamen Scheitelpunkt und einem gemeinsamen Schenkel ins Heft.
d) Verena behauptet, dass ein Erwachsener aufgrund des erweiterten Sehwinkels Dinge sehen kann, die ein Kind nicht sieht. Begründe mithilfe deiner Zeichnung.

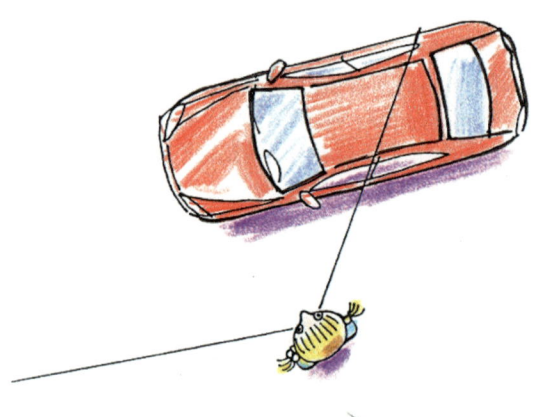

13 Beim rechts abgebildeten Kanal sollst du herausfinden, ob die beiden Uferkanten parallel verlaufen. Dank der schräg über den Kanal laufenden Fußgängerbrücke kannst du diese Aufgabe einfach mithilfe eines Geodreiecks lösen.
Beschreibe und begründe, was du tun musst.

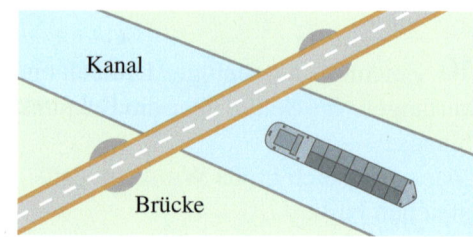

Kanal

Brücke

Zusammenfassung

Winkel erkennen und Winkelarten beschreiben

→ Seite 36

Ein **Winkel** wird durch zwei Strahlen begrenzt, die **Schenkel**, die vom **Scheitelpunkt** ausgehen. Die Größe eines Winkels wird in **Grad** (°) angegeben.

Scheitelpunkt S — 2. Schenkel — Winkel — 1. Schenkel

Winkelarten: spitzer Winkel zwischen 0° und 90°
stumpfer Winkel zwischen 90° und 180°
überstumpfer Winkel zwischen 180° und 360°

rechter Winkel 90°
gestreckter Winkel 180°
Vollwinkel 360°

Winkel messen

→ Seite 40

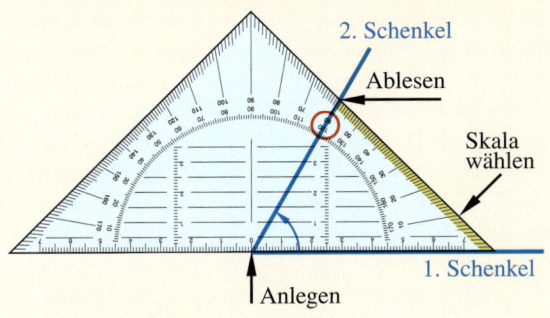

2. Schenkel
Ablesen
Skala wählen
1. Schenkel
Anlegen

Anlegen: Die Kante des Geodreiecks liegt auf dem 1. Schenkel. Der Nullpunkt des Geodreiecks liegt auf dem Scheitelpunkt des Winkels.

Skala wählen und ablesen: Die äußere Skala beginnt am 1. Schenkel mit 0°, also wird an der äußeren Skala abgelesen.
Die Größe des Winkels beträgt 60°.

Winkel zeichnen

→ Seite 44

Markierungsverfahren
Der Nullpunkt liegt auf dem Scheitelpunkt. Markiere die Winkelgröße an der richtigen Skala und verbinde.

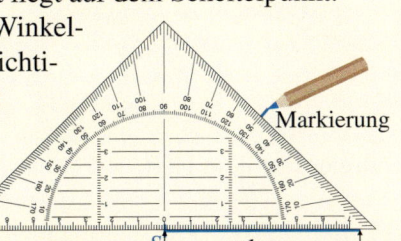

Markierung
S — anlegen

Drehverfahren
Das Geodreieck wird bis zur gewünschten Gradzahl um den Nullpunkt gedreht.

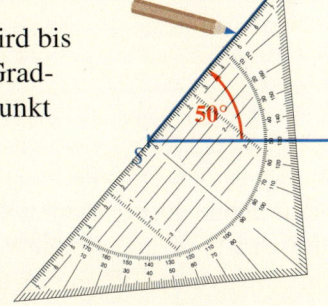

50°

Winkel an Geradenkreuzungen

→ Seite 48

Nebeneinanderliegende Winkel an einer Geradenkreuzung heißen **Nebenwinkel**. Gegenüberliegende Winkelpaare an einer Geradenkreuzung heißen **Scheitelwinkel**. An benachbarten Geradenkreuzungen aus parallelen Geraden gibt es **Stufenwinkel** und **Wechselwinkel**.

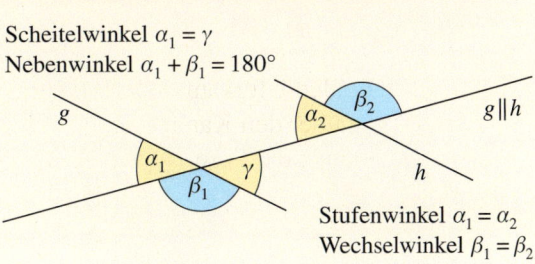

Scheitelwinkel $\alpha_1 = \gamma$
Nebenwinkel $\alpha_1 + \beta_1 = 180°$
g
β_2
α_2
$g \| h$
α_1
γ
h
β_1
Stufenwinkel $\alpha_1 = \alpha_2$
Wechselwinkel $\beta_1 = \beta_2$

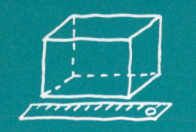

Teste dich!

2 Punkte **1** Erkläre die Begriffe „Schenkel eines Winkels"
und „Scheitelpunkt eines Winkels" am Beispiel
des Vorfahrt-Achten-Schilds.

5 Punkte **2** Zeichne ein beliebiges Fünfeck ins Heft.
Markiere die Winkel mit den griechischen Buchstaben
alpha, beta, gamma, delta und epsilon.

8 Punkte **3** Ordne die folgenden Winkelgrößen den entsprechenden Winkelarten zu.
a) 30°   **b)** 254°   **c)** 4°   **d)** 90°   **e)** 102°   **f)** 64°   **g)** 180°   **h)** 335°

3 Punkte **4** Ordne den Winkeln α, β und γ die zugehörige Winkelgröße zu.

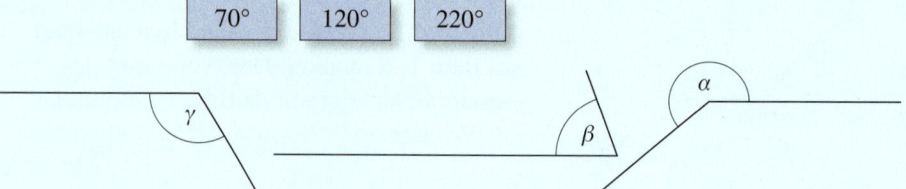

3 Punkte **5** Miss die Winkelgrößen.

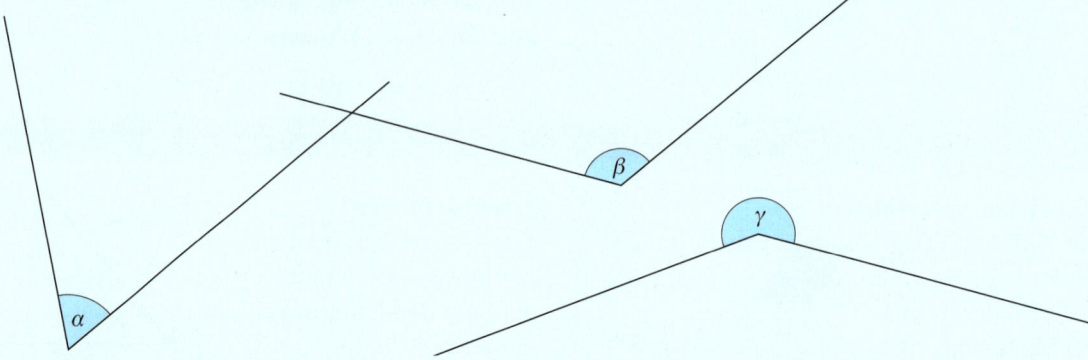

8 Punkte **6** Zeichne die gegebenen Winkel mit einem Geodreieck in dein Heft.
Beschrifte sie und gib die Winkelart an.
a) 15°   **b)** 35°   **c)** 99°   **d)** 120°   **e)** 147°   **f)** 185°   **g)** 244°   **h)** 350°

4 Punkte **7** Gib die Größe der benannten Winkel an und begründe.

a) **b)** **c)** **d)**

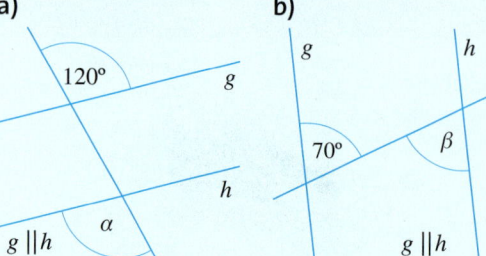
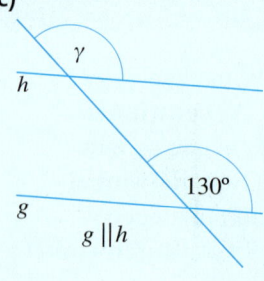
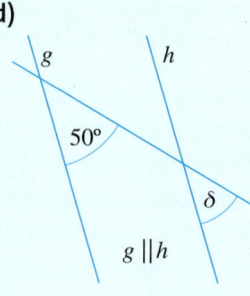

Brüche – Umwandeln, Addieren und Subtrahieren

Wusstest du schon, dass …

… mehr als $\frac{2}{3}$ der Erdoberfläche von Wasser bedeckt ist?

… Afrika etwa $\frac{1}{5}$ der Landfläche der Erde einnimmt?

… Deutschland nur ca. $\frac{1}{400}$ der Landfläche ausmacht,

… hier aber immerhin $\frac{1}{90}$ aller Menschen wohnen,

… die sogar $\frac{1}{20}$ des weltweiten Reichtums besitzen?

Noch fit?

Einstieg

1 Stellenwerttafel
Übertrage die Tabelle in dein Heft. Trage die Zahlen 56; 4 983; 110 976 und 70 004 ein.

HT	ZT	T	H	Z	E

Aufstieg

1 Stellenwerttafel
Zeichne eine Stellenwerttafel in dein Heft und trage die Zahlen ein.

a) 64   b) 709
c) 1 804   d) 33 789
e) 698 873   f) 110 005
g) 6 213 687   h) 406 883 729

2 Bruchteile ausmalen
Übertrage die Flächen in dein Heft und male den angegebenen Flächenteil farbig aus.
Findest du mehrere Möglichkeiten?

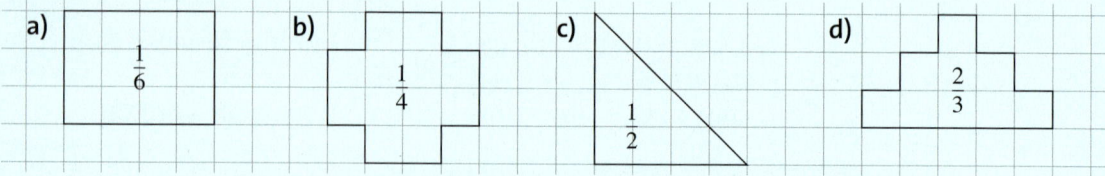

a) $\frac{1}{6}$ b) $\frac{1}{4}$ c) $\frac{1}{2}$ d) $\frac{2}{3}$

3 Bruchteile von Größen
a) $\frac{1}{4}$ m = ■ cm   b) $\frac{3}{5}$ kg = ■ g   c) $\frac{3}{4}$ h = ■ min

3 Bruchteile von Größen
a) $\frac{3}{4}$ m = ■ cm   b) $\frac{7}{8}$ kg = ■ g   c) $\frac{5}{12}$ h = ■ min

4 Brüche kürzen
Kürze die Brüche auf Zehntel.
a) $\frac{8}{40}$ b) $\frac{49}{70}$ c) $\frac{18}{60}$ d) $\frac{30}{50}$

4 Brüche kürzen
Kürze die Brüche auf Hundertstel.
a) $\frac{14}{200}$ b) $\frac{51}{300}$ c) $\frac{125}{500}$ d) $\frac{210}{375}$

5 Brüche erweitern
Erweitere auf den angegebenen Nenner.
a) $\frac{1}{2}$; $\frac{1}{5}$; $\frac{3}{5}$ auf $\frac{■}{10}$
b) $\frac{1}{10}$; $\frac{1}{20}$; $\frac{1}{25}$ auf $\frac{■}{100}$

5 Brüche erweitern
Ergänze die fehlenden Zahlen.
a) $\frac{2}{5} = \frac{4}{■}$ b) $\frac{1}{2} = \frac{■}{10}$ c) $\frac{3}{4} = \frac{75}{■}$
d) $\frac{6}{25} = \frac{■}{100}$ e) $\frac{4}{20} = \frac{2}{■}$ f) $\frac{16}{200} = \frac{■}{100}$

6 Brüche vergleichen
Setze im Heft richtig ein: <, = oder >.
a) $\frac{3}{10}$ ■ $\frac{4}{10}$ b) $\frac{10}{12}$ ■ $\frac{10}{15}$ c) $\frac{5}{10}$ ■ $\frac{1}{2}$

6 Brüche vergleichen
Setze im Heft richtig ein: <, = oder >.
a) $\frac{4}{10}$ ■ $\frac{39}{100}$ b) $\frac{4}{25}$ ■ $\frac{16}{100}$ c) $\frac{1\,000}{10\,000}$ ■ $\frac{1\,000}{20\,000}$

7 Runden
Runde jeweils auf Zehner, auf Hunderter und auf Tausender.
a) 4 286   b) 25 498   c) 300 499   d) 4 505

7 Runden
Runde jeweils auf Zehntausender, auf Hunderttausender und auf Millionen.
a) 2 567 876   b) 23 400 777   c) 9 898 677

8 Schriftlich rechnen
a) 145 + 203 639 + 59 571   b) 47 916 − 3 038 − 29 376   c) 26 502 : 3

Lösungen ab Seite 202

Brüche addieren und subtrahieren

Entdecken

1 Nach dem Schulfest ist noch allerhand Kuchen übrig.
Er soll später beim Helferfest gegessen werden.
Marco räumt auf und will die restlichen Kuchenstücke auf runden
Tortenblechen zusammenstellen.
Er überlegt: Werden zwei Tortenbleche reichen?

2 👥 Rechnen mit Bruchstreifen
a) Schneidet fünf Pappstreifen von je 12 cm Länge aus.
Unterteilt jeden Streifen in 12 gleich lange Abschnitte.
Malt auf jedem Streifen einen der folgenden Brüche
aus, nehmt dazu verschiedene Farben:
$\frac{1}{2}$; $\frac{2}{3}$; $\frac{3}{4}$; $\frac{5}{12}$; $\frac{1}{6}$.

Beispiel

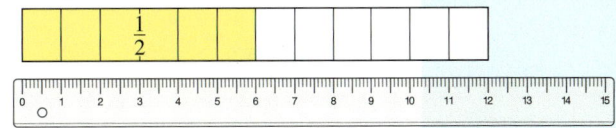

b) Welche Aufgabe ist hier dargestellt und welche Lösung ergibt sich?
Was ist in dem Bild „1 Ganzes"?

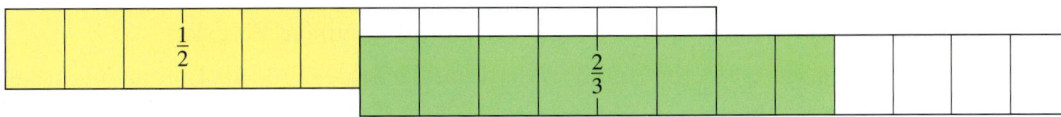

HINWEIS
*Bewahre deine
Bruchstreifen
gut auf. Du wirst
sie in diesem
Kapitel häufiger
benötigen.*

c) Bildet mit euren Bruchstreifen folgende
Summen und lest die Ergebnisse ab.
① $\frac{1}{2} + \frac{1}{6}$ ② $\frac{3}{4} + \frac{2}{3}$ ③ $\frac{5}{12} + \frac{1}{2}$

d) Überlegt, wie ihr eure Bruchstreifen nutzen könnt, um Brüche zu subtrahieren.
Probiert es aus und lest die Ergebnisse ab.
Beschreibt an einer Aufgabe, wie ihr dabei
vorgeht. Zeichnet eine Skizze.
① $\frac{2}{3} - \frac{1}{6}$ ② $\frac{5}{12} - \frac{1}{6}$ ③ $\frac{2}{3} - \frac{1}{2}$

e) Stellt euch gegenseitig je fünf weitere Aufgaben und löst sie mit den Bruchstreifen.

3 Zeichne auf Pappe zwei Kreise mit gleichem Radius.
Trage in den einen Kreis $\frac{3}{4}$ und in den anderen Kreis $\frac{3}{16}$ ein, male die
beiden anderen Bruchteile verschiedenfarbig an und schneide sie aus.
Jetzt schiebe beide Kreisteile zusammen und bilde die Summe.
Wie viel ergibt das insgesamt?
Wie viel fehlt an einem Ganzen?

HINWEIS
*Um den Kreis
gleichmäßig zu
unterteilen,
kannst du ihn
mehrmals falten.*

4 Bruchaufgaben zeichnen
a) Welche Subtraktionsaufgaben sind
hier gezeichnet?

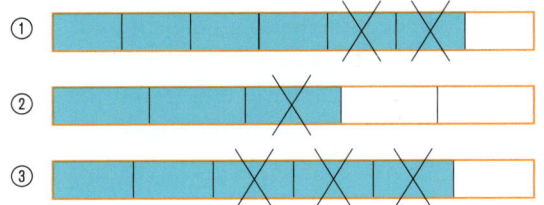

b) Welche Aufgabe wurde dargestellt und
welche Lösung ergibt sich?

Verstehen

Im Erdkundeunterricht werden die Anteile der einzelnen Kontinente an der gesamten Landfläche der Erde berechnet.

Südamerika umfasst $\frac{3}{25}$ von der Landfläche und Nordamerika $\frac{4}{25}$.

Christin soll den Anteil von ganz Amerika berechnen.

Sie rechnet so: $\frac{3}{25} + \frac{4}{25} = \frac{3+4}{25} = \frac{7}{25}$

Insgesamt hat Amerika einen Anteil von $\frac{7}{25}$ an der Landfläche der Erde.

Beispiel 1

a) $\frac{2}{9} + \frac{5}{9} = \frac{2+5}{9} = \frac{7}{9}$

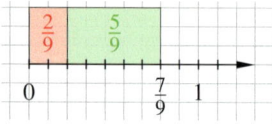

b) $\frac{11}{12} - \frac{7}{12} = \frac{11-7}{12} = \frac{4}{12} = \frac{4:4}{12:4} = \frac{1}{3}$

> **Merke** **Gleichnamige Brüche** werden **addiert**, indem man die Zähler addiert und den Nenner beibehält.
>
> Das Ergebnis wird vollständig gekürzt.
>
> Dieses Verfahren gilt entsprechend auch für die **Subtraktion**.

Europa und Asien bilden den zusammenhängenden Doppelkontinent Eurasien.

Asien hat mit $\frac{3}{10}$ einen viel größeren Anteil an der Landfläche der Erde als Europa mit nur $\frac{1}{15}$.
Welchen Anteil hat Eurasien zusammen?

$$\frac{3}{10} + \frac{1}{15} = \frac{9}{30} + \frac{2}{30} = \frac{9+2}{30} = \frac{11}{30}$$

Eurasien hat einen Anteil von $\frac{11}{30}$ an der Landfläche der Erde.

Beispiel 2

a) $\frac{1}{2} + \frac{1}{3}$;   ein gemeinsamer Nenner ist 6

$$\frac{1}{2} + \frac{1}{3} = \frac{3}{6} + \frac{2}{6} = \frac{3+2}{6} = \frac{5}{6}$$

> **Merke** **Ungleichnamige Brüche addiert** man in zwei Schritten:
> 1. Die Brüche auf einen gemeinsamen Nenner erweitern (**Gleichnamigmachen**). Sinnvoll ist, sie auf ihren Hauptnenner zu erweitern.
> 2. Die **Zähler addieren**, der neue Nenner bleibt erhalten. Das Ergebnis vollständig kürzen.
>
> Dieses Verfahren gilt entsprechend auch für die **Subtraktion**.

ERINNERE DICH
Wie man Brüche **gleichnamig macht**, *kennst du aus der Lerneinheit Brüche vergleichen und ordnen.*

b) $\frac{5}{6} - \frac{5}{9}$;   ein gemeinsamer Nenner ist 18

$$\frac{5}{6} - \frac{5}{9} = \frac{15}{18} - \frac{10}{18} = \frac{15-10}{18} = \frac{5}{18}$$

Beispiel 3

Beim Addieren (und Subtrahieren) **gemischter Zahlen** ist folgendes Vorgehen möglich:

$$4\frac{3}{5} - 1\frac{7}{10} = \frac{23}{5} - \frac{17}{10}$$

1. Die Zahlen in Brüche umwandeln.
2. Die Brüche gleichnamig machen und addieren (subtrahieren).
3. Das Ergebnis wieder in eine gemischte Zahl umwandeln (wenn möglich).

$$= \frac{46}{10} - \frac{17}{10} = \frac{46-17}{10} = \frac{29}{10} = 2\frac{9}{10}$$

$$1\frac{1}{2} + 2\frac{1}{3} = \frac{3}{2} + \frac{7}{3} = \frac{9}{6} + \frac{14}{6}$$

$$= \frac{9+14}{6} = \frac{23}{6} = 3\frac{5}{6}$$

Üben und anwenden

1 Wie heißen die Additionsaufgaben?

a)

b)

2 Addiere die Brüche, indem du sie am Zahlenstrahl darstellst.
Nutze deine Bruchstreifen.

a) $\frac{1}{4} + \frac{2}{4}$ b) $\frac{1}{3} + \frac{1}{3}$ c) $\frac{3}{8} + \frac{4}{8}$

d) $\frac{5}{12} + \frac{7}{12}$ e) $\frac{8}{9} + \frac{2}{9}$ f) $\frac{3}{8} + \frac{7}{8}$

3 Berechne. Kürze, wenn möglich.

a) $\frac{5}{6} - \frac{2}{6}$ b) $\frac{2}{3} + \frac{4}{3}$ c) $\frac{3}{4} - \frac{1}{4}$

d) $\frac{7}{10} - \frac{6}{10}$ e) $\frac{5}{9} - \frac{1}{9}$ f) $\frac{7}{8} + \frac{1}{8}$

4 Berechne.

a) $1\frac{2}{5} + 2\frac{2}{5}$ b) $4\frac{5}{6} + 1\frac{5}{6}$ c) $3\frac{3}{4} + 1\frac{3}{4}$

d) $7\frac{7}{9} - 3\frac{4}{9}$ e) $2\frac{1}{3} - 1\frac{2}{3}$ f) $3\frac{5}{21} - 1\frac{20}{21}$

5 Ergänze zur nächstgrößeren natürlichen Zahl. Beachte die Randspalte.

Beispiel $1\frac{2}{5} + \blacksquare = 2$ $1\frac{2}{5} + \frac{3}{5} = 2$

a) $\frac{1}{7}$ b) $1\frac{3}{5}$ c) $3\frac{1}{7}$ d) $3\frac{2}{5}$ e) $4\frac{5}{12}$

6 Übertrage die Tabelle in dein Heft und ergänze.

a)

+	$\frac{2}{3}$	$1\frac{1}{3}$	$2\frac{2}{3}$	$3\frac{1}{3}$
$\frac{2}{3}$				
$1\frac{1}{3}$				

b)

−	$\frac{1}{12}$	$1\frac{1}{12}$	$\frac{5}{12}$	$2\frac{5}{12}$
$3\frac{11}{12}$				
$4\frac{4}{12}$				

7 Beim Stadtmarathon schaffte der schnellste Läufer die Strecke in $\frac{11}{4}$ h. Der letzte Teilnehmer brauchte $\frac{5}{4}$ h länger.
Nach wie viel Stunden kam er ins Ziel?

1 Schreibe zu jeder Zeichnung eine Subtraktionsaufgabe und löse sie.

a)
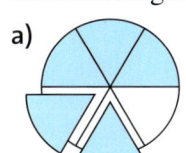

b)
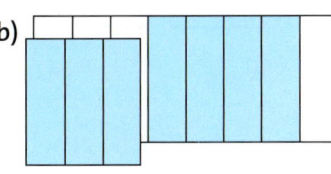

2 Löse im Kopf. Denke auch an das Kürzen.

a) $\frac{1}{12} + \frac{7}{12}$ b) $\frac{4}{11} - \frac{2}{11}$ c) $\frac{1}{15} + \frac{4}{15}$

d) $\frac{9}{12} - \frac{5}{12}$ e) $\frac{1}{11} + \frac{4}{11}$ f) $\frac{11}{15} - \frac{5}{15}$

3 Berechne. Kürze und schreibe als gemischte Zahl, wenn möglich.

a) $\frac{2}{9} + \frac{4}{9}$ b) $\frac{12}{17} + \frac{22}{17}$ c) $\frac{7}{18} + \frac{5}{18}$

d) $\frac{8}{9} - \frac{4}{9}$ e) $\frac{5}{3} - \frac{2}{3}$ f) $\frac{18}{11} - \frac{2}{11}$

4 Berechne.

a) $2\frac{4}{5} + 3\frac{2}{5} + \frac{3}{5}$ b) $3\frac{3}{8} + 2\frac{6}{8} + \frac{1}{8}$

c) $4\frac{1}{6} - 2\frac{5}{6}$ d) $12\frac{3}{4} + 5\frac{2}{4}$

5 Setze die richtigen Brüche ein.
Notiere auch die passende Umkehraufgabe.

a) $3\frac{2}{3} - \blacksquare = \frac{1}{3}$ b) $5\frac{7}{15} - \blacksquare = 2\frac{11}{15}$

c) $\blacksquare - 2\frac{2}{5} = 1\frac{3}{5}$ d) $\blacksquare - 3\frac{3}{8} = 3\frac{7}{8}$

6 Ergänze die magischen Quadrate, sodass die Summe jeder Zeile, jeder Spalte und jeder Diagonalen …

a) … 1 ergibt.

$\frac{10}{18}$		
	$\frac{6}{18}$	
	$\frac{10}{18}$	

b) … 2 ergibt.

$\frac{4}{15}$		$\frac{8}{15}$
		$\frac{6}{15}$

7 Von einem Stoffballen mit 20 m Länge verkauft eine Verkäuferin an einem Tag $\frac{3}{4}$ m, $1\frac{1}{4}$ m, $3\frac{3}{4}$ m und $6\frac{2}{4}$ m Stoff.
Wie viel Meter Stoff sind noch übrig?

ERINNERE DICH
Die Menge der natürlichen Zahlen wird mit $\mathbb{N}$ bezeichnet.
$\mathbb{N} = \{0; 1; 2; 3; 4; …\}$.
Die kleinste natürliche Zahl ist die Null, eine größte natürliche Zahl gibt es nicht.

8 Bestimme einen gemeinsamen Nenner und addiere dann die Brüche.

a) $\frac{5}{6}$ und $\frac{3}{8}$ b) $\frac{9}{8}$ und $\frac{7}{10}$ c) $\frac{3}{4}$ und $\frac{11}{6}$

d) $\frac{1}{3}$ und $\frac{2}{7}$ e) $\frac{5}{18}$ und $\frac{1}{3}$ f) $\frac{6}{9}$ und $\frac{3}{18}$

9 Mache die Brüche gleichnamig und berechne dann die Aufgabe.

a) $\frac{1}{2} + \frac{2}{3}$ b) $\frac{1}{3} + \frac{1}{4}$ c) $\frac{3}{4} + \frac{2}{5}$

d) $\frac{7}{8} + \frac{3}{5}$ e) $\frac{2}{7} + \frac{2}{3}$ f) $\frac{2}{9} + \frac{2}{3}$

g) $\frac{2}{3} - \frac{1}{2}$ h) $\frac{7}{12} - \frac{1}{3}$ i) $\frac{4}{5} - \frac{2}{3}$

8 Bestimme einen gemeinsamen Nenner und addiere dann die Brüche.

a) $\frac{3}{8}$ und $\frac{4}{5}$ b) $\frac{2}{7}$ und $\frac{4}{6}$ c) $\frac{7}{9}$ und $\frac{5}{12}$

d) $\frac{8}{12}$ und $\frac{4}{5}$ e) $\frac{5}{10}$ und $\frac{20}{30}$ f) $\frac{6}{20}$ und $\frac{4}{13}$

9 Berechne.

a) $\frac{1}{3} + \frac{1}{4}$ b) $\frac{5}{7} + \frac{2}{14}$ c) $\frac{7}{8} + \frac{3}{5}$

d) $\frac{1}{3} + \frac{17}{27}$ e) $\frac{2}{9} + \frac{2}{3}$ f) $\frac{13}{18} + \frac{1}{6}$

g) $\frac{3}{5} - \frac{1}{4}$ h) $\frac{5}{6} - \frac{3}{4}$ i) $\frac{3}{4} - \frac{7}{10}$

j) $\frac{7}{8} - \frac{1}{4}$ k) $\frac{2}{3} - \frac{3}{8}$ l) $\frac{4}{9} - \frac{2}{6}$

10 Überprüfe Sonjas Hausaufgaben. Welche Fehler hat sie gemacht?

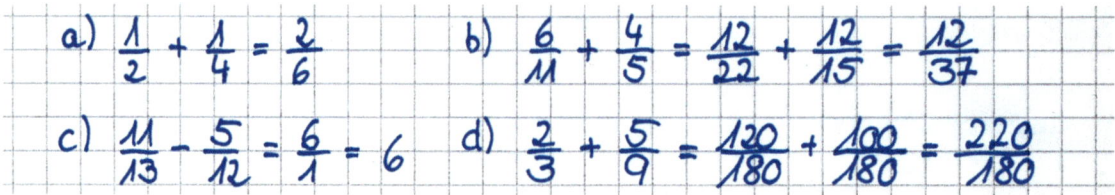

11 Berechne.

a) $\frac{7}{12} + \frac{4}{15}$ b) $\frac{1}{6} - \frac{1}{9}$ c) $\frac{9}{12} - \frac{3}{4}$

d) $5\frac{7}{8} + 3\frac{1}{2}$ e) $13\frac{4}{9} + 6\frac{1}{4}$ f) $8\frac{8}{11} - 6\frac{2}{3}$

11 Berechne.

a) $4\frac{5}{8} + \frac{3}{10}$ b) $3\frac{7}{10} + 2\frac{3}{4}$

c) $8\frac{1}{2} - 4\frac{1}{2}$ d) $5 - 2\frac{1}{2} + 1\frac{1}{3}$

12 Ersetze die Platzhalter.

a) $\frac{4}{5} + \frac{2}{3} = \blacksquare$ b) $\frac{7}{9} - \blacksquare = \frac{11}{18}$

c) $\frac{3}{4} + \frac{1}{8} = \blacksquare$ d) $\frac{2}{5} + \blacksquare = \frac{2}{3}$

e) $\frac{3}{2} + \blacksquare = 3\frac{1}{6}$ f) $\blacksquare - \frac{5}{18} = \frac{5}{36}$

12 Ersetze die Platzhalter.

a) $\frac{5}{7} - \blacksquare = \frac{3}{14}$ b) $\blacksquare - \frac{3}{4} = \frac{5}{12}$

c) $\frac{3}{8} + \blacksquare = \frac{13}{16}$ d) $\frac{7}{10} + \blacksquare = \frac{11}{15}$

e) $\blacksquare + \frac{6}{5} = \frac{13}{10}$ f) $\frac{9}{18} - \blacksquare = \frac{13}{36}$

ZU DEN AUFGABEN
13 UND 14
Auch bei der Addition von Brüchen gelten:
- *Kommutativgesetz,*
  z. B. $\frac{2}{3} + \frac{3}{4} =$
  $= \frac{3}{4} + \frac{2}{3}$
- *Assoziativgesetz,*
  z. B. $\frac{3}{5} + \left(\frac{1}{2} + \frac{1}{3}\right) =$
  $= \left(\frac{3}{5} + \frac{1}{2}\right) + \frac{1}{3}$

Achtung: Bei der Subtraktion gelten diese Gesetze nicht.

13 Welche Gesetze wurden hier benutzt, um die gemischten Zahlen zu addieren?

Beispiel $7\frac{1}{2} + 5\frac{3}{4} = 7 + 5 + \frac{1}{2} + \frac{3}{4} = 7 + 5 + \left(\frac{2}{4} + \frac{3}{4}\right) = 12 + 1\frac{1}{4} = 13\frac{1}{4}$

Rechne wie im Beispiel.

a) $2\frac{1}{2} + \frac{5}{8}$ b) $7\frac{1}{3} + 6\frac{5}{12}$ c) $5\frac{7}{8} + 3\frac{1}{2}$ d) $7\frac{1}{7} + 6\frac{11}{21}$

14 Rechne vorteilhaft wie im Beispiel.

Beispiel $\left(\frac{3}{4} + \frac{1}{8}\right) + \frac{1}{4} = \left(\frac{1}{8} + \frac{3}{4}\right) + \frac{1}{4} = \frac{1}{8} + \left(\frac{3}{4} + \frac{1}{4}\right) = \frac{1}{8} + 1 = 1\frac{1}{8}$

a) $\frac{2}{5} + \frac{10}{11} + \frac{8}{5} + \frac{3}{33}$ b) $\frac{1}{10} + \left(\frac{9}{100} + \frac{1}{10}\right)$ c) $\frac{6}{7} + \frac{19}{12} + \frac{15}{7}$ d) $\frac{18}{5} + \frac{22}{13} + \left(\frac{18}{13} + \frac{9}{10}\right)$

Brüche und Dezimalbrüche

Entdecken

1 Die Klasse 6a hat im Sportunterricht einen Einbein-Weitsprung-Wettbewerb durchgeführt: Jeder Schüler musste mit dem Bein, mit dem er abgesprungen ist, auch wieder landen. Der Sportlehrer hat auf dem Hallenboden die Landestellen einiger Schüler markiert.

a) Wer ist am weitesten gesprungen? Wer belegte den zweiten und wer den dritten Platz?

b) Zeichne in dein Heft einen Zahlenstrahl (1 m ≙ 10 cm) und markiere die Weite der Jungen (der Mädchen).

c) Mareike war erfolgreicher als Jana, ist aber nicht so weit gesprungen wie Anna. Wie weit ist sie gesprungen?

d) Murat war nach Daniel der zweitbeste Junge. Wie weit kann er gesprungen sein?

e) 👥 Führt in eurer Klasse einen Einbein-Weitsprung-Wettbewerb durch und markiert die Ergebnisse auf einem Zahlenstrahl.

HINWEIS
*Das Zeichen ≙ bedeutet „entspricht".
Bei Aufgabe 1b heißt es also: 1 m in der Wirklichkeit sollen 10 cm auf dem Zahlenstrahl entsprechen.*

2 Bei den Olympischen Winterspielen in Sotschi kam es zu folgenden Ergebnissen.

	Langlauf 50 km Herren		Rodeln Einer Damen		Viererbob Herren	
	Name	Zeit (in h)	Name	Zeit (in min)	Team	Zeit (in min)
Gold	Legkow	1:46:55,2	Geisenberger	3:19,768	Russland	3:40,60
Silber	Wylegschanin	1:46:55,9	Hüfner	3:20,907	Lettland	3:40,69
Bronze	Tschernonssow	1:46:56,0	Hanlin	3:21,145	USA	3:40,99

a) Welche Bedeutung haben die jeweiligen Zahlen und Nachkommastellen bei einer Zeit von 1:46:55,2 h und bei einer Zeit von 3:40,60 min?

b) Warum wird beim Ergebnis des 50-km-Langlaufs nur eine Nachkommastelle angegeben, während die Ergebnisse beim Rodeln sogar auf drei Nachkommastellen genau angegeben werden? Informiere dich über die Genauigkeit der Zeitmessung bei anderen Sportarten.

c) 👥 Häufig werden Rennergebnisse auch in der folgenden Form angegeben:
1. Legkow 1:46:55,2 h   2. Wylegschanin +0,7 s   3. Tschernoussow +0,8 s
Welche Bedeutung haben die Zeitangaben hinter dem Zweit- und Drittplatzierten? Gebt die Ergebnisse beim Rodeln und beim Viererbob in gleicher Form an.

3 Das Gewicht der Schultasche soll $\frac{1}{10}$ des Körpergewichts nicht überschreiten.

a) Wie schwer sollte die Tasche eines 40 kg schweren Schülers maximal sein?

b) Übertragt die Tabelle in euer Heft und ergänzt sie.

c) Untersucht, ob das Gewicht eurer Schultaschen der Regel entspricht.

Körpergewicht	Gewicht der Tasche
35 kg	3,5 kg
38 kg	
	4,2 kg
48 kg	
	3,9 kg

HINWEIS
„Gewicht" sagt man umgangssprachlich für die physikalische Größe „Masse".

Verstehen

In deiner Umwelt findest du Zahlen in der Kommaschreibweise, sie werden **Dezimalbrüche** (oder **Dezimalzahlen**) genannt. Zum Beispiel werden Preise, Längen oder Gewichte häufig mit Dezimalbrüchen angegeben.

2,75 liest man so: „Zwei Komma sieben fünf."

Beispiel 1

Dezimalbrüche lassen sich in einer Stellenwerttafel darstellen.

Die Nachkommastellen bedeuten: z = Zehntel; h = Hundertstel; t = Tausendstel

	H	Z	E	,	z	h	t	
a) 0,3			0	,	3			$\frac{3}{10}$
b) 2,75			2	,	7	5		$2\frac{75}{100}$
c) 13,049		1	3	,	0	4	9	$13\frac{49}{1\,000}$

a) $0,3\,\text{kg} = \frac{3}{10}\,\text{kg}$,   denn 0,3   bedeutet: 0 Einer und 3 Zehntel.

b) $2,75\,€ = 2\frac{75}{100}\,€$,   denn 2,75 bedeutet: 2 Einer und 7 Zehntel und 5 Hundertstel.

c) $13,049\,\text{l} = 13\frac{49}{1000}\,\text{l}$, denn 13,049 bedeutet: 13 Einer und 4 Hundertstel und 9 Tausendstel.

> **Merke** **Dezimalbrüche** sind Brüche in einer anderen Schreibweise.

Nullen am Ende einer Kommazahl kannst du weglassen. Sonst darfst du sie nicht weglassen.

Beispiel 2
2,40 m = 2,4 m

Beispiel 3
12,075 km = 12 075 m

Dezimalbrüche lassen sich auch am Zahlenstrahl darstellen.

Je weiter rechts der Dezimalbruch auf dem Zahlenstrahl steht, desto größer ist er.

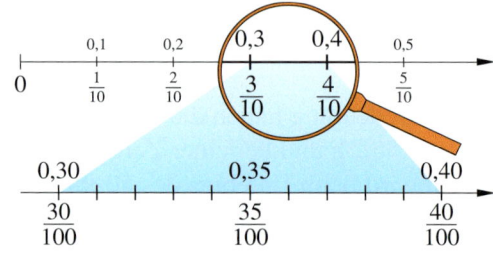

In folgender Tabelle wird der *gleiche* Wert mit je zwei verschiedenen Schreibweisen dargestellt:

Bruch	$\frac{1}{100}$	$\frac{10}{100} = \frac{1}{10}$	$\frac{20}{100} = \frac{1}{5}$	$\frac{25}{100} = \frac{1}{4}$	$\frac{50}{100} = \frac{1}{2}$	$\frac{75}{100} = \frac{3}{4}$	$\frac{100}{100}$	$\frac{110}{100}$
Dezimalbruch	0,01	0,1	0,2	0,25	0,5	0,75	1	1,1

Brüche, die größer als 1 Ganzes sind, lassen sich auch als **gemischte Zahl** schreiben.

Eine gemischte Zahl besteht aus einer natürlichen Zahl und einem Bruch.

Beispiel 4
Der Bruch $\frac{110}{100}$ lässt sich als gemischte Zahl $1\frac{1}{10}$ darstellen.

Üben und anwenden

1 Gero hat Dezimalbrüche aus einer Stellenwerttafel abgelesen.
Welche Fehler hat er gemacht?
Begründe und berichtige die falsch abgelese-
nen Dezimalbrüche in deinem Heft.

H	Z	E	z	h	t	
		3	4	5	6	3,456
		9	2	7	8	92,78
		0	0	4	5	0,45
1	6	7	4			1,674

2 Trage in eine Stellenwerttafel ein und
schreibe als Bruch.

a) 0,9   **b)** 0,7   **c)** 0,19
d) 0,03   **e)** 0,101   **f)** 0,1
g) 0,003   **h)** 0,097   **i)** 0,290

3 Trage in eine Stellenwerttafel ein und
schreibe als Dezimalbruch.

a) $\frac{9}{10}$ **b)** $\frac{99}{100}$ **c)** $\frac{9}{100}$
d) $\frac{90}{100}$ **e)** $\frac{90}{10}$ **f)** $\frac{99}{10}$

4 Kürze oder erweitere zuerst auf den Nenner
100.
Beispiel $\frac{6}{25} = \frac{6 \cdot 4}{25 \cdot 4} = \frac{24}{100} = 0,24$

① $\frac{29}{50}$ ② $\frac{14}{25}$ ③ $\frac{60}{1\,000}$ ④ $\frac{18}{300}$

5 Suche gleich lange Strecken.

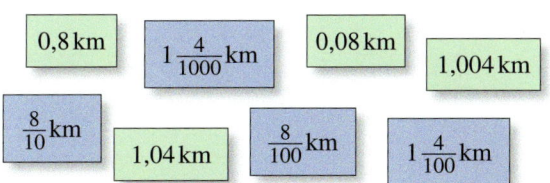

0,8 km $1\frac{4}{1000}$ km   0,08 km   1,004 km
$\frac{8}{10}$ km   1,04 km $\frac{8}{100}$ km $1\frac{4}{100}$ km

6 Schreibe als Bruch.

a) 0,4   **b)** 0,5   **c)** 0,12
d) 0,08   **e)** 0,25   **f)** 0,84
g) 0,125   **h)** 0,005

7 Schreibe als Dezimalbruch. Nutze eine
Stellenwerttafel.

a) $\frac{3}{10}$ **b)** $\frac{556}{1\,000}$ **c)** $3\frac{7}{10}$ **d)** $\frac{176}{1\,000}$

---

1 Ergänze die Stellenwerttafel im Heft.

H	Z	E	z	h	t	
		1	4	5		1,45
	2	8	3	2	7	
2	5	0	8			
			4	2		
				3		
						27,51
						2,047
						0,008

2 Trage in eine Stellenwerttafel ein und
schreibe als Bruch.

a) 0,4   **b)** 0,44   **c)** 0,464
d) 40,04   **e)** 0,806   **f)** 68,08
g) 0,006   **h)** 0,600 8 **i)** 3,1070

3 Trage in eine Stellenwerttafel ein und
schreibe als Dezimalbruch.

a) $\frac{7}{10}$ **b)** $\frac{3}{100}$ **c)** $\frac{19}{100}$
d) $\frac{247}{1\,000}$ **e)** $\frac{1}{1\,000}$ **f)** $\frac{317}{100}$

4 Kürze oder erweitere zuerst auf den Nenner
100.

① $\frac{36}{50}$ ② $\frac{11}{25}$ ③ $\frac{9}{10}$ ④ $\frac{2}{5}$
⑤ $\frac{1}{4}$ ⑥ $\frac{1}{2}$ ⑦ $\frac{10}{1\,000}$ ⑧ $\frac{1}{1\,000}$

5 Setze im Heft das richtige Zeichen
(>, <, =) ein.

a) $\frac{2}{100}$ ▢ 0,2   **b)** 0,2 ▢ $\frac{1}{5}$

c) 1,5 ▢ $1\frac{1}{5}$ **d)** $\frac{27}{100}$ ▢ 0,027

e) 0,03 ▢ $\frac{3}{100}$ **f)** $3\frac{2}{10}$ ▢ 3,25

6 Schreibe als Bruch und kürze so weit wie
möglich.

a) 0,3   **b)** 0,75   **c)** 0,06   **d)** 0,025
e) 1,5   **f)** 11,08   **g)** 0,004   **h)** 10,002

7 Schreibe als Dezimalbruch.

a) $\frac{7}{10}$ **b)** $\frac{33}{1\,000}$

c) $89\frac{21}{1\,000}$ **d)** $21\frac{5}{1\,000}$

HINWEIS
*Der Doppelstrich
in den Stellen-
werttafeln steht
für das Komma.*

HINWEIS
*Dezimal geteilte
Skalen findet
man an vielen
Messgeräten.*

8 Lege dein Heft quer. Vervollständige und setze den Zahlenstrahl bis zur 3 fort.

$$0{,}1 \quad 0{,}2 \qquad\qquad\qquad 1{,}0 \quad 1{,}1$$
$$0 \quad \tfrac{1}{10} \quad \tfrac{2}{10} \qquad\qquad \tfrac{10}{10} \quad 1\tfrac{1}{10}$$

8 Lies die markierten Zahlen ab.

a)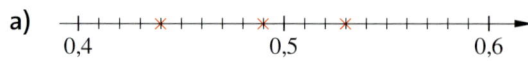

b)

9 Jonas behauptet: „Zwischen 0,5 und 0,6 gibt es keine Zahlen mehr." Stimmt das? Begründe.

9 Gibt es Zahlen zwischen 0,11 und 0,12? Begründe mithilfe der Stellenwerttafel oder mithilfe des Zahlenstrahls.

10 👥 Welche Angaben gehören zusammen? Sucht weitere 5 Aufgaben und erklärt eure Ergebnisse vor der Klasse.

Beispiel $28 \text{ von } 100 = \frac{28}{100} = 0{,}28$

Anteil von 100	Bruch	Dezimalbruch
96 von 100	$\frac{11}{100}$	0,07
7 von 100	$\frac{3}{100}$	0,11
11 von 100	$\frac{7}{100}$	0,96
3 von 100	$\frac{96}{100}$	0,03

10 👥 Welche Angaben gehören zusammen? Erklärt eure Ergebnisse vor der Klasse.

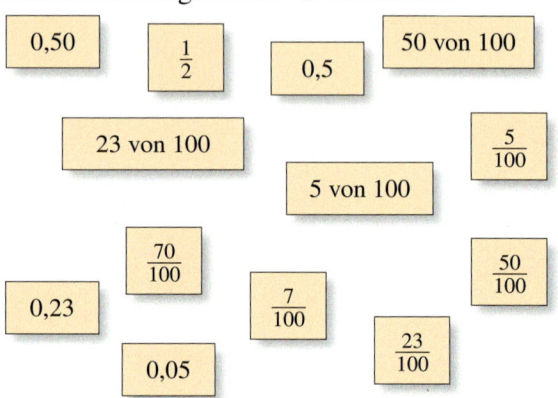

11 Zeichne drei Rechtecke mit je 5 × 4 Kästchen in dein Heft.
Markiere darin folgende Anteile farbig.

a) $\frac{10}{100}$ b) $\frac{25}{100}$ c) $\frac{80}{100}$

11 👥 Erfindet eine Rechengeschichte, in der vorkommt:
Fahrrad; Geld; $\frac{10}{100}$ und $\frac{20}{100}$.

12 Welcher Anteil ist rot gefärbt? Gib als Dezimalbruch an.

Beispiel $3 \text{ von } 5 = \frac{3}{5} = \frac{60}{100} = 0{,}6$

a) 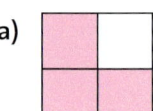   b)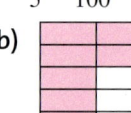

c)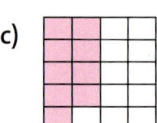

12 Gib die gefärbten Bruchteile als Dezimalbruch an.

a) 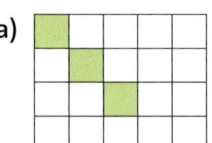   b)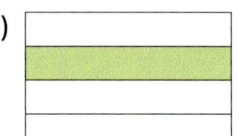

c) 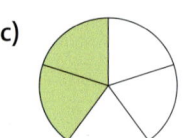   d)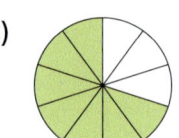

13 Finde fünf verschiedene Brüche, die $\frac{1}{4}$ entsprechen. Gibt es zu *jedem* Bruch mehrere gleichwertige Brüche? Begründe.

13 Erkläre den Satz: „Die Wahrscheinlichkeit, dass Lisa ein Gewinnlos zieht, beträgt $\frac{1}{2}$."

Brüche in Dezimalbrüche umwandeln

Entdecken

1 Am Dreikönigstag ziehen in vielen Gemein-
den die Sternsinger von Haus zu Haus und
sammeln Spenden für wohltätige Zwecke.
Häufig bekommen die Kinder und Jugendlichen
auch Süßigkeiten, die sie untereinander aufteilen dürfen.

a) Die Sternsinger der Gemeinde St. Markus
sammelten insgesamt 3 000 €, die auf
vier Projekte gleichmäßig verteilt werden
sollten. Wie viel Geld stand für jedes
Projekt zur Verfügung?

b) Vier Sternsinger bekamen drei Tafeln
Schokolade. Ist es möglich, die Tafeln
gerecht untereinander aufzuteilen?

2 👥 Arbeitet in Gruppen zusammen.
Ihr benötigt einen Eimer mit einem Fassungsvermögen
von mindestens 5 Litern und fünf Messbecher mit einem
Fassungsvermögen von mindestens 1 Liter.
Nehmt folgende Verteilungen vor. Bestimmt dann jeweils
die Höhe des Wasserstandes und notiert das Ergebnis als
Bruch und als Dezimalbruch.

a) 3 l Wasser gleichmäßig auf vier Messbecher verteilen.
b) 4 l Wasser gleichmäßig auf fünf Messbecher verteilen.
c) 3 l Wasser gleichmäßig auf fünf Messbecher verteilen.
d) 2 l Wasser gleichmäßig auf drei Messbecher verteilen.
e) Nehmt weitere Verteilungen vor und notiert das
Ergebnis.

3 👥 Vergleicht die Gewinnchancen der drei Lostrommeln. Aus welcher Lostrommel würdet
ihr eure Lose ziehen? Begründet.

Verstehen

Speck
500 g   1,80 €

Kartoffeln
1000 g   1,40 €

Fleischwurst
500 g   2,10 €

Tim hat einen Einkaufszettel:

Einkaufszettel für Tim

$\frac{1}{2}$ kg   Fleischwurst

$\frac{1}{4}$ kg   Speck

$1\frac{3}{4}$ kg   Kartoffeln

Tim rechnet um:

$$\frac{1}{2}\,\text{kg} = 0{,}500\,\text{kg} = 500\,\text{g}$$

$$\frac{1}{4}\,\text{kg} = 0{,}250\,\text{kg} = 250\,\text{g}$$

$$1\frac{3}{4}\,\text{kg} = 1{,}750\,\text{kg} = 1\,750\,\text{g}$$

Bei Größenangaben können Brüche, Dezimalbrüche oder gemischte Zahlen verwendet werden. Die angegebenen Mengen sind trotz verschiedener Schreibweise gleich.
Um einen Bruch in einen Dezimalbruch umzuwandeln, gibt es zwei Möglichkeiten:

1. Möglichkeit: Erweitern/kürzen auf einen Zehnerbruch

Beispiel 1

$$\frac{1}{4} = \frac{1 \cdot 25}{4 \cdot 25} = \frac{25}{100} = 0{,}25 \qquad \frac{28}{200} = \frac{28 : 2}{200 : 2} = \frac{14}{100} = 0{,}14$$

$$\frac{1}{2} = \frac{1 \cdot 5}{2 \cdot 5} = \frac{5}{10} = 0{,}5 \qquad \frac{1}{8} = \frac{1 \cdot 125}{8 \cdot 125} = \frac{125}{1\,000} = 0{,}125$$

$$\frac{52}{25} = \frac{208}{100} = 2{,}08 \qquad \text{oder} \qquad \frac{52}{25} = 2\frac{2}{25} = 2\frac{8}{100} = 2{,}08$$

Der Bruch wird zuerst auf einen Bruch mit dem Nenner 10, 100 oder 1 000 erweitert oder gekürzt.

Merke Brüche mit den Nennern 10, 100, 1 000 nennt man **Zehnerbrüche**.

2. Möglichkeit: Schriftlich dividieren

Beispiel 2

$$\frac{1}{4} = 1 : 4 \qquad\qquad \frac{65}{25} = 65 : 25$$

```
1,00 : 4 = 0,25          65,00 : 25 = 2,6
−0                       −50
  10 ──── Komma-           150 ──── Komma-
           überschreitung          überschreitung
−  8                      −150
  20                         0
− 20
   0
```

Sobald der Dividend für die Division zu klein ist, wird er um ein Komma und weitere Nullen ergänzt.
Gleichzeitig setzt man auch im Ergebnis ein Komma.

Merke Der **Bruchstrich** kann als Divisionszeichen verstanden werden. Es kann somit jeder Bruch durch eine (schriftliche) Division in einen Dezimalbruch umgewandelt werden.

Beispiel 3

```
2,000 : 9 = 0,22… = 0,2̄
−0
  20 ──── Komma-
            überschreitung
−18
  20
−18
  20
```

Merke Bei vielen Brüchen führt die Division dazu, dass sich im Ergebnis Ziffern unendlich oft wiederholen. Diese Brüche nennt man **periodische Dezimalbrüche**. Die Ziffer (oder die Zifferngruppe), die sich wiederholt, wird durch einen Strich darüber gekennzeichnet und **Periode** genannt.

Üben und anwenden

1 Schreibe als Bruch und als gemischte Zahl.
a) $43 : 10$ b) $16 : 5$ c) $11 : 2$
d) $607 : 100$ e) $5 : 4$ f) $109 : 20$
g) $17 : 4$ h) $57 : 10$ i) $999 : 10$

2 Schreibe als Dezimalbruch, indem du auf einen Zehnerbruch erweiterst oder kürzt.
a) $\frac{2}{5}$ b) $\frac{1}{2}$
c) $\frac{8}{25}$ d) $\frac{7}{20}$
e) $\frac{56}{700}$ f) $\frac{154}{2\,000}$

3 Schreibe als Dezimalbruch, indem du zuerst kürzt und dann auf eine Zehnerzahl erweiterst.
Beispiel $\frac{6}{30} = \frac{1}{5} = \frac{2}{10} = 0{,}2$
a) $\frac{4}{80}$ b) $\frac{27}{45}$ c) $\frac{9}{150}$ d) $\frac{20}{16}$ e) $\frac{12}{75}$ f) $\frac{28}{35}$

4 Finde zu jedem Bruch den passenden Dezimalbruch.

1,125 $\frac{49}{56}$ 0,4 $\frac{18}{45}$ 1,4

$\frac{9}{8}$ 0,875 $\frac{39}{150}$ 0,26 $\frac{7}{5}$

5 Schreibe den blauen Anteil als Dezimalbruch und als Prozentangabe.

a)    b)

c)   d)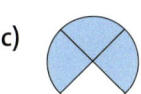

6 Schreibe die Zutatenliste für den Cocktail mit Dezimalbrüchen.

$\frac{3}{4}$ l Maracuja-Mango-Saft,
$\frac{1}{2}$ l Ananassaft, $\frac{1}{5}$ l Orangensaft,
$\frac{1}{4}$ l Grapefruitsaft, $\frac{1}{10}$ l Grenadine

1 Schreibe als Bruch und wenn möglich als gemischte Zahl.
a) $59 : 10$ b) $61 : 25$ c) $18 : 30$
d) $24 : 64$ e) $379 : 40$ f) $382 : 125$

2 Schreibe als Dezimalbruch, indem du auf einen Zehnerbruch erweiterst oder kürzt.
a) $\frac{41}{250}$ b) $\frac{178}{500}$ c) $\frac{18}{30}$
d) $\frac{3}{125}$ e) $\frac{19}{40}$ f) $\frac{24}{60}$
g) $3\frac{1}{5}$ h) $5\frac{1}{2}$ i) $5\frac{9}{20}$

3 Schreibe als Dezimalbruch.
Bei welcher Aufgabe hast du schriftlich dividiert? Begründe.
a) $\frac{15}{25}$ b) $\frac{7}{16}$ c) $\frac{13}{8}$
d) $\frac{5}{4}$ e) $\frac{17}{32}$ f) $\frac{28}{125}$

4 Welche Zahlen sind gleich?
a) $0{,}1$; $0{,}2$; $0{,}03$; $0{,}05$; $\frac{1}{10}$; $\frac{1}{20}$; $\frac{1}{5}$; $\frac{3}{100}$

b) $\frac{2}{5}$; $\frac{5}{10}$; $\frac{2}{8}$; $\frac{1}{4}$; $\frac{2}{4}$; $\frac{4}{10}$; $\frac{1}{2}$; $0{,}5$; $0{,}25$; $0{,}4$

5 Welcher Anteil ist dargestellt? Gib auch als Dezimalbruch an.

a) 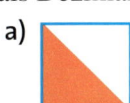   b)    c)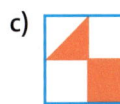

d)    e)    f)

6 Schreibe die Literangaben aus der Zutatenliste mit Dezimalbrüchen.

Apfeltörtchen

$\frac{3}{4}$ Liter Apfelmus, $\frac{1}{4}$ Liter saure Sahne,
1 TL Zitronensaft, 1 P. Vanillezucker,
$\frac{1}{2}$ Liter Schokoladensauce, $\frac{1}{8}$ Liter Sahne,
7 Blatt Gelatine, Minze und gebratene
Apfelspalten

7 Schreibe mit dem Periodenstrich.
a) $0,888\ldots$ b) $0,444\ldots$ c) $0,1333\ldots$
d) $0,17666\ldots$ e) $0,27277\ldots$ f) $0,1616\ldots$

7 Schreibe mit dem Periodenstrich.
a) $0,111\ldots$ b) $0,777\ldots$ c) $0,8666\ldots$
d) $0,1444\ldots$ e) $0,95959\ldots$ f) $3,32626\ldots$

8 👥 Zahlendiktat. Arbeitet zu zweit.
a) Der eine liest die Zahl vor, der andere schreibt. Wechselt euch ab.
① $0,\overline{5}$ ② $1,\overline{8}$ ③ $0,6\overline{7}$ ④ $3,4\overline{5}$
⑤ $0,\overline{21}$ ⑥ $2,\overline{38}$ ⑦ $0,\overline{469}$ ⑧ $0,4\overline{69}$
b) Überlegt beide mehrere eigene Beispiele und diktiert euch gegenseitig.

8 Finde die Fehler und korrigiere sie.
a) $0,6\overline{1}$ $= 0,616161\ldots$
b) $0,\overline{238}$ $= 0,2383838\ldots$
c) $0,9\overline{112}$ $= 0,9112112\ldots$
d) $0,31\overline{706}$ $= 0,317060606\ldots$
e) $0,41\overline{67}$ $= 0,41677777\ldots$
f) $0,1\overline{42857}$ $= 0,142857142\ldots$

9 Gibt es für jeden Dezimalbruch einen zugehörigen Bruch? Ergänze, falls nötig.

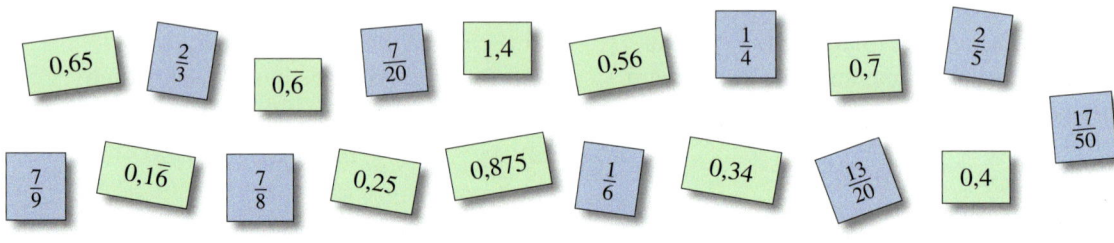

10 Setze im Heft richtig ein: < oder >.
a) $0,3 \ \blacksquare \ 0,\overline{3}$ b) $0,\overline{5} \ \blacksquare \ 0,5$
c) $0,\overline{7} \ \blacksquare \ 0,7$ d) $0,6 \ \blacksquare \ 0,\overline{5}$
e) $0,\overline{75} \ \blacksquare \ 0,76$ f) $3,35 \ \blacksquare \ 3,3\overline{5}$
g) $8,92 \ \blacksquare \ 8,\overline{82}$ h) $5,\overline{75} \ \blacksquare \ 5,78$

10 Ordne die Zahlen nach der Größe.
a) $0,3$ $0,\overline{3}$ $0,334$ $0,33$ $0,333$
b) $0,\overline{099}$ $0,9$ $0,99$ $0,09$ $0,\overline{09}$
c) $0,\overline{1}$ $0,1$ $0,11$ $0,\overline{01}$ $0,01$
d) $2,37$ $2,\overline{37}$ $2,377$ $2,378$ $2,373$

11 Gib für jede Farbe den Anteil als Bruch und als Dezimalbruch an.

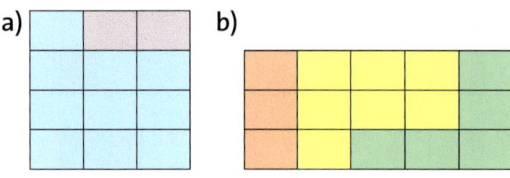

a)

b)

11 Gib für jede Farbe den vollständig gekürzten Bruch und den Dezimalbruch an.

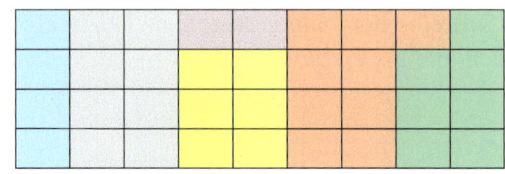

NACHGEDACHT
Kannst du dir erklären, wie es zu den Fehlern in den Aufgaben 12 und 12 kommen konnte?

12 Was haben die Kinder nicht beachtet? Korrigiere. Erkläre auch die richtige Lösung.
a) Lea schreibt: $\frac{3}{50} = 0,6$
b) Max schreibt: $1,45 > 1,5$
c) Felicitas schreibt: $\frac{1}{6} = 0,\overline{6}$

12 Überprüfe und korrigiere die Fehler. Begründe deine Lösungen.
a) $0,71 > 0,09$ b) $2,01 > 2,1$
c) $0,99 < 0,0999$ d) $7,28 > 7,280$
e) $0,4 > \frac{1}{4}$ f) $1,8 < 1\frac{4}{5}$
g) $\frac{1}{8} = 0,0125$ h) $\frac{1}{12} = 0,8$

13 Erstelle mit den folgenden Brüchen eine Tabelle wie rechts gezeigt. Fülle die Tabelle aus und kreuze richtig an.
$\frac{3}{4}$; $\frac{1}{3}$; $\frac{1}{6}$; $\frac{3}{5}$; $\frac{7}{10}$; $\frac{8}{15}$; $\frac{4}{9}$; $\frac{7}{8}$; $\frac{3}{8}$; $\frac{7}{12}$; $\frac{11}{12}$

Bruch	Dezimalbruch	abbrechend	periodisch
$\frac{3}{4}$	$0,75$	✗	
$\frac{1}{6}$			

Dezimalbrüche vergleichen und runden

Entdecken

1 Knappe Entscheidungen beim Sport
Tabea liest die Sportberichte und meint, dass es Zeitgleichheit im Sport gar nicht gibt.
Hat sie recht? Begründe.

a) Tour de France 2014

> Bei der 7. Etappe der Tour de France kommen Matteo Trentin und Peter Sagan nach
> 234,5 km mit einer Zeit von 5:18:39 h zeitgleich ins Ziel.
> Erst anhand des Zielfotos kann festgestellt werden, wer Sieger ist:
> Der Italiener Matteo Trentin wird zum Etappensieger erklärt, Sagan ist „nur" Zweiter.
> Er hat den Etappensieg um einige Millimeter verpasst.

b) Deutsche Jugendmeisterschaften 2010

> Bei der deutschen Jugendmeisterschaft in Ulm liefen Felix Gehne und Patrick Domogla
> über 100 m zeitgleich in 10,74 s ins Ziel. Maurice Hauke wurde in 10,90 s Dritter.

2 👥 Sabrina soll für ihre Mutter im Supermarkt 500 g Hackfleisch einkaufen.
Welche Packung soll sie nehmen? Diskutiere mit einer Partnerin oder einem Partner.

3 Frau Kreis hat die Mathearbeiten der Klassen 6a und 6b korrigiert.
Nachdem sie den Notenspiegel erstellt hat, berechnet sie den jeweiligen Durchschnitt der
Arbeiten mit dem Taschenrechner.
Welchen Durchschnitt wird sie jeder Klasse an die Tafel schreiben?
Begründe.

Klasse 6a: 30 Schüler

Note	1	2	3	4	5	6
Anzahl	3	8	10	6	3	0

Klasse 6b: 29 Schüler

Note	1	2	3	4	5	6
Anzahl	2	9	8	6	3	1

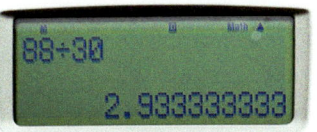

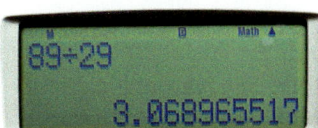

HINWEIS
*Berechnung des Durchschnitts für die Klasse 6a:
Note 1 dreimal (1 · 3), Note 2 achtmal (2 · 8), Note 3 zehnmal (3 · 10), Note 4 sechsmal (4 · 6), Note 5 dreimal (3 · 5), Note 6 nullmal (6 · 0).
Ergebnisse addieren: 3 + 16 + 30 + 24 + 15 + 0 = 30
Durch die Anzahl der Schüler teilen: 88 : 30 = 2,9$\overline{3}$*

Verstehen

Marie hat jeweils den Notendurchschnitt der ersten beiden Klassenarbeiten mit dem Taschenrechner
berechnet.
Welche Klassenarbeit ist besser
ausgefallen?

1. Klassenarbeit:
   2,346 153 846

2. Klassenarbeit:
   2,384 615 385

Beispiel 1

Erste Arbeit: 2,…   Marie vergleicht zuerst die Ganzen. Da sie gleich sind, ergibt
Zweite Arbeit: 2,…   sich keine Entscheidung.

Erste Arbeit: 2,3…   Sie vergleicht die Zehntel. Da auch sie gleich sind, ergibt sich
Zweite Arbeit: 2,3…   wieder keine Entscheidung.

Erste Arbeit: 2,3**4**…   Der Vergleich der Hundertstel ergibt: **4** < **8**. Die erste Arbeit
Zweite Arbeit: 2,3**8**…   hatte den niedrigeren Notenschnitt, ist also besser ausgefallen.

> **Merke** **Dezimalbrüche vergleicht** man wie natürliche Zahlen. Man geht dabei **stellengleich**
> von links nach rechts vor.

Am Zahlenstrahl kann man übersichtlich vergleichen.

Beispiel 2

Vergleiche: 5,68 ▨ 5,73.

$$5{,}68 \; < \; 5{,}73$$

5,6   5,7   5,8

Es ist wie bei den natürlichen Zahlen und bei
den Brüchen:
Der größere Dezimalbruch
liegt auf dem Zahlenstrahl rechts vom kleineren
Dezimalbruch.

Häufig sind Dezimalbrüche zum Aufschreiben zu lang wie z. B. bei Maries Berechnung des
Notendurchschnitts. Dann sollten Dezimalbrüche gerundet werden.

Beispiel 3

Runde den Notenschnitt von Maries erster Klassenarbeit (2,346 153 846…) auf Hundertstel.

①

E	z	h	t	zt	ht	…
2,	3	4	6	1	5	…

②

E	z	h	t	zt	ht	…
2,	3	4	6	1	5	…

③

E	z	h	t	zt	ht	…
2,	3	5				

Markiere die **Rundungs-
stelle**, hier die Hundertstel (h).

Prüfe die **Rundungsziffer**
(die Ziffer *hinter* der Rundungsstelle): Die Ziffer **6** zeigt an, wie
gerundet wird.
Hier wird aufgerundet.

An der Rundungsstelle wird
von 4 h auf **5 h** aufgerundet.
Das Ergebnis des Rundens:
2,346 153 … ≈ 2,35

> **Merke** **Dezimalbrüche rundet** man wie natürliche Zahlen:
> Zuerst wird die Stelle festgelegt, auf die gerundet werden soll.
> Dann betrachtet man die Rundungsziffer und entscheidet, ob man auf- oder abrundet.

Üben und anwenden

1 Welcher der beiden Dezimalbrüche ist größer? Begründe.

a) 3,45 oder 3,54   b) 0,241 oder 0,247

c) 12,101 oder 12,104 d) 4,34 oder 3,34

e) 0,473 oder 0,48   f) 0,708 oder 0,71

g) 33,05 oder 33,50   h) 0,4 oder 0,34

2 Zeichne den Zahlenstrahl, zwischen der 0 und der 1 liegen genau 10 cm. Beschrifte die Buchstaben mit Dezimalbrüchen.

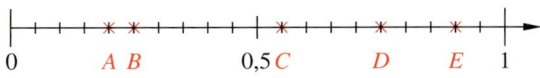

3 Zeichne einen Zahlenstrahl in dein Heft. Der Abstand zwischen 0 und 1 soll 10 cm betragen. Insgesamt benötigst du 20 cm. Markiere darauf die gegebenen Zahlen: 0,75; 1,5; 0,6; 1,4; 1,25; 1,05; 0,95; 1,1

4 Ergebnisse der Sommerjugendspiele: Gib die drei besten Schüler im Weitsprung, im Ballwurf und im 50-m-Lauf an.

	Weitsprung	Ballwurf	50-m-Lauf
Martin	3,45 m	27,5 m	10,0 s
Oliver	3,24 m	26,0 m	9,9 s
Erkan	2,98 m	27,0 m	10,4 s
Jan	3,14 m	26,5 m	10,8 s
Thomas	3,46 m	28,5 m	10,2 s

5 Finde vier Dezimalbrüche, die größer als 1,1 und kleiner als 1,2 sind. Wie viele kannst du noch finden?

1 Ordne die Dezimalbrüche der Größe nach. Wie bist du vorgegangen? Beschreibe.

a) 0,9; 0,99; 0,31; 0,14; 0,314; 0,413

b) 2,7; 2,07; 0,77; 0,207; 0,707

c) 0,21; 2,01; 2,1; 1,2; 1,75

d) 17,3; 14,80; 15,75; 17,28; 14,09

2 Notiere die Dezimalbrüche.

a)

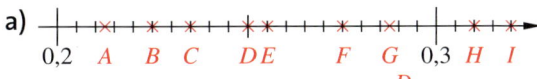

b)

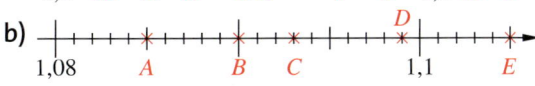

3 Zeichne den Zahlenstrahl in dein Heft und trage die Zahlen ein: 0,992; 1,01; 1,001; 0,995; 1,018; 0,989; 1,004; 0,987; 1,009

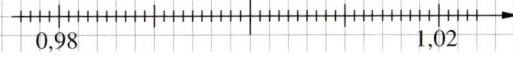

4 Stelle die Rangliste für ein Qualifying in der Formel 1 auf.

Fahrer	Team	Zeit (in min)
Vettel	Ferrari	1:22,739
Bottas	Williams	1:23,222
Rosberg	Mercedes	1:22,595
Ricciardo	Red Bull	1:23,018
Hamilton	Mercedes	1:22,020
Räikkönen	Ferrari	1:23,020

5 Finde jeweils fünf Dezimalbrüche:

a) größer als 2,25 und kleiner als 2,27

b) größer als 0,01 und kleiner als 0,02

6 Wahr oder falsch? Begründe. Beachte den Hinweis in der Randspalte.

a) Die natürliche Zahl 4 ist der Vorgänger der natürlichen Zahl 5.

b) 0,4 ist der Nachfolger von 0,3.

c) Die nächstgrößere Zahl nach $\frac{11}{4}$ ist 3.

d) Der Vorgänger von $\frac{2}{3}$ ist $\frac{1}{3}$.

7 Für die Selbstbedienungstruhe der Kaufhalle wurde Käse in Portionen geschnitten und gewogen. Welche Preisschilder gehören zu welcher Portion?

HINWEIS
*Ein Bruch (oder Dezimalbruch) hat **keinen** Vorgänger und **keinen** Nachfolger. Denn zwischen zwei Brüchen liegen stets unendlich viele weitere Brüche.*

HINWEIS
zu Aufgabe 10
Beispiel:

0,583 ≈ 0,6
Ausgangszahl (→ 0,583)
gerundete Zahl (→ 0,6)

8 Gib an, auf welche Stelle (Zehntel, Hundertstel, Tausendstel, …) gerundet wurde.
a) 0,9209 ≈ 0,9 b) 2,0845 ≈ 2,085

8 Runde die Zahl 37,0895263 auf …
a) … Zehner, b) … Einer,
c) … Zehntel, d) … Hundertstel.

9 Runde auf Zehntel und auf Hundertstel.
a) 0,411 b) 2,007 c) 5,928
d) 8,445 e) 14,096 f) 15,739
g) 3,77 h) 0,773 i) 0,09

9 Runde auf Zehntel, auf Hundertstel und auf Tausendstel.
a) 6,9595 b) 5,9982 c) 13,9555
d) 99,9999 e) 0,9898 f) 3,9905

10 Gib jeweils zwei Ausgangszahlen an, aus denen diese Dezimalbrüche durch Runden entstanden sein können.
a) 0,6 b) 2,37 c) 77,609

10 Eine Zahl mit drei Nachkommastellen wurde auf 124,56 gerundet.
Bestimme die kleinst- und die größtmögliche Ausgangszahl.

11 Runde auf Cent.
Beispiel 1,0389 € ≈ 1,04 €
a) 2,6745 € b) 0,4588 €
c) 23,4008 € d) 3,999 €
e) 10,009 € f) 9,999 €
g) 0,3456 € h) 0,007 €

11 Wandle um in Dezimalbrüche und runde auf zwei Stellen nach dem Komma.
Dann ordne nach der Größe, beginne mit dem kleinsten Dezimalbruch.
a) $\frac{2}{3}; \frac{5}{8}; \frac{5}{6}; \frac{4}{9}; \frac{18}{11}; \frac{15}{7}$ b) $\frac{35}{9}; \frac{55}{13}; \frac{11}{6}; \frac{13}{16}; \frac{7}{12}; \frac{19}{6}$

12 Diskutiere mit einem Partner: Warum sind die folgenden Größenangaben in unserem Alltag nicht sinnvoll? Begründet und gebt die Werte sinnvoll an.
a) Paul ist 1,4369 m groß b) Der Telefonhörer ist 22,482 cm lang.
c) Annika wiegt 40,19642 kg d) Der Elefant wiegt 2,0364 t.
e) Max Schulweg ist 874,392 m lang. f) Ein Blatt Papier kostet 2,99 Cent.

13 Welche Zahlen sind auf dem Zahlenstrahl markiert?
a) Schreibe sie als Dezimalbruch.
b) Schreibe sie als gekürzten Bruch.
c) Ordne die Dezimalbrüche der Größe nach. Beginne mit der größten Zahl.

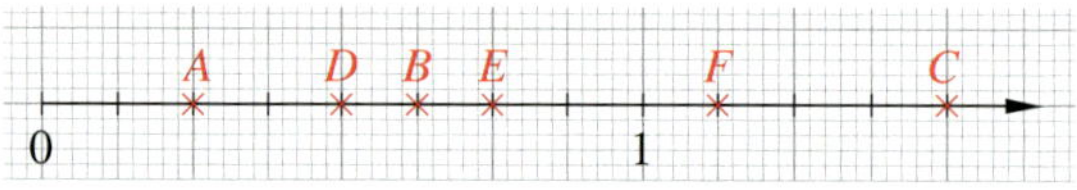

13 Welche Zahlen sind auf dem Zahlenstrahl markiert?
a) Schreibe sie als gekürzten Bruch.
b) Schreibe sie als Dezimalbruch.
c) Ordne die Brüche der Größe nach. Beginne mit der kleinsten Zahl.

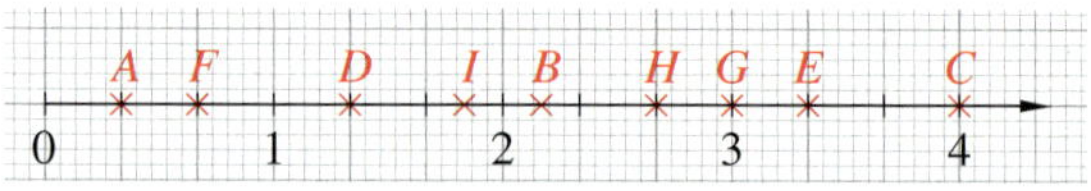

14 Übertrage ins Heft und setze das richtige Zeichen (<, >, =).
a) 1,75 □ $1\frac{3}{4}$ b) $\frac{3}{2}$ □ 1,52
c) $5\frac{1}{5}$ □ 5,2 d) $\frac{3}{8}$ □ 0,376
e) 0,375 □ $\frac{2}{5}$ f) 1,8 □ $\frac{18}{9}$
g) $8\frac{1}{4}$ □ 8,4 h) 4,5 □ 5,4
i) 12,12 □ 12,3 j) 4,08 □ 4,5

14 Übertrage ins Heft und setze das richtige Zeichen (<, >, =).
a) $11\frac{1}{8}$ □ 11,26 b) 5,125 □ $5\frac{1}{6}$
c) $4\frac{3}{12}$ □ 4,30 d) $6\frac{5}{12}$ □ 6,42
e) $1\frac{7}{11}$ □ 1,63 f) $9\frac{8}{9}$ □ 9,8
g) $0,\overline{6}$ □ $\frac{2}{3}$ h) 1,2 □ $\frac{120}{100}$
i) $\frac{3}{5}$ □ 0,65 j) $0,\overline{09}$ □ $0,\overline{3}$

Dezimalbrüche addieren und subtrahieren

Entdecken

1 In unserem Alltag rechnen wir häufig mit Dezimalbrüchen.

a) Sucht nach Beispielen und stellt diese auf einem Plakat zusammen.

b) Findet mithilfe eures Plakates Aufgaben zur Addition und Subtraktion von Dezimalbrüchen.

2 🗫 Mike und Serena diskutieren darüber, wie man Dezimalbrüche schriftlich addiert.

> **Mike:** „Man muss alle Dezimalbrüche untereinanderschreiben."
>
> **Serena:** „Das ist ja klar. Aber wie?"
>
> **Mike:** „Na so, dass alle Zahlen am rechten Rand gerade abschließen."
>
> **Serena:** „Nee, so kann man das nicht machen. Man muss auf die Kommas achten."
>
> **Mike:** „Bei der 24 gibt es doch gar kein Komma und außerdem haben wir das in der Grundschule so gelernt."
>
> **Serena:** „ … "

HINWEIS
Überlege dir, wie du natürliche Zahlen schriftlich addiert hast.

a) Setzt die Diskussion in der Klasse fort.

b) Wer hat in diesem Fall recht? Begründet eure Aussage.

c) Berechne die Summe 1,35 + 2,4 + 185,3 + 24 + 1,496.

d) Kann man das Verfahren auf die Subtraktion übertragen? Wie würdet ihr das machen?

e) Löst die Aufgabe: 152 − 12,3 − 4,661
Erläutert eure Vorgehensweise. Welche Probleme traten auf und wie habt ihr sie gelöst?

Verstehen

Saskia und Ben kaufen im Supermarkt ein.
Wie viel müssen die beiden an der Kasse bezahlen?
Sie haben 10 € in ihrem Geldbeutel.

Um zu prüfen, ob ihr Geld ausreicht, überschlagen
sie die Summe mit gerundeten Beträgen:

2 €; 1,38 € ≈ 1 €; 4,79 € ≈ 5 €; 2,28 € ≈ 2 €

Sie addieren die gerundeten Beträge
2 € + 1 € + 5 € + 2 € = 10 €

```
Supermarkt
Super 123

4567889
25. Januar
15.50

Zeitung      2,00€
Cornflakes   1,38€
Schokolade   4,79€
Bananen      2,28€
```

Beispiel 1

```
    2,00
+   1,38
+   4,79
+   2,28
    1 2
  10,45
```

Sie müssen 10,45 €
bezahlen.

Saskia und Ben sind sich unsicher, ob die 10 € aus-
reichen und berechnen deshalb die Summe genau.

Saskia und Ben schreiben die Dezimalbrüche stellen-
gerecht (*Komma unter Komma*) untereinander.
Dann addieren sie die Dezimalbrüche wie natürliche
Zahlen und stellen fest:
Die 10 € reichen nicht.

Damit man Einer zu Einer, Zehntel zu Zehntel, Hundertstel zu Hundertstel … addieren kann,
muss man die Summanden *Komma unter Komma* schreiben.
Die Stellenwerttafel verdeutlicht das:

Beispiel 2

	H	Z	E ‖ z	h	t
1,35**0**			1 ‖ 3	5	
+ 2,4**00**	+		2 ‖ 4		
+ 185,3**00**	+	1	8 5 ‖ 3		
+ 24,**000**	+		2 4 ‖		
+ 1,496	+		1 ‖ 4	9	6
1 1 1 1		1	1 1 ‖ 1		
214,546		2	1 4 ‖ 5	4	6

Merke Bei der **schriftlichen Addition**
setzt man die Summanden **Komma unter
Komma**.
Haben Dezimalbrüche unterschiedlich
viele Stellen hinter dem Komma, füllt man
fehlende Stellen mit **Nullen** auf.

Saskia und Ben bezahlen ihren Einkauf mit
einem 10-€-Schein und einer 1-€-Münze.
Wie viel Wechselgeld erhalten sie zurück?

Sie prüfen ihr Ergebnis mit der Probe (Umkehraufgabe).

```
   11,00 €
 − 10,45 €
    1 1
    0,55 €
```

Sie bekommen
0,55 € zurück.

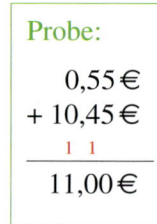

```
Probe:

    0,55 €
 + 10,45 €
    1 1
   11,00 €
```

ERINNERE DICH
*Bei mehreren
Subtrahenden
geht man so vor:*
3,201 − 1,1 − 0,93

① *1,10*
  +0,93
   1
  2,03

② *3,201*
  −2,030
   1
  1,171

Beispiel 3

```
   23,180
 −  1,426
    1 1
   21,754
```

Z	E ‖ z	h	t
2	3 ‖ 1	8	
−	1 ‖ 4	2	6
	1 ‖	1	
2	1 ‖ 7	5	4

Merke Bei der **schriftlichen Subtraktion**
gelten ebenfalls die oben angegebenen
Regeln.

Üben und anwenden

1 Addiere im Kopf.
a) 0,2 + 0,7   b) 0,3 + 0,6
c) 0,7 + 0,8   d) 0,7 + 0,3
e) 1,2 + 0,7   f) 0,8 + 1,1
g) 1,5 + 0,9   h) 1,1 + 2,2

2 Schreibe untereinander und berechne.
a) 3,72 + 4,91   b) 15,77 + 13,42
c) 4,47 + 4,936   d) 17,94 + 13,3
e) 5 + 1,74   f) 2 + 3,004
g) 4,873 + 7   h) 0,035 + 14

3 Überschlage vor der genauen Rechnung.
Prüfe dein Ergebnis mit dem Überschlag.
Beispiel   3,278 + 8,982   Ü: 3 + 9 = 12
           3,278 + 8,982 = 12,26
a) 8,129 + 5,322   b) 4,52 + 2,349
c) 15,62 + 4,937   d) 4,982 + 2,349

4 Übertrage
ins Heft und
addiere.

101,01	202,02	303,03	404,04

5 Ergänze im Heft die fehlenden Ziffern.

a)   0,64▮
     + ▮,258
     + 3,▮00
     + 7,0▮2
     ――――――
        12,317

b)   27,▮3
     + ▮,49
     + ▮8,01
     + 16,4▮
     ――――――
        98,33

c)   27,489
     + 10,730
     + 1,400
     + 45,301
     + ▮▮,▮▮▮
     ――――――
       100,000

6 Im Schreibwarenhandel
a) Peter kauft ein Heft, ein Bleistift und einen Radiergummi. Er zahlt mit einem 5-€-Schein.
b) Tanja hat 10 €. Genügen die 10 € für ein Heft, einen Zirkel, Tintenpatronen und ein Mäppchen?

Tintenpatronen 1,35 €
Bleistift 0,75 €
Radiergummi 0,80 €
Zirkel 5,95 €
Heft 0,73 €
Mäppchen 3,95 €
Geodreieck 0,75 €

7 Wandle in die größte der gegebenen Einheiten um und addiere.
a) 27 € 85 ct + 309 € 25 ct
b) 203 km 700 m + 66 km 50 m
c) 1645 kg 321 g + 43 kg 2 g

1 Addiere im Kopf.
a) 1,4 + 1,6   b) 2,3 + 6,6
c) 5,8 + 9,2   d) 18,9 + 4,7
e) 2,3 + 9,7   f) 26,6 + 24,2
g) 100,7 + 50,4   h) 124,7 + 134,6

2 Rechne schriftlich.
a) 0,045 + 1,054   b) 12,075 + 3,082
c) 8,8 + 88,888   d) 90,87 + 1,109 2
e) 2,04 + 1,35 + 6,33   f) 2,583 + 3,21 + 0,1
g) 1,4 + 2,184 + 3,25   h) 18,1 + 2,95 + 31,694

3 Überschlage zunächst. Dann berechne schriftlich und kontrolliere dein Ergebnis.
a) 0,421 + 3,012 + 9,777 + 345,23
b) 8,568 + 34,673 + 0,75 + 0,002 1
c) 0,608 + 67,67 + 9,789 + 23
d) 0,453 + 0,043 1 + 0,085 + 0,009 4

4 Übertrage ins Heft und addiere.

+	2,4	7,6	9,3	12,4	10,9	13,4
2,7						
4,01						
7,5						
3,84						

5 Übertrage ins Heft und setze das richtige Zeichen ein (<, > oder =).
a) $\frac{1}{3}$ ▮ 0,2 + 0,1   b) $1\frac{1}{4}$ ▮ 0,75 + 0,5
c) $\frac{20}{6}$ ▮ $\frac{5}{3} + 1\frac{2}{3}$ d) $\frac{6}{100} + \frac{3}{10}$ ▮ 0,03

6 Was könnten die Kinder gekauft haben? Verschiedene Lösungen sind möglich.
a) Clara hat vier verschiedene Dinge gekauft und 8,25 € ausgegeben.
b) Hanna bezahlt 3,54 €.

7 Wandle in die größte der gegebenen Einheiten um und addiere.
a) 2 t 500 kg + 106 t 24 kg + 35 t 67 kg
b) 640 kg 301 g + 21 kg 67 g + 118 kg 270 g
c) 2 km 700 m + 12 km 44 m + 2741 m

HINWEIS
5 = 5,0 = 5,00
0,3 = 0,30 = 0,300

ERINNERE DICH
① Überschlage im Kopf.
↓
② Rechne exakt schriftlich.
↓
③ Prüfe dein schriftliches Ergebnis: Stimmt es ungefähr mit dem Überschlag überein?

8 Subtrahiere im Kopf.
a) $0,8 - 0,3$ b) $0,7 - 0,5$ c) $1,7 - 0,6$
d) $1,3 - 0,3$ e) $2,2 - 1,4$ f) $1,9 - 1,5$

8 Subtrahiere im Kopf.
a) $0,9 - 0,5$ b) $0,3 - 0,1$ c) $5 - 4,6$
d) $0,8 - 0,4$ e) $12,8 - 7,4$ f) $19,5 - 6,6$

9 Schreibe untereinander und berechne.
a) $0,6 - 0,1 - 0,4$ b) $8,3 - 0,5 - 0,9$
c) $6,2 - 3,7 - 1,9$ d) $3,7 - 2,1 - 1,4$

9 Rechne schriftlich.
a) $38,79 - 18,765 - 6$ b) $17 - 8,742 - 0,23$
c) $100 - 5,88 - 9,01$ d) $44,3 - 11,215$

10 Franziska hat $15\,€$ Taschengeld. Davon soll sie folgende Beträge bezahlen: $2,45\,€$; $1,76\,€$; $6,70\,€$ und $3,25\,€$. Wie viel bleibt von ihrem Taschengeld übrig? Erkläre zwei mögliche Rechenwege.

11 Berechne und kontrolliere mit der Probe.
Tipp: Auch natürliche Zahlen kannst du als Dezimalbrüche schreiben.
a) $6 - 2,74$ b) $3 - 2,15$
c) $4,26 - 4$ d) $14,12 - 12$
e) $12 - 4,23$ f) $15 - 0,15$
g) $4,99 - 2$ h) $100 - 99,89$

11 Wie groß ist der Unterschied zwischen den Zahlen?
a) $0,2$ und $0,02$ b) $7,1$ und $0,71$
c) $3,6$ und $0,36$ d) $5,1$ und $5,01$
e) $3,2$ und $3,02$ f) $4,7$ und $4,07$
g) $5,8$ und $0,67$ h) $1,4$ und $1,04$
i) $4,71$ und $4,17$ j) $0,55$ und $0,05$

12 Finde die fünf Fehler. Du brauchst die Aufgaben nicht exakt zu lösen, der Überschlag reicht.

① $1\,278,45 + 4,14 + 100,54 = 138,831\,1$

② $712,6 - 513,7 - 10,5 = 188,4$

③ $34,565 + 36,897 + 150,9 = 322,362$

④ $467,12 - 150,89 - 50,4 = 265,83$

⑤ $1\,005,87 + 450,96 - 45,85 - 10,896 = 1\,500,084$

⑥ $41,79 - 1,26 + 4,59 - 2,85 = 72,27$

⑦ $10\,000,89 + 2,78 - 3,199 + 5,228 = 1\,000,056\,99$

⑧ $156,87 + 156,99 + 201,05 - 3,75 = 511,16$

13 Überschlage zuerst. Berechne dann und vergleiche mit dem Überschlag.
a) $1,034 + 4,008 + 3,800\,9 + 0,786$
b) $0,621 + 9,789 - 6,008\,7 + 2,09$
c) $578,4 - 0,345 - 8,900\,1 + 678,52$
d) $0,687 + 0,043 - 0,534\,1 + 0,002$

13 Überschlage zunächst. Achte beim Rechnen auf die Klammern.
a) $100 - (12,909 - 12,8) + 34,009$
b) $564,67 - 18,563 - (234,8 - 34,34)$
c) $45,223\,4 - (30 + 12,909\,09) - 2,001$
d) $67,347\,5 - 28,076 - (25 - 0,009)$

14 Ergänze im Heft. Prüfe dein Ergebnis mit einer Umkehrrechnung.
Beispiel $1,9 + \underline{7,3} = 9,2$
   $9,2 - 1,9 = 7,3$ oder $9,2 - 7,3 = 1,9$
a) $3,4 + \blacksquare = 7,6$ b) $8,3 + \blacksquare = 10,4$
c) $9,2 + \blacksquare = 11,1$ d) $\blacksquare - 1,3 = 4,6$
e) $\blacksquare - 22,7 = 103,9$ f) $\blacksquare - 2,6 = 5,7$
g) $\blacksquare - 1,4 = 9,8$ h) $3,6 + \blacksquare = 7,25$

14 Ergänze die Lücken im Heft.

$$
\begin{array}{r}
\blacksquare,\blacksquare\blacksquare\blacksquare \\
-\ 0,486 \\
-\ 2,405 \\
\hline
\blacksquare \\
\hline
1,000
\end{array}
$$

$$
\begin{array}{r}
21,4\blacksquare5 \\
-\ \blacksquare,380 \\
-\ 0,04\blacksquare \\
\hline
{}^{1}\quad{}^{1\ 1} \\
19,047
\end{array}
$$

Beschreibe deine Lösungsschritte bei Aufgabe b).

15 Löse die Gleichung.

a) $2,5 + x = 5$

b) $5,5 + x = 10$

c) $x - 8 = 3,1$

d) $12,8 - x = 6,3$

e) $1,8 - x = 1$

f) $x + 1,4 = 2,6$

15 Stefan denkt sich eine Zahl. Stelle jeweils eine Gleichung auf und löse diese.

a) Er addiert zu dieser Zahl 3,5 und erhält 12.

b) Er subtrahiert von dieser Zahl 2,9 und erhält 22,1.

c) Er subtrahiert von dieser Zahl 13,7, addiert 2,2 und erhält 10.

16 Anna hat beim Geräteturnen 38,024 Punkte erhalten. Sie hat den vierten Platz gemacht. Die Erstplatzierte hat 38,211 Punkte und die Drittplatzierte 38,049 Punkte erhalten.

a) Wie viele Punkte haben Anna gefehlt um die Bronzemedaille (3. Platz) zu gewinnen?

b) Wie viele Punkte haben ihr gefehlt, um die Goldmedaille zu gewinnen?

17 Mit welchem Wert ist das Mobile im Gleichgewicht?

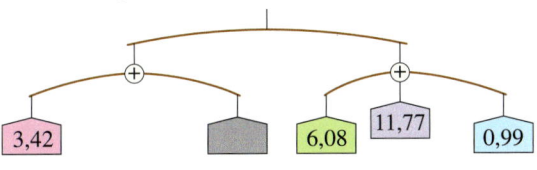

17 Berechne alle Additions- und Subtraktionsaufgaben, die mit den Zahlen zusammengestellt werden können.

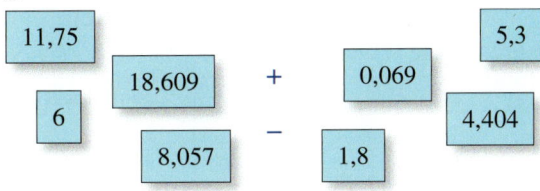

18 Überschlage zuerst. Dann schreibe den Betrag in € und addiere.

a) 4 € 12 Cent + 34 € 3 Cent + 1 € 28 Cent

b) 234 Cent + 506 Cent + 24 € + 4 €

c) 4 € 24 Cent + 56 € 67 Cent + 230 Cent

d) 40 € 12 Cent + 7 € 34 Cent + 45 Cent

18 Wandle in die größte der gegebenen Einheiten um und berechne.

a) 2 t 500 kg + 106 t 24 kg − 35 t 67 kg

b) 640 kg 301 g − 21 kg 67 g + 118 kg 270 g

c) 24 g 105 mg + 17 g 22 mg + 218 g 924 mg

d) 74 t 816 kg − 4 560 kg − 12 t 902 kg

19 Brüche in verschiedenen Schreibweisen

a) Berechne. Entscheide dich für eine Schreibweise

① $\frac{1}{4} + 0,5$ ② $0,7 - \frac{1}{5}$ ③ $1,7 + \frac{2}{5}$

b) Übertrage ins Heft. Schreibe die fehlende Zahl in verschiedenen Schreibweisen.

① $3,1 + \blacksquare = 5\frac{1}{4}$ ② $6\frac{1}{2} + \blacksquare = 10,75$

19 Rechne aus.

a) $1,74 + \frac{5}{8}$

b) $1\frac{4}{5} - 0,85$

c) $2\frac{3}{4} - 2,4$

d) $4\frac{7}{8} + 0,125$

20 👥 Arbeitet zu zweit. Zeichnet das Labyrinth auf ein Blatt.
Erreicht beim Durchlaufen des Labyrinths …

a) … genau die Zahl 10;

b) … eine Zahl zwischen 10,1 und 12;

c) … eine Zahl kleiner als 4.

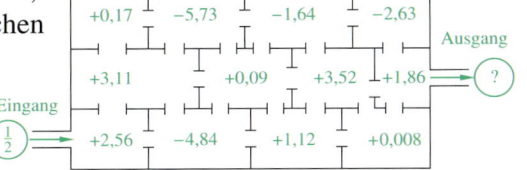

20 👥 Arbeitet zu zweit. Zeichnet das Labyrinth auf ein Blatt.
Erreicht beim Durchlaufen des Labyrinths …

a) … genau die Zahl 6,8;

b) … die größtmögliche Zahl;

c) … Wege, die rechnerisch nicht weiterführen.

Klar so weit?

→ Seite 62

Brüche addieren und subtrahieren

1 Rechne vorteilhaft.

a) $\frac{3}{7} + \frac{2}{3} + \frac{4}{7}$ b) $\frac{7}{8} + \frac{3}{4} + \frac{3}{8}$

1 Rechne vorteilhaft.

a) $\frac{3}{10} + \frac{1}{3} + \frac{14}{20}$ b) $\frac{1}{4} + \frac{1}{5} + \frac{2}{8}$

2 Berechne und kürze vollständig. Schreibe, wenn möglich, das Ergebnis als gemischte Zahl.

a) $\frac{17}{12} + \frac{10}{24}$ b) $\frac{10}{15} + \frac{4}{10}$ c) $\frac{2}{4} + \frac{6}{10}$

d) $\frac{3}{7} + \frac{10}{14}$ e) $\frac{3}{4} - \frac{1}{2}$ f) $\frac{9}{12} - \frac{2}{8}$

2 Berechne und kürze vollständig. Schreibe, wenn möglich, das Ergebnis als gemischte Zahl.

a) $\frac{12}{15} - \frac{6}{10}$ b) $\frac{5}{7} - \frac{6}{14}$ c) $\frac{10}{16} + \frac{5}{24}$

d) $\frac{16}{20} - \frac{9}{15}$ e) $\frac{6}{12} + \frac{19}{18}$ f) $\frac{9}{12} - \frac{8}{16}$

→ Seite 66

Brüche und Dezimalbrüche

3 Übertrage die Stellenwerttafel ins Heft. Ergänze die fehlenden Zahlen.

H	Z	E	z	h	t	Dezimalbruch
		5	2	8		*5,28*
1	1	7	8	0	9	
		0	4	7		
						270,5
						81,927
						100,001

3 Übertrage die Stellenwerttafel ins Heft. Ergänze die fehlenden Zahlen.

H	Z	E	z	h	t	Dezimalbruch	Bruch
	2	6	0	8		*26,08*	$26\frac{8}{100}$
						100,95	
8	4	0	9	0	1		
							$\frac{24}{100}$
				3	5		

4 Übertrage den Ausschnitt in dein Heft.

7,2   7,4

a) Lies die markierten Zahlen ab.
b) Trage die Zahlen 7,8; 8,0 und 8,2 ein.

4 Übertrage den Ausschnitt in dein Heft.

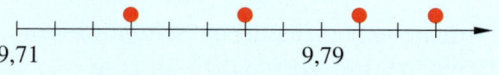

9,71   9,79

a) Lies die markierten Zahlen ab.
b) Trage die Zahlen 9,73; 9,81 und 9,75 ein.

5 Wandle beide Zahlen in die gleiche Schreibweise um. Welche Zahl ist größer?

a) $\frac{1}{2}$; 0,1   b) $\frac{2}{10}$; 0,25   c) 0,6; $\frac{60}{100}$

5 Welche Zahl ist größer? Begründe.

a) $\frac{4}{5}$; 0,9   b) $\frac{25}{10}$; 0,25   c) 0,13; $\frac{13}{100}$

→ Seite 70

Brüche in Dezimalbrüche umwandeln

6 Schreibe erst als Zehnerbruch und dann als Dezimalbruch.

a) $\frac{1}{2}$ b) $\frac{2}{5}$ c) $\frac{6}{25}$

6 Schreibe als Dezimalbruch. Welche der Zahlen ist die größte?

a) $\frac{15}{4}$ b) $5\frac{3}{4}$ c) $\frac{9}{20}$

7 Wandle in Brüche um. Kürze, wenn möglich.

a) 0,2   b) 0,4   c) 0,15
d) 0,04   e) 0,19   f) 1,54

7 Wandle in Brüche um. Kürze, wenn möglich.

a) 0,25   b) 0,65   c) 0,33
d) 0,502   e) 0,755   f) 1,5

Dezimalbrüche vergleichen und runden

→ Seite 74

8 Welcher der beiden Dezimalbrüche ist größer? Begründe.

a) 5,87 oder 5,78
b) 2,91 oder 2,93
c) 0,634 oder 0,64
d) 0,609 oder 0,69

8 Ordne die Dezimalbrüche der Größe nach. Beschreibe dein Vorgehen.

a) 2,347; 2,437; 2,417; 2,341; 2,440
b) 0,5; 0,47; 0,365; 0,056; 0,24

9 Gib drei verschiedene Dezimalbrüche an, die zwischen den beiden Zahlen liegen.

a) 1 und 2
b) 3,8 und 3,9
c) 1,52 und 1,53
d) 3,89 und 3,90

9 Gib drei verschiedene Dezimalbrüche an, die zwischen den beiden Zahlen liegen.

a) 3,61 und 3,62
b) 7,9 und 8
c) 5,001 und 5,002
d) 4,12 und 4,128

10 Übertrage die Tabelle und ergänze.

Zahl	Rundungsstelle	gerundete Zahl
5,58	Zehntel	
6,789		6,79
	Zehntel	3,4

10 Runde die Größen jeweils an der Einerstelle sowie an der Zehntel-, Hundertstel- und an der Tausendstelstelle.

a) 1,8657 g
b) 6,0051 kg
c) 0,9918 km
d) 0,0655 t
e) 15,7699 m
f) 10,99 €

Dezimalbrüche addieren und subtrahieren

→ Seite 78

11 Rechne im Kopf.

a) $0,4 + 0,5$
b) $0,8 + 0,2$
c) $8,3 + 0,8$
d) $0,9 - 0,5$
e) $5 - 4,6$
f) $8,5 - 0,4$

11 Rechne im Kopf.

a) $8,3 + 0,8$
b) $7,2 + 0,9$
c) $18,6 + 4,5$
d) $0,8 - 0,4$
e) $2,3 - 1,1$
f) $19,5 - 6,6$

12 Schreibe untereinander und berechne.

a) $3,92 + 2,84$
b) $5,71 + 4,835$
c) $1,98 + 4,1$
d) $9,345 - 2,765$
e) $1,75 - 0,443$
f) $4,839 - 0,991$
g) $663,24 + 56,01 + 103,98$
h) $3\,624,60 + 219,091 + 347,11 + 9\,174,22$
i) $1\,420,76 - 413,53 - 46,81$

12 Rechne schriftlich.

a) $34,567 + 890,11$
b) $2,002 + 8,8081$
c) $15,62 + 4,937$
d) $14,3 - 5,791$
e) $3,258 - 0,9876$
f) $51,3 - 4,008$
g) $1,034 + 4,008 + 3,8009 + 0,786$
h) $8,129 + 5,322 + 125,01 + 74,8$
i) $8\,400,765 - 33,29 - 504,039 - 3\,321,4$

13 Ersetze ■ im Heft.

a) $14,6 + ■ = 20$
b) $■ - 17,8 = 30$
c) $81,7 - ■ = 40$
d) $■ - 17,2 = 50$
e) $10,6 + ■ = 145$
f) $■ + 6,3 = 155$
g) $24,6 - ■ = 19,5$
h) $■ - 8,7 = 20,5$

13 Ersetze ■ im Heft.

a) $33,6 + ■ = 38,8$
b) $■ - 26,1 = 200,5$
c) $5,9 - ■ = 0,6$
d) $■ - 0,08 = 62,3$

e)
```
    0,64■
 +  ■,258
 +  3,■00
 +  7,0■2
   1 1 11
───────────
   12,317
```

14 Löse die Gleichung:

a) $a + 3,5 = 5$
b) $a - 2,4 = 5$
c) $a + 4,3 = 20$
d) $15,6 - a = 11$
e) $27,2 - a = 14$
f) $50,3 + a = 60$
g) $12,8 + a = 32,8$
h) $14,6 - a = 0,6$

14 Löse die Gleichungen.

a) $2,8 + x + 3,2 = 10,5$
b) $13,4 - x + 2,4 = 13$
c) $x - 21,3 + 10,4 = 4,9$
d) $32,7 - x + 4,5 = 30$

Vermischte Übungen

1 Löse die Additionsmauern im Heft.

a)

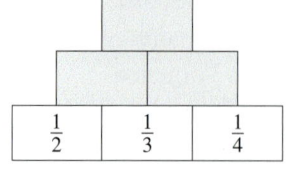

b)

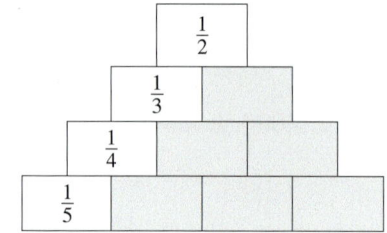

1 Löse die Additionsmauern im Heft.

a)

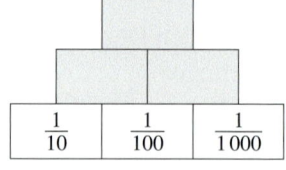

b)

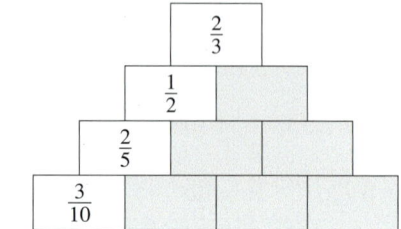

2 Rechne aus.
Denke an die Vorrangregeln.

a) $\frac{3}{4} + \frac{1}{8} + \frac{3}{8}$ b) $\frac{3}{5} + \frac{7}{20} + \frac{13}{20}$

c) $\frac{3}{5} - \left(\frac{1}{2} + \frac{1}{10}\right)$ d) $\frac{1}{2} - \left(\frac{1}{3} - \frac{1}{4}\right)$

3 Schreibe als Dezimalbruch.

a) $\frac{2}{25}$ b) $\frac{8}{20}$ c) $\frac{175}{500}$

d) $\frac{121}{110}$ e) $\frac{1}{250}$ f) $\frac{7}{8}$

4 Runde die Größen.
a) Runde auf volle Gramm:
   1,71 g; 2,39 g; 4,499 g
b) Runde auf hundertstel Meter:
   2,743 m; 5,007 m; 18,709 m
c) Runde auf hundertstel Kilogramm:
   0,439 kg; 0,660 kg; 8,595 kg
d) Runde auf tausendstel Kilometer:
   7,436 9 km; 6,025 5 km; 0,009 6 km

5 Prüfe, ob die Dezimalbrüche richtig
geordnet sind. Berichtige, wenn nötig.
a) 2,3 < 2,25 < 2,235 < 2,2341
b) 0,89 < 0,890 5 < 0,891 < 0,890 1 < 0,918
c) 1,061 < 1,116 < 1,106 < 10,60 < 1,661

6 Runde auf Zehntel und auf Hundertstel.
a) $0,\overline{5}$ b) $0,\overline{3}$ c) $0,2\overline{7}$
d) $0,1\overline{6}$ e) $2,2\overline{4}$ f) $1,8\overline{1}$
g) Wo hast du aufgerundet?

2 Rechne aus.
Denke an die Vorrangregeln.

a) $\frac{1}{2} + \frac{3}{6} + \frac{4}{7}$ b) $\frac{3}{4} - \frac{3}{5} + \frac{3}{6}$

c) $\frac{7}{10} - \left(\frac{4}{15} + \frac{1}{6}\right)$ d) $2\frac{1}{2} - \left(3\frac{3}{5} - 1\frac{1}{4}\right)$

3 Schreibe als Dezimalbruch.

a) $5\frac{7}{8}$ b) $12\frac{12}{30}$ c) $4\frac{56}{700}$

d) $9\frac{7}{25}$ e) $4\frac{34}{125}$ f) $23\frac{12}{20}$

4 Überprüfe die Rundungsergebnisse.
Korrigiere die Fehler in deinem Heft.
a) 1,75 s ≈ 1,7 s   b) 4,007 s ≈ 4,1 s
c) 2,456 € ≈ 2,45 €   d) 0,770 m ≈ 0,77 m
e) 7,234 m ≈ 7,24 m   f) 39,9 mm ≈ 40 mm
g) 1,992 m ≈ 2 m   h) 770,7 g ≈ 771 g
i) 1,884 km ≈ 20 km   j) 23,009 dm ≈ 23 dm
k) 5,9 s ≈ 1 min   l) 30,4 min ≈ 0,5 h
m) 5,5 kg ≈ 600 g   n) 1,29 t ≈ 1300 kg

5 Ordne der Größe nach, beginne mit dem
kleinsten Dezimalbruch.
a) 0,12; 0,012; 0,01; 0,1; 0,2
b) 2,3; 2,23; 2,32; 2,2
c) 0,2; $\frac{1}{4}$; 0,02; $\frac{2}{5}$ d) $\frac{1}{8}$; 0,126; $\frac{1}{5}$; 0,024

6 Runde auf Hundertstel und auf Tausendstel.
a) $0,54\overline{5}$ b) $0,04\overline{5}$ c) $0,0\overline{45}$
d) $0,5\overline{45}$ e) $5,5\overline{4}$ f) $4,5\overline{9}$
g) Wo hast du aufgerundet?

7 Nenne fünf Dezimalbrüche zwischen …
a) … 5,5 und 5,6;
b) … 0 und 0,5;
c) … 7,02 und 7,03;
d) … 18,556 und 18,557.
e) Wie viele Dezimalbrüche findest du noch zwischen den jeweiligen Dezimalbrüchen?

8 Bei der Pflege einer Gartenanlage sind folgende Kosten entstanden:

Teichfolie	265,80 €
Sand	46,76 €
Kieselsteine (groß)	97,81 €
Wasserpflanzen	146,85 €

a) Reichen 500 € zum Bezahlen?
b) Wie viel € bleiben übrig bzw. fehlen noch, wenn 600 € zur Verfügung stehen?
c) Als Sonderangebot wird eine Gartenteich-pumpe für 99,50 € angeboten, die sonst 118,95 € kostet.
Berechne den Preisvorteil.

9 In Prospekten werden Längen häufig in Millimeter angegeben.
a) Runde auf Zentimeter und gib die Maße in Meter an.

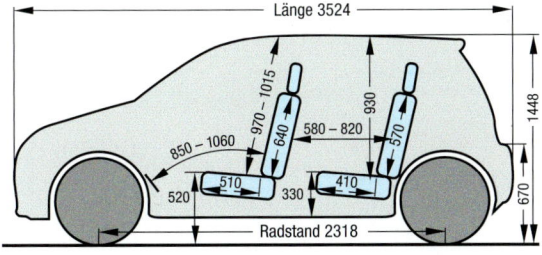

b) Folgende Angaben wurden auf Zentimeter gerundet.
Gib jeweils die kleinstmögliche und die größtmögliche Ausgangsgröße an.
4,34 m   8,67 m   0,81 m

10 Ergänze die Zahlen-mauer.
Wie ändert sich die Zahl im obersten Stein, wenn du die Zahlen in allen unteren Steinen um 1 vergrößerst?

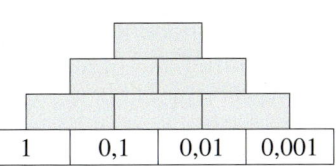

1	0,1	0,01	0,001

7 Zeige an einem Beispiel und begründe.
a) Jeder Bruch kann als Dezimalbruch dargestellt werden.
b) Es gibt keine kleinste Zahl, die größer als Null ist.
c) Zwischen zwei Dezimalbrüchen liegen unendlich viele andere Dezimalbrüche.

8 Das Jugendzimmer wird zum Komplett-preis 1 099 € angeboten.
Man kann die Möbel auch einzeln kaufen, doch dann sind sie teurer:

Schreibtisch	339,90 €
2-Türen-Schrank	319 €
Bett	229,95 €
Schubfach für das Bett	49 €
kleiner Schrank mit Tür	99 €
Schreibtischstuhl	39 €
Auflage für das Bett	50,20 €
Lattenrost	43,49 €

Wie viel Geld spart man gegenüber dem Einzelkauf?

9 In den Niederlanden bezahlt man nicht mit 1- und 2-Cent-Münzen. An der Kasse werden die Beträge so geändert, dass keine 1- und 2-Cent-Münzen benötigt werden.
Beispiel Statt 4,37 € bezahlt man 4,35 €.
Statt 12,03 € zahlt man 12,05 €.
a) Welche Beträge sind zu zahlen?
12,39 €; 18,41 €; 24,16 €; 2,44 €; 5,13 €
b) In welchen Fällen wird zu Gunsten des Käufers geändert?
c) In welchen Fällen wird zu Gunsten des Verkäufers geändert?
d) Hast du eine Idee, warum man nicht mit 1- oder 2-Cent-Münzen bezahlt? Hältst du das Verfahren für sinnvoll? Begründe.

10 Ergänze die Zahlenmauer. Wie ändert sich die Zahl im obersten Stein, wenn du in einem der unteren Mauersteine 1 addierst? Unterscheide zwei Fälle und versuche das Ergebnis zu erklären.

NACHGEDACHT
Suche in Werbe-prospekten oder im Internet nach weiteren Komplettangeboten wie in Aufgabe 8. Vergleiche den Komplettpreis mit den Einzelpreisen.

Diskutiert: Wann ist es sinnvoll, ein Komplettangebot zu kaufen, wann nicht?

85

11 👥 Anteile der Kontinente

Arbeitet zu zweit.

Die Kontinente sind unterschiedlich groß. So ist auch ihr Anteil an der gesamten Landfläche der Erde sehr verschieden: Afrika nimmt etwa ein Fünftel der Fläche ein, Amerika etwa sieben Fünfundzwanzigstel, Asien etwa drei Zehntel, Australien etwa drei Fünfzigstel, Europa etwa ein Fünfzehntel und die Antarktis etwa sieben Fünfundsiebzigstel.

a) Notiert die Anteile als Brüche.

b) Gebt die Anteile als Dezimalbrüche an. Rundet auf Tausendstel.

c) Welchen Anteil der Landfläche nehmen die Kontinente jeweils ein?

d) Sortiert die Kontinente der Größe nach, beginnt mit dem größten.

HINWEIS

Mio. = Million(en)

12 👥 Ozeane

Arbeitet zu zweit.

Die Erdoberfläche ist ca. 510 Millionen km² groß, davon sind ca. 360 Mio. km² Wasseroberfläche.

Von der Wasseroberfläche der Erde entfällt etwa die Hälfte auf den Pazifischen Ozean, etwa drei Zehntel auf den Atlantischen Ozean und etwa ein Fünftel auf den Indischen Ozean.

	Volumen in Mio. km³	Durchschnittliche Tiefe in km
Pazifischer Ozean	696,19	3,870
Atlantischer Ozean	354,28	3,380
Indischer Ozean	284,34	3,600

HINWEIS

Die drei Streifendiagramme bei 13 a), b) und c) sollen jeweils 10 cm lang sein, denn dann könnt ihr sie mit den zuvor berechneten Werten besonders leicht zeichnen.

Nehmt für jeden Ozean bei allen drei Diagrammen dieselbe Farbe.

a) **Anteil an der Wasseroberfläche**
① Welchen Anteil der Wasseroberfläche nehmen die drei Ozeane jeweils ein? Beschreibt, wie ihr bei der Berechnung vorgeht.
② Ordnet die Ozeane der Größe nach.
③ Stellt das Ergebnis „Anteil an der Wasseroberfläche" in einem Streifendiagramm farbig dar. Beachtet die Hinweise in der Randspalte.

b) **Anteile am Wasservolumen**
① Wie viel km³ Wasser sind in den drei Ozeanen aus der Tabelle insgesamt enthalten?
② Ordnet die Ozeane nach ihrem Volumen und gebt jeweils an, welchen Anteil vom gesamten Wasser sie enthalten.
③ Gib die Anzteile als Dezimalbruch an.
   Beispiel Pazifischer Ozean: $\frac{696}{\blacksquare} \approx 0,\blacksquare$
④ Stellt auch die „Anteile am Wasservolumen" in einem Streifendiagramm dar.

ERINNERE DICH

$\frac{4}{1000}$ von 2000 berechnet man so:

$2000 \xrightarrow{:1000} 2$

$\xrightarrow{\cdot 4} 8$

c) **Anteile an der Erdoberfläche**
Die Anteile der Ozeane an der gesamten Erdoberfläche betragen: Pazifischer Ozean sieben Zwanzigstel, Atlantischer Ozean ein Fünftel und indischer Ozean sieben Fünfzigstel.
① Wieso unterscheiden sich diese Werte von denen bei Aufgabe a)?
② Welchen Anteil hat die Landfläche an der Erdoberfläche?
③ Stellt auch die „Anteile an der Erdoberfläche" in einem Streifendiagramm dar.

Zusammenfassung

Brüche addieren und subtrahieren

→ Seite 62

Gleichnamige Brüche addieren (subtrahieren): Zähler addieren (bzw. subtrahieren) und den Nenner beibehalten.

Ungleichnamige Brüche addieren (bzw. subtrahieren):
1. Die Brüche gleichnamig machen.
2. Die Zähler addieren (bzw. subtrahieren), der gemeinsame Nenner bleibt erhalten.

$$\frac{2}{7} + \frac{3}{7} = \frac{2+3}{7} = \frac{5}{7}$$

$$3\frac{1}{8} - \frac{3}{8} = \frac{25}{8} - \frac{3}{8} = \frac{25-3}{8} = \frac{22}{8} = \frac{11}{4} = 2\frac{3}{4}$$

$$\frac{4}{5} - \frac{2}{3} = \frac{12}{15} - \frac{10}{15} = \frac{12-10}{15} = \frac{2}{15}$$

$$2\frac{1}{4} + \frac{5}{6} = \frac{9}{4} + \frac{5}{6} = \frac{27}{12} + \frac{10}{12} = \frac{27+10}{12} = \frac{37}{12} = 3\frac{1}{12}$$

Brüche und Dezimalbrüche

→ Seite 66

Zahlen in Kommaschreibweise werden **Dezimalbrüche (Dezimalzahlen)** genannt. Dezimalbrüche sind Brüche in einer anderen Schreibweise.
Sie lassen sich am **Zahlenstrahl** darstellen.

$$0,8 = \frac{8}{10} \qquad 0,19 = \frac{19}{100} \qquad 6,039 = 6\frac{39}{1000}$$

Brüche in Dezimalbrüche umwandeln

→ Seite 70

Es gibt zwei Verfahren zum Umwandeln:
– Erweitern oder Kürzen auf einen Zehnerbruch
– Schriftliche Division
Bricht die Division nicht ab, so entsteht ein **periodischer Dezimalbruch**, bei dem sich eine Ziffer oder eine Ziffernfolge nach dem Komma ständig wiederholt.

$$\frac{1}{4} = \frac{25}{100} = 0,25$$
$$\frac{1}{4} = 1 : 4$$

$$\frac{28}{200} = \frac{14}{100} = 0,14$$

$$1,00 : 4 = 0,25$$

Kommaüberschreitung

$$5 : 6 = 0,833\ldots = 0,8\overline{3}$$

Dezimalbrüche vergleichen und runden

→ Seite 74

Um Dezimalbrüche zu **ordnen**, vergleicht man sie stellenweise.

Runden von Dezimalbrüchen:
1. Lege die Rundungsstelle fest.
2. Betrachte die nächstfolgende Ziffer:
   – Bei 0 bis 4 wird abgerundet,
   – bei 5 bis 9 wird aufgerundet.

$$8,27 < 8,32 \qquad 0,71 > 0,705$$
2 < 3 $\qquad$ 1 > 0

Runde auf Zehntel.

$$2,34 \approx 2,3 \qquad 83,105 \approx 83,1$$
$$2,37 \approx 2,4 \qquad 12,0837 \approx 12,1$$

Dezimalbrüche addieren und subtrahieren

→ Seite 78

Dezimalbrüche werden **stellenweise addiert** bzw. **subtrahiert** (*Komma unter Komma*). Haben Dezimalbrüche unterschiedlich viele Stellen hinter dem Komma, füllt man fehlende Stellen mit Nullen auf.

```
   2,00
 + 3,42          7,80
 + 0,73        − 1,92
 ─────         ─────
   6,15          5,88
```

Teste dich!

12 Punkte

1 Berechne die Additionsmauern im Heft.

a)

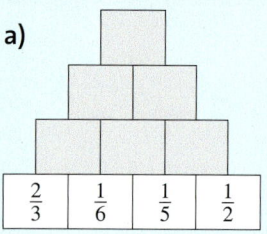

| $\frac{2}{3}$ | $\frac{1}{6}$ | $\frac{1}{5}$ | $\frac{1}{2}$ |

b)

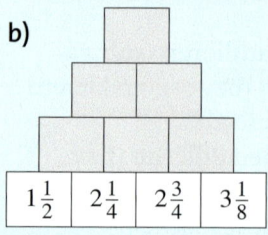

| $1\frac{1}{2}$ | $2\frac{1}{4}$ | $2\frac{3}{4}$ | $3\frac{1}{8}$ |

4 Punkte

2 Berechne. Kürze das Ergebnis vollständig und schreibe es als gemischte Zahl, falls möglich.

a) $\frac{9}{16} + 2\frac{5}{16}$ b) $\frac{1}{15} + \frac{4}{12}$ c) $\frac{17}{30} - \frac{1}{6}$ d) $10\frac{2}{9} - 3\frac{1}{6} + 2\frac{2}{3}$

1 Punkte

3 Ein junger Mensch soll täglich 2 l Flüssigkeit trinken. Corinna überlegt abends, was sie am Tag getrunken hat: zum Frühstück $\frac{1}{4}$ l Milch; $\frac{1}{2}$ l Mineralwasser in der Schule; nachmittags 2 Tassen heißer Kakao $\left(\text{je } \frac{1}{8}\text{ l}\right)$ und $\frac{3}{4}$ l Saftschorle nach dem Sport.

2 Punkte

4 Überschlage zuerst. Dann berechne schriftlich.

a) $19{,}457 + 4{,}26 + 5{,}01$ b) $48{,}004 - 2 - \frac{3}{4} - 16{,}104 - 4$

3 Punkte

5 Schreibe die Einwohnerzahlen in Millionen und runde auf eine Stelle hinter dem Komma.

a) Madrid: 3 213 271;   Hamburg: 1 773 218;   Rom: 2 553 873
b) Istanbul: 13 820 194;   London: 7 852 200;   Delhi: 10 972 065
c) Hongkong: 7 012 849;   Peking: 15 796 450;   Essen: 574 635

2 Punkte

6 Ordne die Zahlen, beginne jeweils mit der kleinsten Zahl.

a) $0{,}25$; $\frac{1}{8}$; $0{,}75$; $\frac{4}{5}$; $0{,}5$ b) $0{,}3$; $0{,}\overline{3}$; $0{,}3304$; $0{,}33$; $0{,}333$; $0{,}\overline{30}$

4 Punkte

7 Folgenden Materialien sollen mit einem Lkw (Leergewicht 2 400 kg) über die gezeigte Brücke zu einer Baustelle transportiert werden.

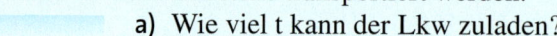

a) Wie viel t kann der Lkw zuladen?
b) Berechne das Gesamtgewicht aller Materialien in t.
c) Wie viele Zementsäcke können zugeladen werden, wenn sie zusammen mit den 3 Eisenträgern transportiert werden?
d) Reichen 2 Fahrten aus, um das ganze Material zu befördern? Mache einen Vorschlag, wie der Lkw dann jeweils beladen werden muss.

3 m³ Sand (insgesamt 1700 kg)

40 Zementsäcke (50 kg je Sack)

1,95 t Kalksandsteine

3 Eisenträger (insgesamt 4 250 kg)

7,5 t

2 Punkte

8 Bei einer viertägigen Radtour notieren Katja, Marc und Yvonne jeden Abend die gefahrenen Kilometer.

Tag	1. Tag	2. Tag	3. Tag	4. Tag
gefahrene Strecke	38,5 km	45,8 km	53,2 km	49,7 km

Der Kilometerzähler an Katjas Fahrrad steht am Ende der Fahrt auf 547,1 km.
a) Auf welchem Kilometerstand war der Kilometerzähler vor Beginn der Radtour?
b) Um wie viel Kilometer unterscheiden sich die längste und die kürzeste Tagestour?

Gold: 17–18 Punkte, Silber: 14–16 Punkte, Bronze: 11–13 Punkte   Lösungen ab Seite 202

Symmetrie

Ein Rommé-Spiel hat 110 Karten.
Die Bilder, Zahlen und Symbole
sind auf vielen Karten punktsymmetrisch angeordnet.
So ist es egal, wie herum man
die Karten auf der Hand hält.
Je nach Kartenspiel sind einige Karten sogar achsen-
symmetrisch, wie z. B. das
Herz-Ass.

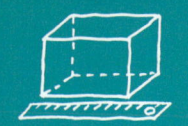

Noch fit?

Einstieg

Aufstieg

①

②

③

④

1 Symmetrische Spielfelder
Die Bilder zeigen ein Hallenhandballfeld und ein Baseballfeld.
a) Sind die Spielfelder achsensymmetrisch?
Gib gegebenenfalls an, wo Symmetrieachsen verlaufen.
b) Nenne drei Sportarten, die auf achsensymmetrischen Spielfeldern ausgeübt
werden.

 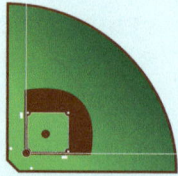

2 Achsensymmetrische Figuren

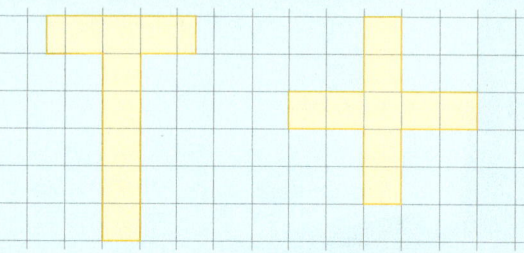

Übertrage die Figuren in dein Heft.
Zeichne alle Symmetrieachsen ein.

2 Achsensymmetrische Figuren

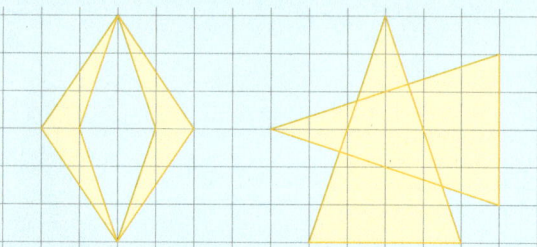

Übertrage die Figuren in dein Heft.
Zeichne alle Symmetrieachsen ein.

3 Figuren spiegeln
Spiegele im Heft die Figur an der Geraden *g*.

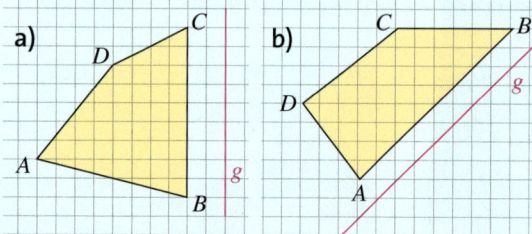

3 Figuren spiegeln
Spiegele im Heft die Figur an der Geraden *g*.

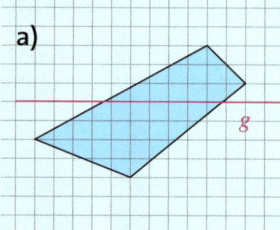 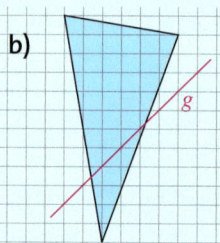

4 Spiegelachsen bestimmen
Gib die Koordinaten von Punkten an, durch
welche die Spiegelachse gezeichnet werden
kann. Wenn du dir nicht sicher bist, zeichne
im Heft.

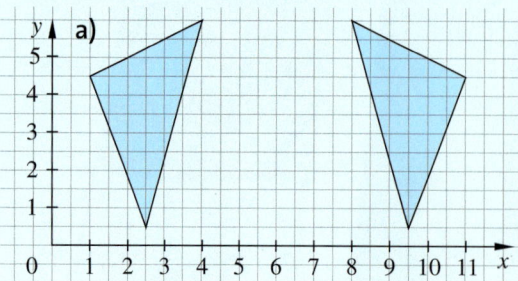

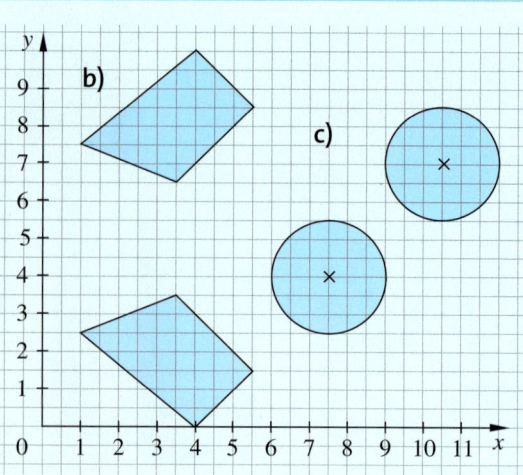

Lösungen ab Seite 202

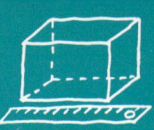

Punktsymmetrische Figuren

Entdecken

1 👥 Nehmt euch ein Skat-Kartenspiel zur Hand.

a) Sucht alle Karten heraus, die achsensymmetrisch sind.

Beschreibt ihre Eigenschaften, z. B. welche Farbe oder welchen Wert sie haben.

Vergleicht miteinander die gefundenen Karten. Habt ihr alle dieselben Karten gefunden? Diskutiert darüber.

b) Sucht nun alle Bild-Karten heraus. Vergleicht den Aufbau der achsensymmetrischen Karten mit dem Aufbau der Bildkarten. Was fällt euch auf?

2 Simon ist schon fertig mit seinen Aufgaben. Aus Langeweile schreibt er seinen Namen in großen Druckbuchstaben auf ein Blatt Papier:

S I M O N

Lena sitzt ihm am Gruppentisch gegenüber und beobachtet, was Simon macht.
Plötzlich spricht sie ihn mit einem merkwürdigen Namen an.

a) Wie lautet der merkwürdige Name?

Drehe das Buch zum Lesen auf den Kopf, also um 180°.

b) Lena und Simon stellen zusammen fest, dass sich vier von fünf Buchstaben des Namens nicht verändern, wenn man sie auf dem Kopf liest. Welche Buchstaben bleiben gleich und welcher Buchstabe wird auf dem Kopf gelesen ein anderer?

c) Welche Gemeinsamkeiten haben die vier Buchstaben, die um 180° gedreht gleich bleiben?

d) Gib weitere Buchstaben des Alphabets an, die bei einer Drehung um 180° gleich bleiben.

3 Von den drei Bildern fehlt jeweils eine Hälfte.

a) Übertrage die Bilder in dein Heft und ergänze die Bildhälften so, dass sie nach einer Drehung um 180° aussehen wie vor der Drehung.

Überprüfe deine Zeichnungen, indem du dein Heft um 180° drehst.

① Ergänze die fehlende obere Hälfte.

② Ergänze die fehlende untere Hälfte.

③ Ergänze die fehlende rechte Hälfte.

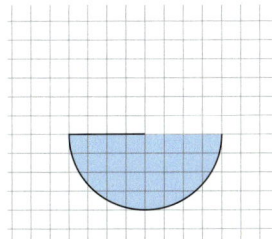

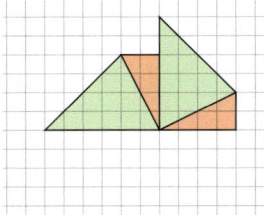

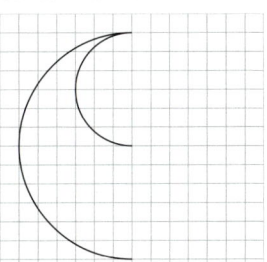

b) Hast du ein System entwickelt, wie du die Bilder ergänzen konntest?

Präsentiere deine Bilder der Klasse und beschreibe, wie du beim Ergänzen der Bilder vorgegangen bist.

NACHGEDACHT
In der Mathematik nennt man das „auf-den-Kopf-Drehen" eine Drehung um 180°. Was bedeutet dann eine Drehung um 360°?

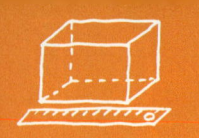

Verstehen

Michael und sein Onkel spielen Karten. Sie stellen fest, dass einige Karten auf den Kopf gedreht unverändert aussehen.

HINWEIS
Bei einer halben Drehung wird um 180° gedreht.

Drehung
um 180°
um das
Symmetrie-
zentrum Z

Die Spielkarte
ist punkt-
symmetrisch.

> **Merke** Eine Figur, die durch eine Drehung um 180° zur Deckung kommt, nennt man **punktsymmetrisch**.
> Der Punkt, um den die Figur gedreht wird, heißt **Symmetriezentrum Z**.

HINWEIS
So sähe die Karte aus, wenn sie achsensymmetrisch wäre.

Bei einer Punktspiegelung gibt es zu jedem **Originalpunkt A** auf der einen Seite des Symmetriezentrums einen **Bildpunkt A'** auf der anderen Seite des Symmetriezentrums Z.

> **Merke** Eine **Punktspiegelung** hat folgende Eigenschaften:
> – Originalpunkt, Symmetriezentrum und Bildpunkt liegen auf einer Geraden.
> – Originalpunkt und Bildpunkt haben denselben Abstand zum Symmetriezentrum.

Mithilfe einer Punktspiegelung kann man zwei Dinge erreichen:
– eine Figur zu einer punktsymmetrischen Figur ergänzen,
– eine Figur um 180° drehen
Das Symmetriezentrum kann innerhalb oder außerhalb der Figur liegen.

Beispiel 1
Z ist Teil der Figur.

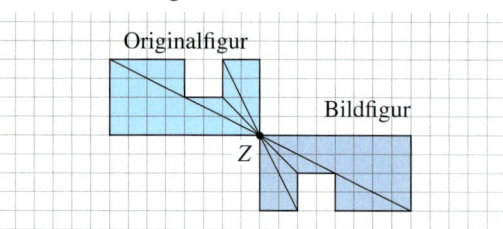

Beispiel 2
Z liegt außerhalb der Figur.

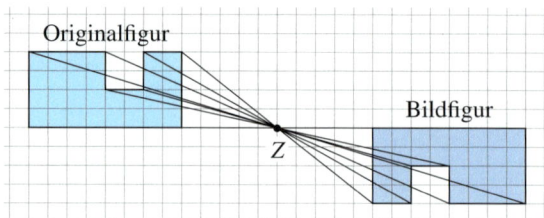

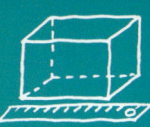

Üben und anwenden

1 👥 Leon und Mara haben Logos entworfen.
a) Diskutiert, ob diese Logos punktsymmetrisch sind. Wo liegt dann das Symmetriezentrum?
b) Kennt ihr punktsymmetrische Logos? Skizziert sie in euer Heft.

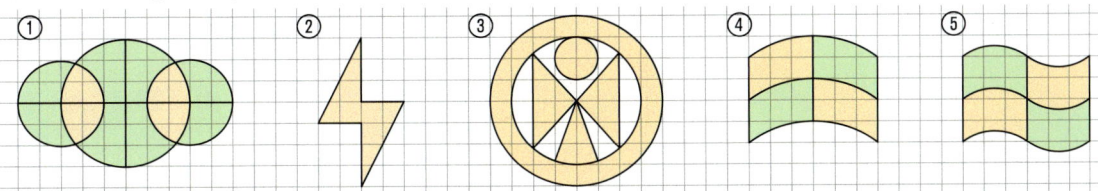

2 Betrachte die Verkehrsschilder.

 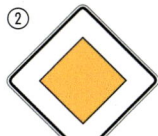    

a) Welche der Schilder sind punktsymmetrisch?
b) Finde heraus, was die Schilder bedeuten.
c) Suche in deiner Umgebung weitere Schilder oder Figuren, die punktsymmetrisch sind. Skizziere sie im Heft und zeichne das Symmetriezentrum ein.

3 Übertrage die Figur in dein Heft und entscheide, ob sie punktsymmetrisch ist. Markiere gegebenenfalls das Symmetriezentrum.

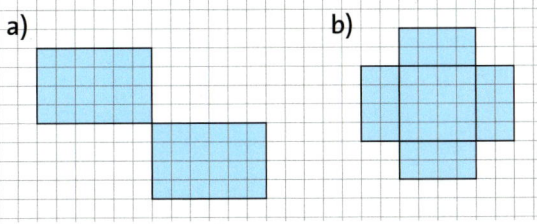

3 Gestalte dein eigenes punktsymmetrisches Logo.
Überlege dir ein Produkt, für welches das Logo stehen soll. Präsentiere dein Ergebnis in der Klasse.
Tipp: In Prospekten oder im Internet findest du Anregungen für dein Logo.

4 Übertrage jede Figur zweimal auf Kästchenpapier und schneide sie aus.
a) Lege beide Figuren so zusammen, dass eine punktsymmetrische Figur entsteht.
b) Zeige jeweils das Symmetriezentrum.

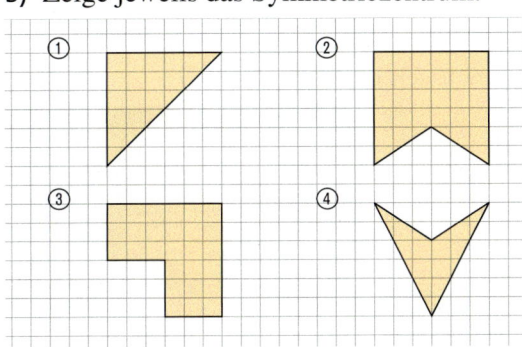

4 Übertrage die Figuren in dein Heft und ergänze sie zu einer punktsymmetrischen Figur.
Gibt es mehrere Möglichkeiten? Begründe.

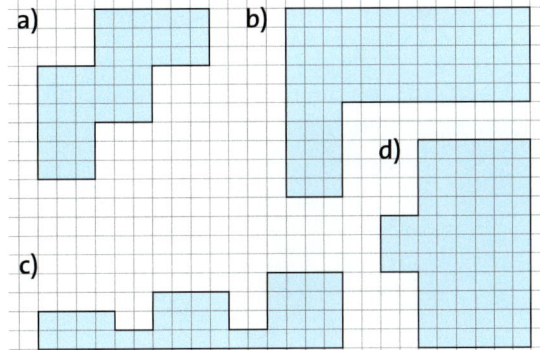

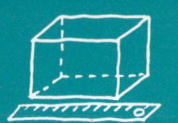

5 Ergänze die Figuren in deinem Heft zu punktsymmetrischen Figuren. Beschreibe, wie du dabei vorgehst.

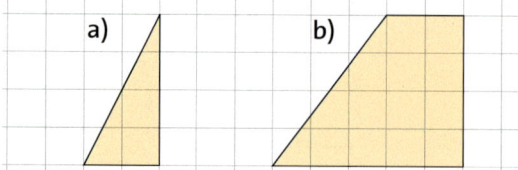

5 Ergänze die Figuren im Heft zu punktsymmetrischen Figuren.

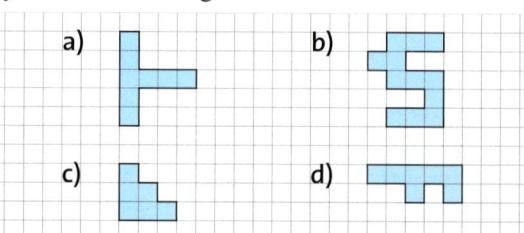

6 Ergänze die vorgegebenen Figuren im Heft zu punktsymmetrischen Figuren mit dem Symmetriezentrum Z.

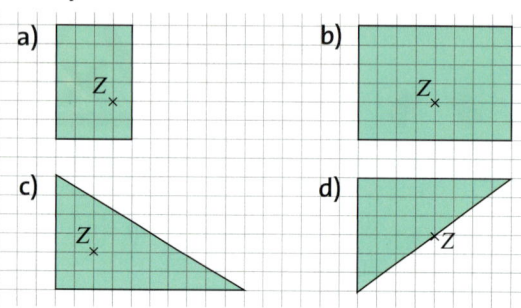

6 Übertrage und ergänze zu einer punktsymmetrischen Figur. Z ist das Symmetriezentrum. Gibt es mehrere Möglichkeiten? Begründe.

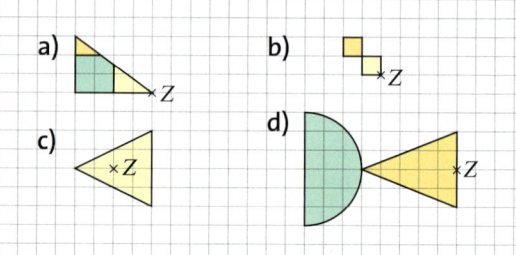

7 Es sind folgende Punkte gegeben:
$A(4|2)$, $B(10|3)$, $C(6|10)$ und das Symmetriezentrum $Z(9|7)$.

a) Übertrage die genannten Punkte in ein Koordinatensystem und verbinde A, B und C zu einem Dreieck.

b) Nutze das Symmetriezentrum, um die Bildpunkte A', B', C' zu erhalten.

c) Gib die Koordinaten von A', B', C' an.

8 Prüfe auf Punktsymmetrie und begründe.

8 Zeichne das Kreisbild mit dem Zirkel ab. Male es so aus, dass eine punktsymmetrische Figur entsteht.

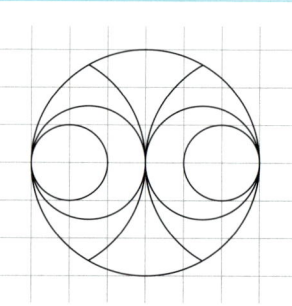

9 Überprüfe, ob die Kornkreise annähernd punktsymmetrisch sind.

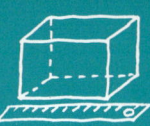

Drehsymmetrische Figuren

Entdecken

1 Betrachte die Fotos. Nenne Gemeinsamkeiten und Unterschiede.
Fallen dir ähnliche Dinge ein?
👥 Diskutiert zu zweit und notiert eure Ergebnisse.

2 👥 Jede Gruppe wählt eine der Figuren und zeichnet sie auf ein Blatt Papier.

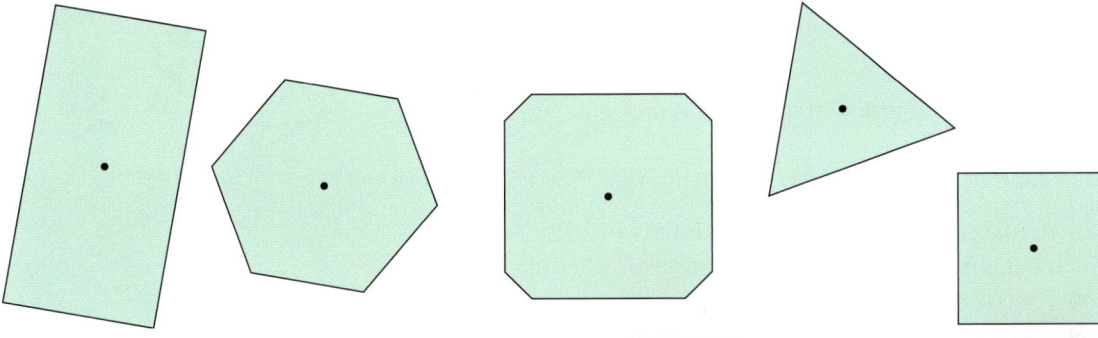

Zeichnet die Figur ein weiteres Mal und
schneidet sie exakt aus. Legt die ausgeschnittene Figur genau auf die andere.

a) Stecht mit einem Bleistift oder Zirkel
   durch den Punkt der oberen Figur.
b) Dreht die obere Figur. Was fällt euch auf?
   Diskutiert darüber.
c) Stellt eure Ergebnisse in der Klasse vor.

3 Betrachte die Eisläufer.

a) Welche der Figuren ① bis ④ sind durch eine Drehung der Originalfigur entstanden?
b) Welche der Figuren sind *nicht* durch eine Drehung entstanden?
   Begründe.

Verstehen

Mandalas sind gemalte oder gelegte Bilder aus geometrischen Formen. Beim Ausmalen kommt man zur Ruhe und kann sich gut konzentrieren. Mandalas werden besonders in Indien und Tibet zur Meditation verwendet.

Dreht man das Bild um seinen Mittelpunkt, so sieht es nach einer Drehung um einen bestimmten Winkel wieder wie zuvor aus.

Merke Kommt eine Figur bei einer Drehung um ein **Drehzentrum Z** zur Deckung, so nennt man die Figur **drehsymmetrisch**.
Dabei liegt der Drehwinkel α zwischen 0° und 360°.

Das Mandala ist drehsymmetrisch. Die Größe des Drehwinkels α kann man durch Einzeichnen der Schenkel als Hilfslinie bestimmen.

Die Hilfslinien unterteilen das Bild in drei gleiche Teilbilder.
Man kann den Drehwinkel berechnen: 360° : 3 = 120°.

Der *kleinste* Symmetriewinkel beträgt also 120°.
Auch bei einer Drehung um Vielfache von 120° (also 240°, 360°) kommt das Mandala zur Deckung.

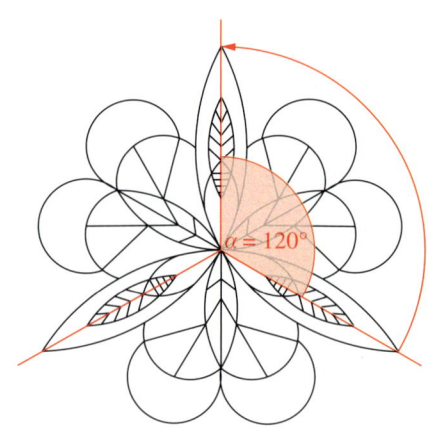

Üben und anwenden

1 Die Bilder zeigen annähernd drehsymmetrische Figuren.
a) Bestimme das Drehzentrum und gib den Symmetriewinkel an.
b) Finde weitere drehsymmetrische Gegenstände in deiner Umgebung. Bestimme das Drehzentrum und Symmetriewinkel.

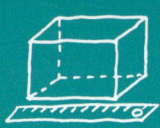

2 Am Dom in Paderborn befindet sich das berühmte „Drei-Hasen-Fenster". Sprichwörtlich heißt es: „Der Hasen und der Löffel drei und doch hat jeder Hase zwei."

a) 👥 Diskutiert: Was könnte mit dieser Aussage gemeint sein?

b) Um wie viel Grad muss ein Hase gedreht werden, damit er mit seinem Vorgänger zur Deckung kommt?

ZUM WEITERARBEITEN
Zeichne selbst ein einfaches Grundmotiv. Erstelle durch Drehung ein Fenstermotiv.

3 Überprüfe, ob die Figuren drehsymmetrisch sind. Gib das Drehzentrum und den Drehwinkel an.

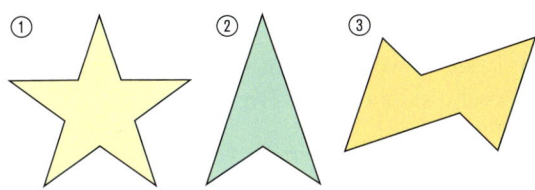

3 Überprüfe, ob die Augen eines Würfels drehsymmetrisch sind. Falls ja, gib jeweils das Drehzentrum und den Drehwinkel an.

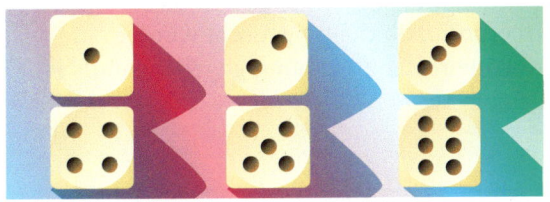

4 Übertrage die Figuren in dein Heft. Prüfe, ob sie drehsymmetrisch sind. Gib gegebenenfalls Drehzentrum und Drehwinkel an.

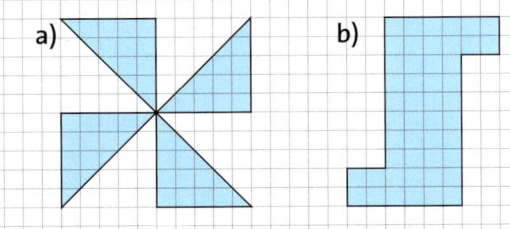

4 Übertrage die Figuren ins Heft und prüfe, ob sie drehsymmetrisch sind. Markiere gegebenenfalls das Drehzentrum und gib den Drehwinkel an.

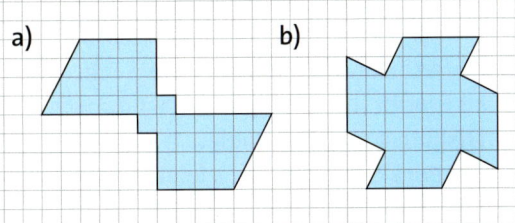

5 Zeichne die blaue Originalfigur und die gelbe Bildfigur ins Heft. Überprüfe, an welchem Drehzentrum und mit welchem Drehwinkel die Bildfigur entstanden ist.

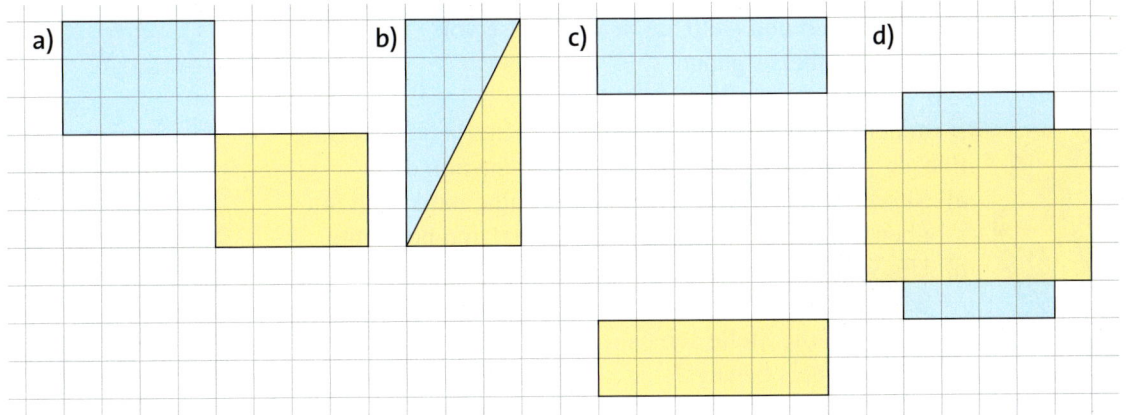

ZUM WEITERARBEITEN
Stellt euch gegenseitig ähnliche Aufgaben.

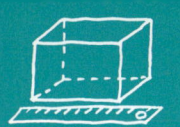

6 🙎🙎 Betrachtet die selbst erstellten drehsymmetrischen Figuren.
a)   Beschreibt, wie sie angefertigt wurden.
b)   Versucht, eigene drehsymmetrische Figuren mithilfe von Papier und Schere herzustellen.
c)   Präsentiert eure Ergebnisse in der Klasse.

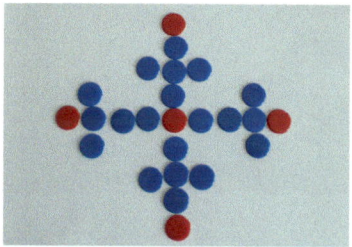
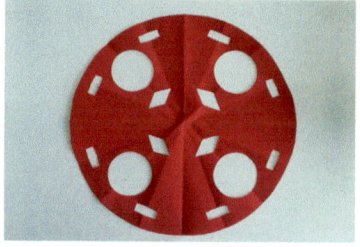

7 Die linke Figur sollte am Drehzentrum Z um 180° gedreht werden.
Überprüfe, ob richtig gedreht wurde.
Korrigiere die Zeichnung gegebenenfalls in deinem Heft.

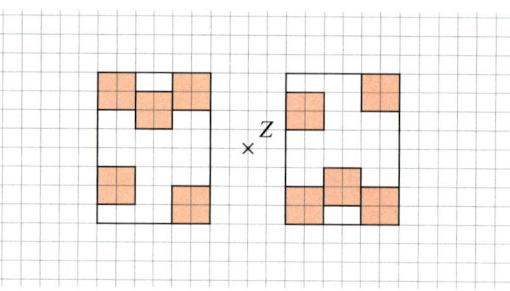

7 Figuren drehen
a)   Drehe die Figur um 90° am Drehzentrum Z.
b)   Erstelle weitere Figuren im Heft und drehe sie an einem Drehzentrum Z.

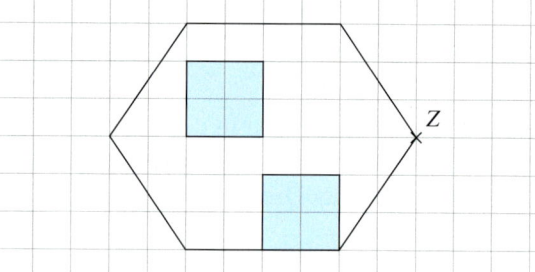

8 🙎🙎 Betrachtet das abgebildete Sechseck.
a)   Überprüft, ob die Figur drehsymmetrisch ist. Diskutiert und begründet.
b)   Legt das Sechseck mit gleichlangen Holzstäben, wie z. B. Streichhölzern, nach.
Erstellt jeweils eine drehsymmetrische Figur, indem ihr …
– einen Holzstab wegnehmt.
– zwei Holzstäbe wegnehmt.
– drei Holzstäbe wegnehmt.
Skizziert eure Lösungen und stellt sie in der Klasse vor.
c)   Entwerft ähnliche Knobelaufgaben.

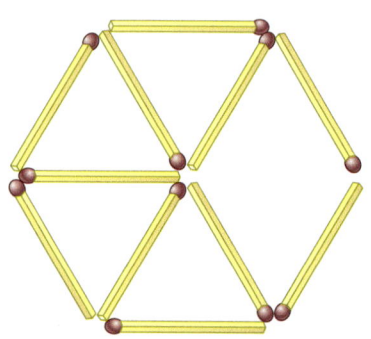

9 In dem Karussell gibt es acht Plätze.
a)   Skizziere das Karussell von oben mit acht Figuren.
b)   Um wie viel Grad dreht sich das Karussell, wenn sich eine Figur auf die Stelle seines …
– Vorgängers bewegt?
– Nachfolgers bewegt?

9 Betrachte das Bild. Drehe nun dein Mathematikbuch um 180° und betrachte das Bild von der anderen Seite.
Ist das Bild drehsymmetrisch? Begründe.

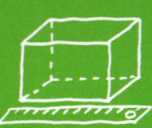

Thema: Parkettierung und Verschiebung

Bei der Parkettierung kann man mit nur einer Schablone große Flächen auslegen. Wie ist dieses Bild entstanden?

Für die Parkettierung hat Jannis aus einem Rechteck die Grundfigur erstellt. Dazu hat er Teile abgeschnitten und an einer anderen Seite angeklebt.

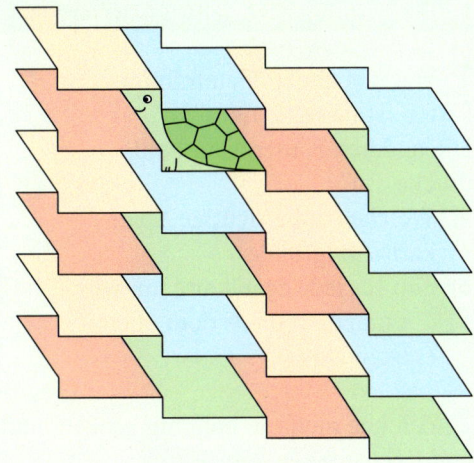

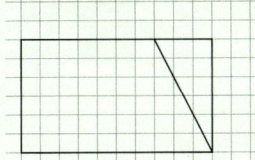 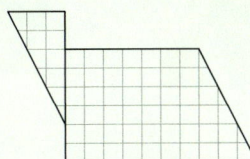

1 Fertige eine Schablone an und gestalte deine eigene Parkettierung. Du kannst entweder Jannis Schablone als Vorlage nutzen oder aus einem Rechteck eine eigene Grundfigur erstellen.

2 Die Gehwege wurden mit lauter gleichen Steinen gepflastert. Sie bilden ein Parkett.

a) Skizziere jeweils die Grundfigur der Gehweg-Parkette.
b) 👥 Wo findet ihr in eurer Umgebung Parkette? Sammelt Beispiele und präsentiert sie.

Bei einer **Verschiebung** werden alle Punkte einer Figur um die gleiche Länge in die gleiche Richtung verschoben. Die Verschiebung wird durch einen **Verschiebungspfeil** angegeben.
Solche Figuren nennt man **verschiebungssymmetrisch**.

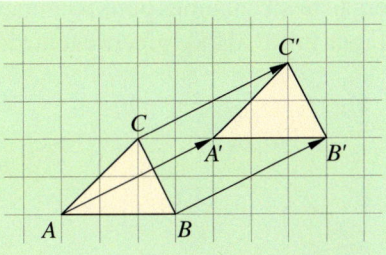

3 Wo wurden bei diesen Mustern Figuren verschoben?
Übertrage die Figuren in dein Heft und zeichne Verschiebungspfeile ein.

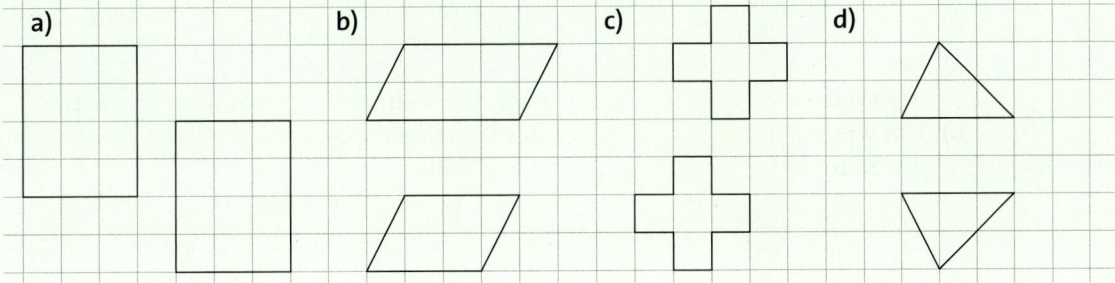

a)   **b)**   **c)**   **d)**

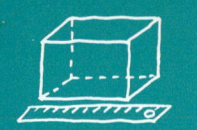

Klar so weit?

→ Seite 92

Punktsymmetrische Figuren

1 Von den abgebildeten Spielkarten ist nur eine richtig.
Die anderen Karten sind Fehl-
drucke.

a) Welche ist die richtige Spielkarte? Begründe.

b) Gib für jede Spielkarte an, wie
der untere Teil aus dem oberen
entstanden ist.

2 Zeichne mehrere beliebig große Quadrate
und Rechtecke in dein Heft.

a) Sind die Rechtecke und Quadrate punktsymmetrisch?
Zeichne gegebenenfalls das Symmetriezentrum ein.

b) Stell eine Regel auf, nach der du ein
Symmetriezentrum bestimmen kannst.

2 Zeichne mehrere Vielecke in dein Heft.
Sind die Vielecke punktsymmetrisch?
– Falls ja, zeichne das Symmetriezentrum
ein.
– Falls nicht, ergänze zwei Vielecke zu
punktsymmetrischen Vielecken.
Stell eine Regel auf, nach der du das Symmet-
riezentrum bestimmen kannst.

3 Zeichne ein Koordinatensystem in dein Heft (1 LE = 1 cm).

a) Zeichne die Punkte $A(1|5)$, $B(5|1)$, $C(6|4)$ und $Z(3|3)$ ein. Verbinde A, B und C.

b) Drehe die Figur um 180° um Z. Beschreibe, wie du dabei vorgehst.

c) Gib die Koordinaten der Bildpunkte an. Was fällt dir auf?

4 Zeichne die Figuren in dein Heft und
ergänze sie zu einer punktsymmetrischen
Figur mit B als Symmetriezentrum.

4 Ergänze die Figuren jeweils zu einer
punktsymmetrischen Figur mit dem Symmetriezentrum M.

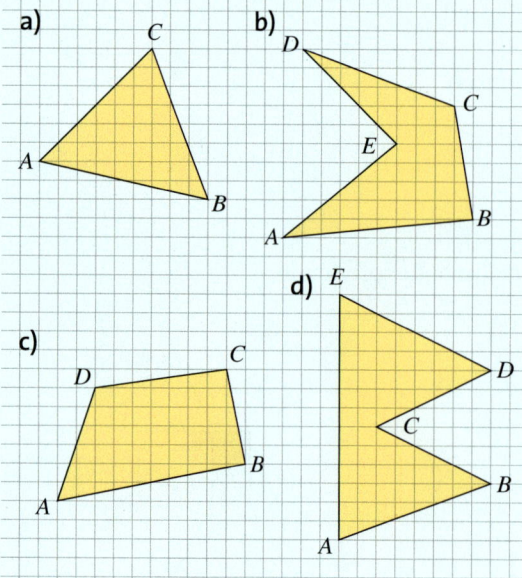

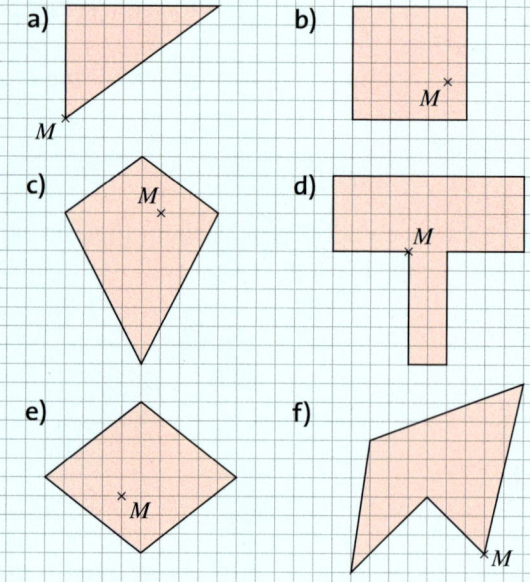

Drehsymmetrische Figuren

→ Seite 96

5 Überprüfe, ob die Blüten drehsymmetrisch sind. Gib gegebenenfalls den kleinsten Drehwinkel an.

5 Um wie viel Grad kann man die Figuren jeweils drehen, damit sie zur Deckung kommen? Gib auch den kleinsten Drehwinkel an.

a)

b)
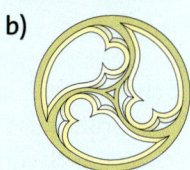

c)

d)

6 Übertrage die Figuren ins Heft und drehe um Z mit $\alpha = 90°$ (180°, 270°).

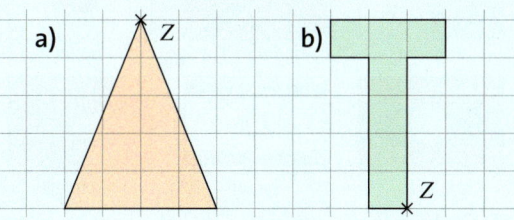

6 Übertrage die Figuren ins Heft und drehe um Z mit $\alpha = 90°$ (180°, 270°).

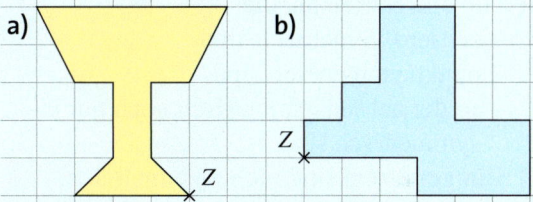

7 Sind die Glücksräder drehsymmetrisch? Begründe.

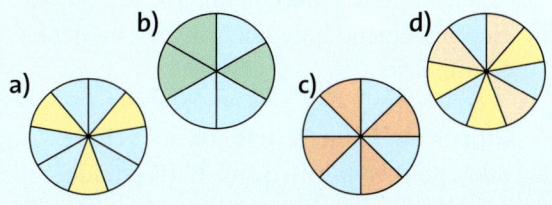

7 Sind die Figuren drehsymmetrisch? Begründe.

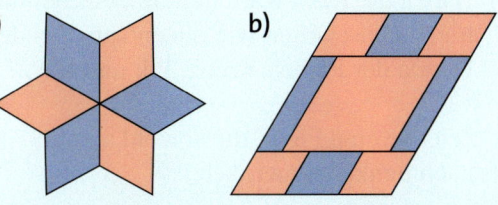

8 Zeichne die Figuren ins Heft und überprüfe, ob die Figuren drehsymmetrisch sind. Markiere gegebenenfalls das Drehzentrum und gib den kleinsten Symmetriewinkel an.

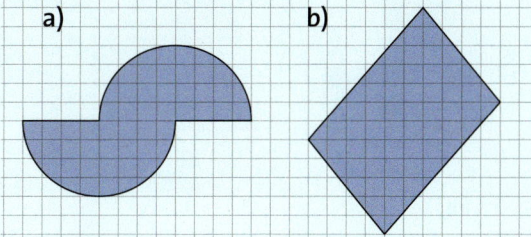

8 Zeichne die Figuren ins Heft und überprüfe, ob die Figuren drehsymmetrisch sind. Markiere gegebenenfalls das Drehzentrum und gib den kleinsten Symmetriewinkel an.

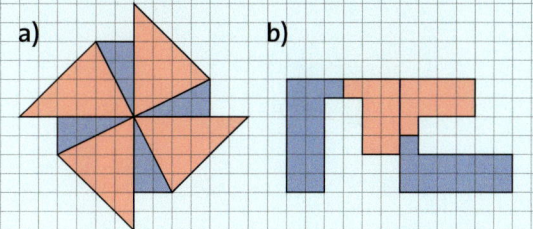

Vermischte Übungen

1 Übertrage die Vierecke auf kariertes Papier.

a) Benenne die Vierecksarten, die du bereits kennst, mit dem richtigen Namen.
b) Überprüfe die Vierecke auf Achsen- und Punktsymmetrie. Zeichne alle Symmetrieachsen sowie das Symmetriezentrum ein.
c) Finde eine geeignete Kontrollmöglichkeit.

2 Betrachte die Skatkarten der Farbe Karo.

a) Gib alle Karten an, die …
   – achsensymmetrisch sind.
   – punktsymmetrisch sind.
   – weder achsensymmetrisch noch punkt-
     symmetrisch sind.
b) Einige Karten sind nicht symmetrisch.
   Woran liegt das?
c) Wie könnte man die Karten verändern,
   damit sie punktsymmetrisch werden?
d) Haben die Karo-Karten dieselben Symmetrie-Eigenschaften wie die entsprechenden
   Karten der Farben Kreuz, Pik und Herz?

2 Betrachte die Nationalflaggen.

Dominikan. Republik   Guatemala   Jamaika

Panama   Trinidad und Tobago   Japan

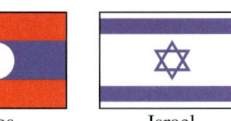
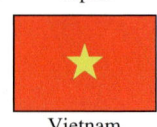

Laos   Israel   Vietnam

a) Welche Flaggen sind …
   – nur achsensymmetrisch?
   – nur punktsymmetrisch?
   – achsen- und punktsymmetrisch?
b) Entwirf eigene Flaggen mit verschiedenen
   Symmetrien.

3 Zeichne eine Figur, die sowohl achsen-
als auch punktsymmetrisch ist.

3 Gibt es ein Dreieck, das sowohl achsen-
als auch punktsymmetrisch ist? Begründe.

**ZUM
WEITERARBEITEN**
Erstelle ein Lern-
plakat zum The-
ma „Symmetrie".
Beschreibe dabei,
wie Achsen-,
Punkt- und Dreh-
symmetrie zu-
sammenhängen.

4 Sami und Jakob haben eine Figur ins Heft gezeichnet und sie um 180° gedreht.
Dabei sind sie unterschiedlich vorgegangen.
a) Beschreibe, wie Sami und Jakob die Figur in ihren Zeichnungen um 180° gedreht haben.
b) Führe selbst wie Sami und Jakob eine Drehung um 180° aus.
   Welches Verfahren findest du einfacher? Begründe.

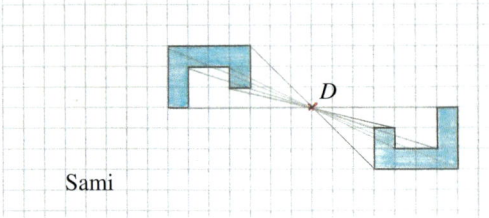

Sami

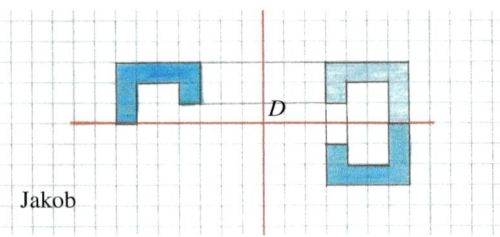

Jakob

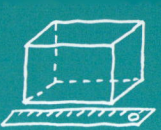

5 Betrachte das Schmetterlingsmuster. Wie ist es entstanden? Maya meint, dass der eine Schmetterling jeweils um 60° gedreht wurde. Paul widerspricht ihr. Was meinst du?

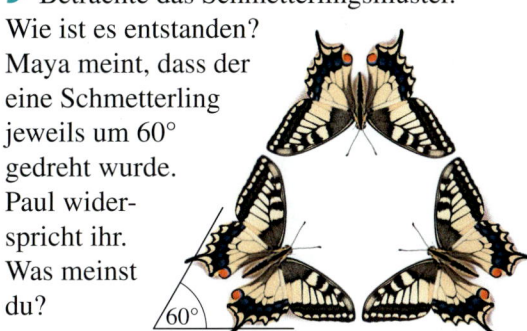

5 Nicole und Anja haben beide im Heft das Dreieck *ABC* um 90° um *Z* gedreht. Warum erhalten sie nicht die gleiche Bildfigur? Wo steckt der Fehler?

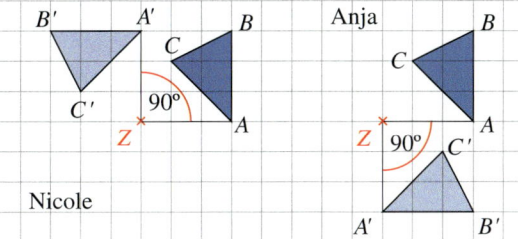

6 Bei welchem der in der Randspalte angegebenen Drehwinkel kommt die Figur mit sich selbst zur Deckung? Begründe dein Ergebnis.
Tipp: Falls du unsicher bist, kannst du dein Ergebnis überprüfen. Übertrage dazu die Figuren auf ein Blatt Papier, schneide sie aus und drehe sie um die angegebenen Winkel.

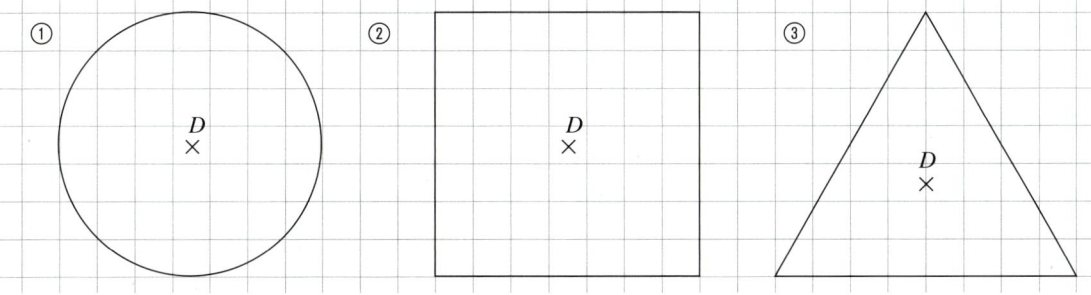

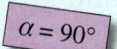

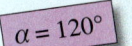

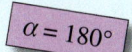

7 Tim zeichnet ein Windrad in sein Heft. Beschreibe, wie Tim beim Zeichnen vorgeht und zeichne selbst ein Windrad ins Heft.

7 👥 Um welchen Punkt wurde das gelbe Dreieck gedreht? Bestimmt den Symmetriewinkel und beschreibt euren Lösungsweg.

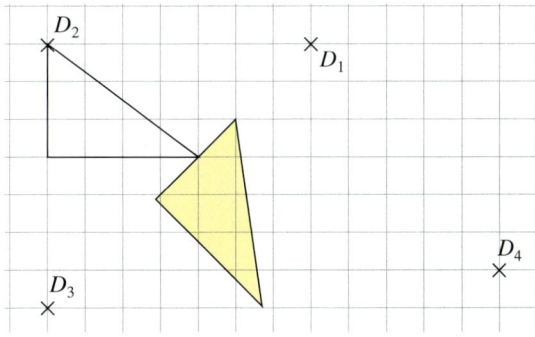

8 Gib für jedes Zeichen die Symmetrie-Eigenschaft an. In der Randspalte findest du die Bedeutung der Zeichen. Ordne zu.

HINWEIS
Die Zeichen bedeuten: Sammelstelle, Leiter, Achtung Gift, Brandmelder, Erste Hilfe, Achtung Kälte, Schutzbrille tragen.

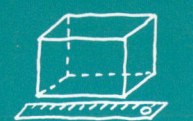

HINWEIS
Einen Schriftzug,
den man aus ver-
schiedenen Blick-
winkeln lesen
kann, nennt man
Ambigramm.

9 Ambigramme

Im Englischen wird der Begriff „Symmetrie" mit symmetry übersetzt.
Betrachte den Schriftzug.
a) Was fällt dir auf?
    Lies den Text in der Randspalte.
b) Welche Symmetrie liegt bei dem Schriftzug vor?
c) Auch aus Zahlen kann man ein Ambigramm bilden.
    Gestalte selbst ein Zahlenambigramm.
d) Nenne alle Ziffern, aus denen man ein Ambigramm
    bilden kann.

10 Faltschnitte herstellen

Falte ein Blatt Papier mehrmals wie in der Abbildung.
Schneide dann an verschiedenen Stellen Papierstücke
heraus. Beim Auseinanderfalten entstehen tolle Muster.
a) Wie musst du das Papier falten, damit ein achsen-
    symmetrisches Muster entsteht?
b) Wie entsteht ein punktsymmetrisches Muster?
c) Präsentiere deine Werke in der Klasse.

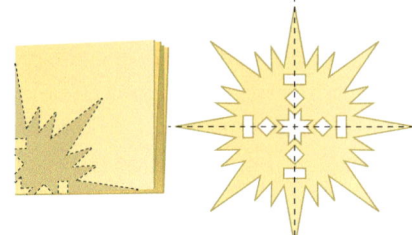

11 Symmetrien in Fotos

Sieh dir die vier Fotos genau an. Welches Foto kann den wirklichen Jungen darstellen?

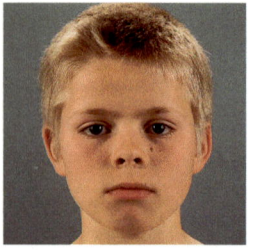 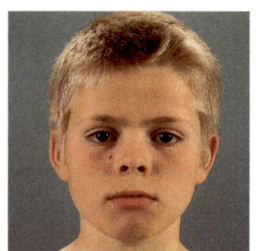 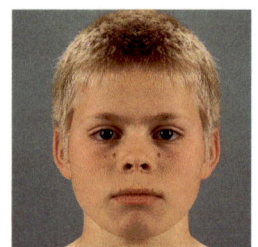 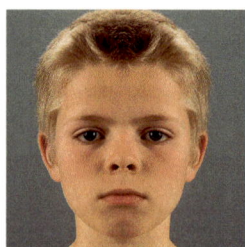

a) Was ist bei den anderen Fotos passiert? Beschreibe, wie sie entstanden sind.
b) Stell selbst solche Fotos z. B. mit dem Computer oder einem Spiegel her.

12 Schneeflocken

Unter dem Mikroskop sehen Schneekristalle ganz besonders aus.

a) Welche Gemeinsamkeiten und welche Unterschiede kannst du bei den drei verschiedenen
    Schneekristallen finden?
b) 👥 Diskutiert. Welche Symmetrie-Eigenschaften hat jeder der drei Schneekristalle annä-
    hernd?

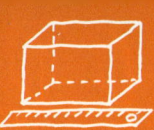

Zusammenfassung

Punktsymmetrische Figuren

→ Seite 92

Figuren heißen **punktsymmetrisch**, wenn sie durch eine Drehung um 180° zur Deckung kommen.
Der Punkt, um den die Figur gedreht wird, heißt **Symmetriezentrum Z**.

Eine **Punktspiegelung** hat folgende Eigenschaften:
- Originalpunkt, Symmetriezentrum und Bildpunkt liegen auf einer Geraden.
- Originalpunkt und Bildpunkt haben denselben Abstand zum Symmetriezentrum.

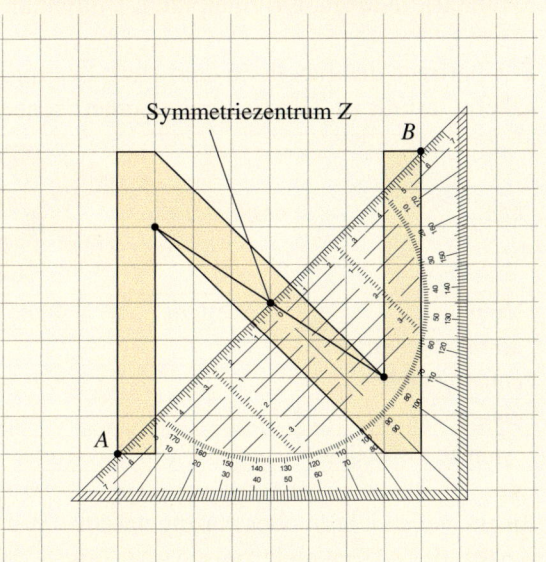

Drehsymmetrische Figuren

→ Seite 96

Kommt eine Figur bei einer Drehung um ein **Drehzentrum Z** zur Deckung, so nennt man die Figur **drehsymmetrisch**.
Dabei liegt der Drehwinkel α zwischen 0° und 360°.

Die Hilfslinien unterteilen die Figur in drei gleiche Teilbilder.

Der Drehwinkel kann berechnet werden:
360° : 3 = 120°.
Der *kleinste* Symmetriewinkel beträgt also 120°. Auch bei einer Drehung um Vielfache von 120° (240°, 360°) kommt die Figur zur Deckung.

Jede punktsymmetrische Figur ist drehsymmetrisch mit $\alpha = 180°$.

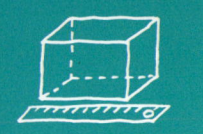

Teste dich!

3 Punkte

1 Erkläre folgende Begriffe, die bei einer Punktspiegelung auftreten, anhand einer Zeichnung: Symmetriezentrum, Originalpunkt, Bildpunkt.

5 Punkte

2 Übertrage die Tabelle in dein Heft. Überprüfe jeweils welche Symmetrie-Eigenschaft annähernd erfüllt ist. Gib bei drehsymmetrischen Figuren den kleinsten Symmetriewinkel an.

Bild					
Name	Seestern	Blüte	Orange	Eichenblatt	Bumerang
achsensymmetrisch					
punktsymmetrisch					
drehsymmetrisch					
Symmetriewinkel					

3 Punkte

3 Auf vielen Uhren oder Anzeigetafeln werden die Ziffern elektronisch angezeigt.

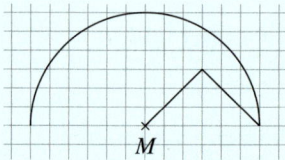

a) Suche alle Ziffern heraus, die …
   – achsensymmetrisch sind.
   – punktsymmetrisch sind.

b) Ein Beispiel für eine punktsymmetrische elektronische Uhrzeitanzeige ist 20:02. Finde weitere punktsymmetrische Uhrzeiten.

2 Punkte

4 Ergänze das Dreieck $A(3|1)$, $B(6|7)$, $C(2|5)$ zu einer punktsymmetrischen Figur. Wähle den Punkt B als Symmetriezentrum.

1 Punkt

5 Übertrage die Figur ins Heft. Ergänze sie zu einer punktsymmetrischen Figur mit dem Symmetriezentrum M.

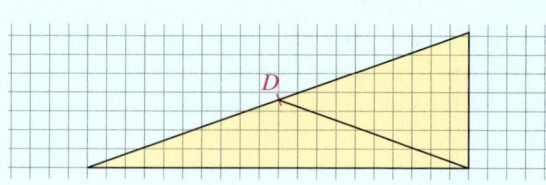

2 Punkte

6 Ergänze im Heft zu einer drehsymmetrischen Figur mit dem Drehzentrum D und dem Symmetriewinkel 180°. Ist die entstandene Figur auch achsen- oder punktsymmetrisch?

4 Punkte

7 Ergänze im Heft zu einer drehsymmetrischen Figur. Gib jeweils den Drehwinkel an. Wie viele Kästchen musst du jeweils mindestens hinzufügen? Der eingezeichnete Punkt ist das Drehzentrum D.

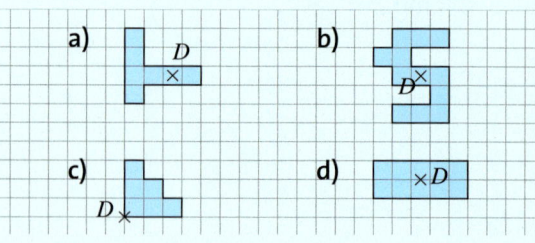

Dezimalbrüche und Brüche – Multiplizieren und Dividieren

Am Ende eines Schultages sammeln sich die Schulbusse eine Viertelstunde bevor die Schule vorbei ist.

Sie warten auf die Schülerinnen und Schüler. Die Schulwoche geht von Montag bis Freitag. Die Fahrer warten demnach in einer Schulwoche $5 \cdot \frac{1}{4}$ Stunden $= \frac{5}{4}$ Stunden.

Pauls Schulweg ist 9,36 km lang, er fährt ihn morgens und nachmittags mit dem Schulbus. In einer Schulwoche fährt er also $10 \cdot 9{,}36\,\text{km} = 93{,}6\,\text{km}.$

Noch fit?

Einstig

1 Bruchdarstellungen

Was wird hier dargestellt? Benutze die Begriffe Kürzen und gemischte Zahl.

a)

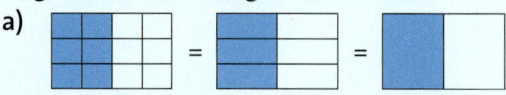

b)

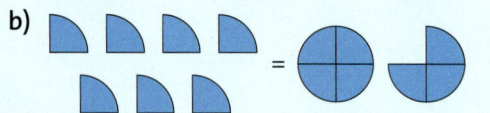

2 Kürzen

Kürze, wenn es möglich ist.

a) $\frac{4}{12}$ b) $\frac{3}{15}$ c) $\frac{4}{17}$ d) $\frac{15}{55}$

e) $\frac{9}{30}$ f) $\frac{7}{30}$ g) $\frac{12}{44}$ h) $\frac{14}{56}$

3 Bruchschreibweisen

Wandle die Brüche in Dezimalbrüche um.

a) $\frac{3}{10}$ b) $\frac{7}{10}$ c) $\frac{37}{100}$ d) $\frac{831}{1000}$

e) $\frac{31}{8}$ f) $\frac{3}{4}$ g) $\frac{10}{4}$ h) $\frac{8}{5}$

4 Kopfrechnen

Was stellst du fest?

a) $126 \cdot 10$ b) $384\,000 : 10$
   $126 \cdot 100$ $384\,000 : 100$
   $126 \cdot 1\,000$ $384\,000 : 1\,000$

5 Schriftlich rechnen

a) Mache immer zuerst einen Überschlag.
   ① $234 \cdot 2$ ② $456 \cdot 2$ ③ $9\,870 \cdot 6$
   ④ $608 \cdot 34$ ⑤ $590 \cdot 78$ ⑥ $9\,009 \cdot 98$

b) Überprüfe dein Ergebnis mit der Probe.
   ① $235 : 5$ ② $944 : 4$
   ③ $756 : 7$ ④ $4\,940 : 4$

6 Schriftlich rechnen

Übertrage die dargestellten Rechnungen in dein Heft und ergänze sie.

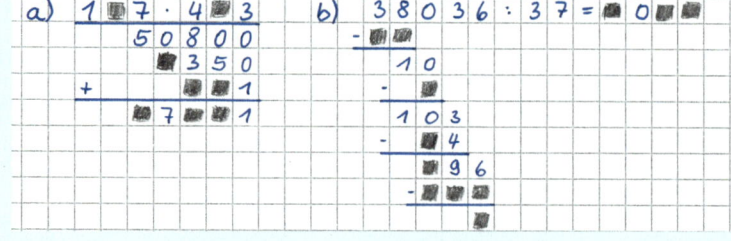

Aufstieg

1 Bruchdarstellungen

Was wird hier dargestellt? Benutze die Begriffe Kürzen und gemischte Zahl.

a)

b)

2 Kürzen

Kürze und schreibe als gemischte Zahl.

a) $\frac{2}{24}$ b) $\frac{20}{24}$ c) $\frac{12}{30}$ d) $\frac{30}{12}$

e) $\frac{22}{6}$ f) $\frac{13}{10}$ g) $\frac{33}{90}$ h) $\frac{52}{16}$

3 Bruchschreibweisen

Wandle die Brüche in Dezimalbrüche um.

a) $\frac{8}{100}$ b) $\frac{1}{2}$ c) $\frac{1}{8}$ d) $\frac{3}{25}$

e) $\frac{29}{12}$ f) $\frac{20}{11}$ g) $12\frac{2}{3}$ h) $\frac{61}{12}$

4 Kopfrechnen

Nutze den Rechenvorteil.

a) $36 \cdot 30$ b) $450\,000 : 50$
   $36 \cdot 300$ $450\,000 : 500$
   $36 \cdot 3\,000$ $450\,000 : 5\,000$

5 Schriftlich rechnen

a) Mache immer zuerst einen Überschlag.
   ① $234 \cdot 7$ ② $8 \cdot 567$ ③ $678 \cdot 206$
   ④ $909 \cdot 101$ ⑤ $1\,200 \cdot 56$ ⑥ $540 \cdot 1\,023$

b) Achte auf den Rest. Prüfe mit der Probe.
   ① $1\,702 : 3$ ② $4\,819 : 5$
   ③ $12\,280 : 12$ ④ $6\,435 : 25$

Lösungen ab Seite 202

Dezimalbrüche multiplizieren

Entdecken

1 Dana besucht für ein Schuljahr eine amerikanische Schule in Florida.
Vor ihrer Abreise in die USA erhält sie von ihren Eltern 1 000 $ als Taschengeld.
Die Eltern ermahnen sie, dass sie sich jeweils genau überlegen soll, wie viel Euro etwas
umgerechnet kostet, bevor sie ihr Geld dafür ausgibt.
Ihre Mutter erklärt ihr, dass 1 $ etwa 0,90 € wert ist.
Dana erstellt sich eine Tabelle, in die sie einige Umrechnungsbeträge einträgt.

a) Vervollständige die Umrechnungstabelle rechts.
Erläutere, wie du gerechnet hast.

b) Ergänze in der Tabelle zehn weitere Beträge in US-Dollar, die man
gut gebrauchen kann, um in einem Geschäft alle Preise schnell in
Euro umrechnen zu können.

c) Rechne die folgenden Preise mithilfe deiner Umrechnungstabelle
in Euro um:
2 $;   12 $;   15 $;   26 $;   120 $;   210 $

$	€
1	0,85
10	
100	
1000	

2 Dana hat von ihrer USA-Reise 32,25 $ übrig.
Nun möchte sie das Geld wieder in Euro umtauschen. Bei der Bank findet sie eine Übersicht
der Wechselkurse. Für einen Dollar bekommt
sie 0,83 €.

a) Überschlage, wie viel Euro sie für ihre
Dollar ungefähr bekommt.

b) 🞐🞐 Rechne genau aus, wie viel Euro sie bekommt. Erkläre, wie du vorgegangen bist.
Vergleicht eure Lösungswege untereinander.

c) 🞐🞐 Stellt euch gegenseitig Aufgaben zu anderen Währungen, deren Kurse im Bild abgebildet sind.
Warum hat die Bank *verschiedene* Kurse für „Ankauf" und „Verkauf"?
Erläutert eure Überlegungen an zwei Beispielen.

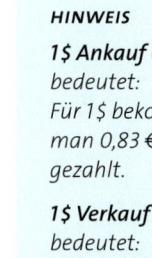

Wechselkurse

Tageskurse		Ankauf	Verkauf
England	1 £	1.49	1.52
Dänemark	100 Dkr.	13.32	13.66
Schweden	100 Skr	10.63	11.15
Schweiz	100 Sfrs	65.89	66.28
USA	1 $	0.83	0.85
Japan	100 Y	0.75	0.78
Kanada	1 Can $	0.60	0.63
Polen	100 Plzl	22.47	24.70
Ungarn	100 HUF	0.31	0.43

HINWEIS

1 $ Ankauf 0,83
bedeutet:
Für 1 $ bekommt
man 0,83 € aus-
gezahlt.

1 $ Verkauf 0,85
bedeutet:
Um 1 $ zu be-
kommen muss
man 0,85 €
bezahlt.

3 Welche Terrasse ist am größten? Beachte, dass die Skizzen *nicht* maßstabsgerecht sind,
denn die Terrassen wurden mit unterschiedlich großen Steinplatten ausgelegt.

a) Schätze zuerst. Dann berechne die Flächen aller drei Terrassen.

① Familie Elsner

② Familie Merkt

③ Familie Nussbaumer

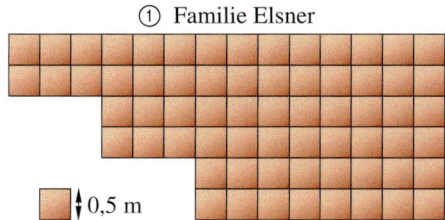

0,5 m

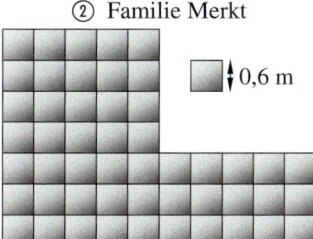

0,6 m

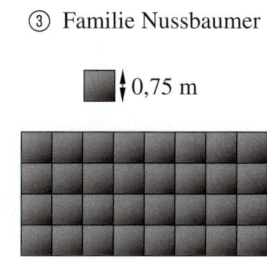

0,75 m

b) Findest du verschiedene Möglichkeiten, wie du die Flächen berechnen kannst?

c) 🞐🞐 Vergleicht eure Lösungswege. Erklärt euch gegenseitig eure Lösungen.
Fertigt ein Plakat an und präsentiert eure Schätzungen und Lösungswege in der Klasse.

Verstehen

Pascal fährt in den Ferien nach Schweden. Er will 25 € in Schwedische Kronen (SEK) umtauschen und rechnet den Betrag um. Dazu muss er 25 mit dem angegebenen Kurs multiplizieren.

Überschlag: $25 \cdot 10 = 250$

2	5	·	9,	2	4	3
	2	2	5	0	0	0
			5	0	0	0
			1	0	0	0
		₁			7	5
	2	3	1,	0	7	5

Man darf die Faktoren auch vertauschen:

9,	2	4	3	·		2	5
	1	8	4	8	6	0	
	₁	4₁	6₁	2	1	5	
	2	3	1,	0	7	5	

Pascals 25 € haben einen Wert von 231,075 SEK.
Gerundet auf zwei Nachkommastellen sind das 231,08 SEK.

Merke So multipliziert man eine natürliche Zahl mit einem Dezimalbruch:

1. Man macht eine Überschlagsrechnung.

2. Man multipliziert die Faktoren wie natürliche Zahlen (also ohne die Kommas zu beachten).

3. Beim Ergebnis setzt man das Komma so, dass es genau so viele **Nachkommastellen** hat wie der Dezimalbruch-Faktor.

4. Man vergleicht das Ergebnis mit dem Überschlag: Stimmt es *ungefähr* überein?

Pascals große Schwester Felicitas studiert in den USA. Dort werden an den Tankstellen die Preise für Benzin nicht pro Liter, sondern pro *gallon* angegeben.

$$1 \text{ gallon} = 3{,}785\,l$$

Felicitas tankt 17,75 *gallons*.
Wie viel Liter sind das?

Überschlag: $18 \cdot 4 = 72$

2 Nachkommastellen
+ 3 Nachkommastellen

1	7,	5	7	·	3,	7	8	5
		5	2	7	1	0	0	0
		1	2	2	9	9	0	0
			1	4	0	5	6	0
			₁	2	8₂	7₁	8	5
	6	6,	5	0	2	4	5	

2 + 3 = 5 Nachkommastellen

Felicitas tankt 66,502 45 l, gerundet 66,5 l.

Merke So **multipliziert** man **Dezimalbrüche**:

1. Man macht eine Überschlagsrechnung.

2. Man multipliziert die Faktoren wie natürliche Zahlen (also ohne die Kommas zu beachten).

3. Beim Ergebnis setzt man das Komma, so dass es genau so viele **Nachkommastellen** hat wie beide Faktoren *zusammen*.

4. Man vergleicht das Ergebnis mit dem Überschlag: Stimmt es *ungefähr* überein?

Üben und anwenden

1 Rechne im Kopf. Formuliere eine Regel.
a) 0,8 · 10
   0,8 · 100
   0,8 · 1 000
b) 2,45 · 10
   24,5 · 10
   0,245 · 100

1 Rechne im Kopf. Formuliere eine Regel.
a) 2,5 · 100
b) 2,5 · 10 000
c) 100 000 · 1,75
d) 10 000 · 1,75
e) 1 000 · 2,55
f) 1 000 · 25,5

2 Ein britisches Pfund (1 £) entspricht 1,30 €. Rechne die Geldbeträge in Euro um.
a) 10 £   b) 100 £   c) 1 000 £
d) 10 000 £ e) 50 £   f) 500 £
g) 20 £   h) 200 £   i) 40 £

2 Für 1 € erhält man 0,77 £ (britische Pfund). Wie viel £ erhält man für folgende Beträge?
a) 10 €   b) 1 000 €   c) 10 000 €
d) 100 €   e) 30 €   f) 600 €
g) 25 €   h) 75 €   i) 120 €

3 Berechne möglichst im Kopf.
a) 0,2 · 3   b) 0,8 · 8   c) 0,7 · 2
d) 4 · 0,5   e) 7 · 0,4   f) 6 · 0,9
g) 0,6 · 5   h) 9 · 0,1   i) 0,3 · 10

3 Berechne möglichst im Kopf.
a) 0,2 · 15   b) 1,2 · 30   c) 45 · 0,1
d) 12 · 0,06 e) 0,22 · 50 f) 0,005 · 13
g) 2,5 · 7   h) 19 · 0,03 i) 0,125 · 8

4 Claras Telefongesellschaft verlangt 9,9 ct pro Minute.
Sie führt einige Telefonate.
Finde jeweils eine passende Frage und löse.
a) 12 Minuten b) 23 min   c) 18 min
d) $\frac{3}{4}$ Stunde e) $1\frac{1}{2}$ h   f) 1 h 25 min

4 Frau Lu möchte ein rechteckiges Grundstück kaufen, das 30 m lang und 15,5 m breit ist.
Sie kann höchstens 90 000 € bezahlen.
Der Quadratmeterpreis beträgt 185,50 €.
Stelle eine passende Frage und beantworte sie.

5 Nutze den Rechenvorteil.
Beachte den Hinweis in der Randspalte.
a) 6,89 · 2 · 5   b) 20 · 5 · 72,63
c) 125 · 8 · 0,011 d) 25 · 4 · 0,93
e) 50 · 2 · 0,01   f) 113,71 · 8 · 1 250

5 Nutze den Rechenvorteil.
Beachte den Hinweis in der Randspalte.
a) 0,25 · 4 · 13,5   b) 0,125 · 80 · 50,5
c) 3,2 · 0,5 · 100   d) 1,5 · 0,75 · 2
e) 0,025 · 10 · 40   f) 8,29 · 1,75 · 100

6 Mache zuerst einen Überschlag. Rechne dann schriftlich, achte dabei auf die Nullen.
a) 17 · 2,04   b) 60,7 · 50   c) 400 · 2,052
d) 2,005 · 130 e) 0,005 · 19   f) 73 · 0,002

6 Überschlage zuerst, rechne dann genau.
a) 23,05 · 107   b) 3,042 · 670
c) 56 · 0,030 7 d) 0,058 4 · 7 092
e) 3,403 · 964   f) 123,4 · 7 009

7 👥 Recherchiert und berechnet. Toms Tante hat ihm Geld aus verschiedenen Ländern mitgebracht.
a) Informiert euch über die aktuellen Wechselkurse, rechnet und rundet sinnvoll. Beachtet den Hinweis zu Wechselkursen in der Randspalte der Seite 123.
b) Stellt euch gegenseitig ähnliche Aufgaben mit diesen und mit anderen Währungen.

8 Finde mithilfe des Überschlags falsch gesetzte Kommas und berichtige im Heft.
a) 17,5 · 3,8 = 66,5
b) 2,83 · 24,8 = 7 018,4
c) 0,93 · 2,65 = 246,45

8 Übertrage ins Heft und setze mithilfe des Überschlags das Komma beim Ergebnis.
a) 12 · 3,6 = 432   b) 2,5 · 18 = 450
c) 31,5 · 21 = 6 615 d) 1,78 · 4 = 712
e) 1,7 · 1,6 = 272   f) 1,1 · 7,08 = 7 788

ERINNERE DICH
Bei der Multiplikation mit Stufenzahlen achte auf die Anzahl der Nullen, z. B.:
43 · 100 = 4 300

ZU DEN AUFGABEN 5 UND 5
*Bei der Multiplikation ermöglicht das **Assoziativgesetz** (Verbindungsgesetz) einen Rechenvorteil, z. B.:*
3,7 · 2 · 5
= 3,7 · 10 = 37

9 Wohin gehört das Komma?

a) Was sagst du dazu?

b) Hat Jannik die Aufgaben richtig gelöst? Berichtige, wenn nötig.

① $0,50 \cdot 0,50 = 2,5$ ② $0,40 \cdot 0,05 = 0,02$

③ $1,25 \cdot 0,5 = 6,25$ ④ $3,80 \cdot 0,5 = 19$

⑤ $0,6 \cdot 0,7 = 0,42$ ⑥ $0,3 \cdot 0,09 = 0,27$

⑦ $0,1 \cdot 0,1 \cdot 0,1 = 0,1$ ⑧ $0,2 \cdot 0,3 \cdot 0,5 = 0,3$

⑨ $1,01 \cdot 1,01 = 10,201$ ⑩ $2,1 \cdot 2,01 = 42,21$

10 Rechne nur eine Aufgabe. Dann löse die anderen durch Verschieben des Kommas.

a) $0,375 \cdot 2$ b) $1,52 \cdot 13$

$0,375 \cdot 20$ $1,52 \cdot 130$

$0,375 \cdot 0,2$ $1,52 \cdot 1,3$

$3,75 \cdot 0,2$ $15,2 \cdot 1,3$

$37,5 \cdot 0,002$ $0,152 \cdot 0,13$

10 Rechne nur eine Aufgabe. Dann löse die anderen durch Verschieben des Kommas.

a) $2,3 \cdot 0,94$ b) $2,35 \cdot 0,75$ c) $8,7 \cdot 7,6$

$0,23 \cdot 0,94$ $23,5 \cdot 0,75$ $87 \cdot 0,76$

$0,23 \cdot 9,4$ $23,5 \cdot 7,5$ $0,87 \cdot 7,6$

$2,3 \cdot 9,4$ $2,35 \cdot 7,5$ $8,7 \cdot 76$

$23,0 \cdot 94,0$ $0,235 \cdot 75$ $8,7 \cdot 0,076$

ZU AUFGABE 11

Beispiel:

$345,6 \cdot 0,047$

$Ü: 350 \cdot 0,05$
$= 3,5 \cdot 5 = 17,5$

$345,6 \cdot 0,047$
$13\,8\,240$
$\vdots$

ERINNERE DICH

Der Flächeninhalt eines Rechtecks mit der Seitenlänge a und b wird mit der Formel $A = a \cdot b$ berechnet.

11 Stelle aus den Zahlen sechs Multiplikationsaufgaben mit verschiedenen Ergebnissen zusammen. Mache immer zuerst einen Überschlag, dann berechne schriftlich. Beachte das Beispiel in der Randspalte.

$345,6$ $0,047$ $1,209$ $0,300\,4$

12 Berechne den Flächeninhalt des Rechtecks.

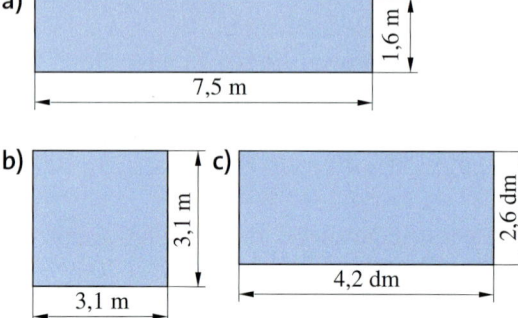

12 Berechne den Flächeninhalt der Figur.

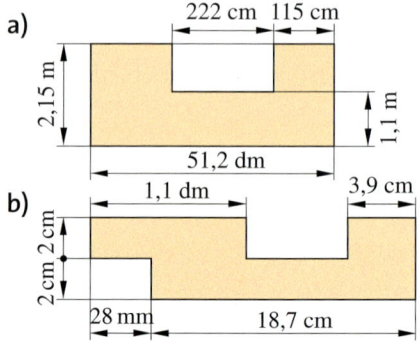

13 Bildschirmgrößen von Tablets, Computern und Fernsehern werden häufig in Zoll angegeben. Gemessen wird dabei die Diagonale des Bildschirmes.
Berechne die Länge der Bildschirmdiagonalen in cm.
Hinweis: 1 Zoll entspricht 2,54 cm.

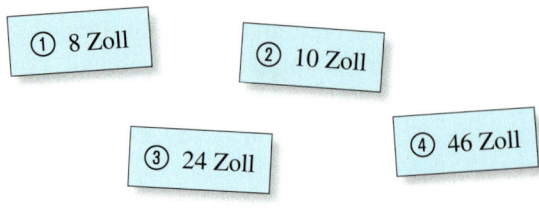

13 Fahrradgrößen werden in Zoll angegeben, dabei wird jeweils der Durchmesser der Radfelgen genannt. 1 Zoll entspricht 2,54 cm. Ein 24er-Fahrrad hat also einen Felgendurchmesser von 24 Zoll.

a) Berechne den Felgendurchmesser in cm für ein 24er-Fahrrad, für ein 26er-Fahrrad und für ein 28er-Fahrrad.

b) Runde die in Aufgabe a) berechneten Werte auf ganze Millimeter.

Dezimalbrüche dividieren

Entdecken

1 Büroartikel werden oftmals in großen
Mengen verkauft.
a) Berechne, wie viel *ein* Heft kostet.
b) Was kostet *eine* CD-ROM? Was kosten
   zehn CD-ROMs?
c) Gib den Preis von einer, von zehn und von
   100 Büroklammern an.
d) Erläutere, wie du gerechnet hast.
   Formuliere eine Regel für die Division von
   Dezimalbrüchen durch Stufenzahlen.
   Zum Beispiel: „Man dividiert einen
   Dezimalbruch durch 10, 100, 1 000, indem
   man …"
e) Löse die folgenden Divisionsaufgaben:

245,50 € : 10	45,20 € : 10
245,50 € : 100	45,20 € : 100
245,50 € : 1 000	45,20 € : 1 000

2 Gummibärchen gibt es in verschiedenen Packungsgrößen. Packungen mit 300 g kosten
0,87 € und Packungen mit 200 g kosten 0,69 €.
Welche würdest du für deine Geburtstagsparty kaufen?

3 Silas behauptet, dass man zu allen Divisionsaufgaben mit Dezimalbrüchen einfachere
verwandte Aufgaben finden kann, die sich einfacher rechnen lassen und trotzdem das gleiche
Ergebnis haben. Was meint er damit? Erläutere seine Aussage an den Beispielen.

① 0,75 : 0,25   ② 12,5 : 0,5   ③ 4 : 0,08   ④ 3,20 : 0,8
　 75 : 25   　 125 : 5   　 400 : 8   　 320 : 80

4 👥 Ihr benötigt:
– drei leere Getränkeflaschen mit einem
  Fassungsvermögen von 0,7 l; 1 l und 1,5 l;
– verschiedene Gläser mit einem Fassungsvermögen von 0,1 l; 0,2 l; 0,25 l und 0,4 l.
– einen Trichter.
a) Wählt eine der Flaschen aus und
   füllt sie mit Wasser.
b) Nun gibt jeder von euch eine Schätzung
   ab, wie oft man jeweils eines der vorhandenen Gläser mit dem Inhalt der
   Flasche füllen kann.
c) Probiert nun durch mehrfaches Füllen der
   Gläser aus, ob eure Schätzungen stimmen.
d) Überlegt euch, wie oft sich die gegebenen
   Gläser mit einer 2,5-l-Flasche füllen lassen.
   Wie kann man das berechnen?

Verstehen

Sabrina will auf dem Wochenmarkt Äpfel kaufen. Sie möchte herausfinden, welches das günstigste Angebot ist. Sie berechnet jeweils, wie viel 1 kg Äpfel kosten.

Bauer Pitje	Bauer Luft – Äpfel	Hof Lerche – Äpfel	Königs Äpfel
1,90 € für 1 kg	8,25 € für 5 kg	4,50 € für 2,5 kg	1 € für 0,6 kg

Beispiel 1

Zuerst berechnet sie den Preis für 1 kg Äpfel von Bauer Luft.
Dazu muss sie dividieren. 8,25 € : 5

```
  8, 2  5  :  5  =  1,  6  5
− 5
  3  2                   ← Komma-
− 3  0              überschreitung
     2  5     Probe:
   − 2  5     1, 6  5  ·  5
        0        8, 2  5
```

1 kg Äpfel kostet 1,65 €.

Merke Division eines Dezimalbruchs durch eine natürliche Zahl:

Einen Dezimalbruch dividiert man durch eine natürliche Zahl, indem man wie mit natürlichen Zahlen schriftlich rechnet.
Beim Überschreiten des Kommas setzt man auch im Ergebnis ein Komma.

Prüfe dein Ergebnis mit der **Probe** (Umkehraufgabe).

Beispiel 2

ERINNERE DICH
Die Fachbegriffe:
$21 : 7 = 3$
Dividend / Divisor \ Quotient

Beim Hof Lerche will Sabrina so rechnen: 1,85 € : 2,5. Sie weiß zwar nicht, wie man durch einen Dezimalbruch dividiert, aber sie kennt einen Trick:

```
   1,  8  5  :  2, 5
      · 10         · 10
=  1  8,  5  :  2  5  =  0,  7  4
   −  0
      1  8  5      Probe:
   −  1  7  5      0,  7  4  ·  2, 5
         1  0  0           1  4  8  0
      −  1  0  0   +          3  7  0
            0             1,  8  5  0
```

1 kg Äpfel kostet 0,74 €.

Merke Division eines Dezimalbruchs durch einen Dezimalbruch:

Dezimalbrüche dividiert man in zwei Schritten:

1. Der **Divisor** soll eine natürliche Zahl werden, deswegen multipliziert man Dividend und **Divisor** mit derselben Zehnerpotenz (mit 10; mit 100; 1 000; …).
2. Dann dividiert man (wie in Beispiel 1) und beachtet dabei die Kommaüberschreitung.

Prüfe dein Ergebnis mit der **Probe** (Umkehraufgabe).

Beispiel 3

ERINNERE DICH
Periodische Dezimalbrüche:
$1,8666... = 1,8\overline{6}$
$9,09090... =$
$= 9,\overline{09}$

Bei Königs Äpfeln rechnet Sabrina genauso wie zuvor:

```
      1  :  0, 6
   · 10       · 10
=  1  0  :  6  =  1,  6  6... =  1, \overline{6}
   − 6
     4  0     Probe:
   − 3  6     1, 6  7  ·  0, 6
     4  0           1, 0  0  2
     ⋮
```

Bei der Division können **periodische Dezimalbrüche** auftreten.

Beachte: Ist das Ergebnis ein *periodischer* Dezimalbruch, muss man bei der **Probe** runden.

1 kg Äpfel kostet $1,\overline{6}$ €, gerundet 1,67 €.
Die Äpfel vom Hof Lerche sind am günstigsten.

Üben und anwenden

1 Rechne im Kopf.
Kontrolliere dein Ergebnis mit der Probe.
a) 5 378 : 10   5 378 : 100   5 378 : 1 000
b) 3 521 : 10   3 521 : 100   3 521 : 1 000
c)   514 : 10   514 : 100   514 : 1 000
d)   72 : 10   72 : 100   72 : 1 000

2 Copy-Shops gibt es inzwischen überall.
a) Eine Kopierkarte für 1 000 Kopien kostet
   25 €. Berechne die Kosten für 100 Kopien,
   für 10 Kopien und für 1 Kopie.
b) Ein Stapel mit 1 000 Blatt Kopierpapier
   ist 11,2 cm dick. Wie dick ist ein Blatt?

3 Rechne im Kopf.
Kontrolliere dein Ergebnis mit der Probe.
a) 1,6 : 2   b) 2,5 : 5   c) 0,8 : 2
d) 1,8 : 3   e) 4,8 : 6   f) 0,9 : 3

4 Berechne die Quotienten und vergleiche
die Ergebnisse.
Formuliere eine passende Regel.
a) 50 : 5   b) 728 : 2
     5 : 5   72,8 : 2
   0,5 : 5   7,28 : 2

5 Berechne die erste Aufgabe schriftlich.
Bestimme dann die anderen Ergebnisse durch
Verschiebung des Kommas.
a) 12 971 : 7   b) 148,2 : 19
   129,71 : 7   1 482 : 19
   1,297 1 : 7   1,482 : 19
   12,971 : 7   0,148 2 : 19

1 Berechne im Kopf.
Formuliere eine passende Regel.
a) 24,50 : 10   b) 6,7 : 10   c) 0,2 : 10
   24,50 : 100   6,7 : 100   0,2 : 100
   24,50 : 1 000   6,7 : 1 000   0,2 : 1 000
   24,50 : 10 000   6,7 : 10 000   0,2 : 10 000

2 Berechne jeweils den Preis für 100 g.

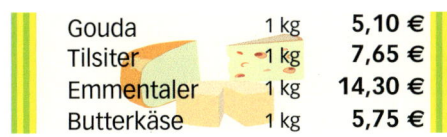

Gouda	1 kg	**5,10 €**
Tilsiter	1 kg	**7,65 €**
Emmentaler	1 kg	**14,30 €**
Butterkäse	1 kg	**5,75 €**

3 Rechne im Kopf.
Kontrolliere dein Ergebnis mit der Probe.
a) 3,6 : 6   b) 2,4 : 12   c) 9,1 : 7
d) 0,35 : 7   e) 3,9 : 13   f) 7,2 : 6

4 Berechne die Quotienten und vergleiche
die Ergebnisse.
Formuliere eine passende Regel.
a) 164 : 4   b) 5,6 : 7
   16,4 : 4   0,56 : 7
   1,64 : 4   0,056 : 7

5 Berechne einen der Quotienten schriftlich.
Bestimme dann die anderen Ergebnisse durch
Verschiebung des Kommas.
a) 1,2 116 : 13   b) 315,63 : 105
   12,116 : 13   31,563 : 105
   121,16 : 13   3 156,3 : 105
   1 211,6 : 13   3,156 3 : 105

ERINNERE DICH
*Bei der Division
durch Stufen-
zahlen achte
auf die Anzahl
der Nullen, z. B.:*

*37 000 : 100
  = 370*

6 Dividiere und runde an der zweiten Stelle nach dem Komma.

:	3	6	9	12	5	10	20	2	4	8	16	32
a) 7,56												
b) 10,08												
c) 129,5												
d) 222,3												

7 Die Gesamtkosten für einen Sportkurs
betragen 259,55 €. Es haben sich 29 Teilnehmer angemeldet.
Stelle eine passende Frage und beantworte sie.
Rechne zur Kontrolle in Cent nach.

7 Eine Klasse mit 10 Jungen und 14 Mädchen
macht einen Ausflug in den Zoo. Die Gruppen-
eintrittskarte kostet 82,00 €.
Stelle eine passende Frage und runde das
Ergebnis sinnvoll.

8 Berechne im Kopf. Überlege immer zuerst: Mit welcher Stufenzahl müssen Dividend und Divisor multipliziert werden, damit der Divisor eine natürliche Zahl wird?
a) $0,4 : 0,2$ b) $0,12 : 0,04$ c) $3,5 : 0,07$
d) $18 : 0,6$ e) $0,12 : 0,04$ f) $0,2 : 5$

8 Berechne im Kopf. Überlege immer zuerst: Mit welcher Stufenzahl müssen Dividend und Divisor multipliziert werden, damit der Divisor eine natürliche Zahl wird?
a) $56 : 0,08$ b) $1,02 : 0,4$ c) $0,88 : 0,1$
d) $4,2 : 0,007$ e) $0,024 : 0,3$ f) $0,06 : 0,8$

9 Zeichne die „Rechenkreisel" ins Heft und ergänze die fehlenden Zahlen.

a) 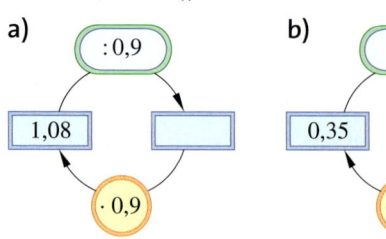   b) 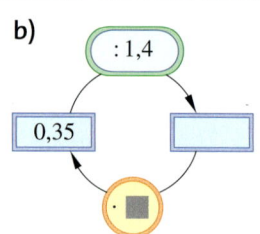   c) 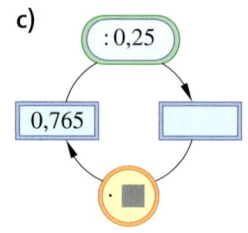   d)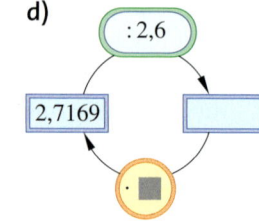

Beschreibe mit deinen Worten, was der Rechenkreisel mit der Probe gemeinsam hat.

10 Vergleiche die Ergebnisse.
① $3,5 : 2$ ② $3,5 : 0,5$
Wo ist das Ergebnis größer und wo ist es kleiner als $3,5$?
Liegt das daran, dass $2 > 1$ und $0,5 < 1$ ist?
Suche in Aufgabe **9** weitere Beispiele.

10 Richtig oder falsch? Begründe mit Beispielen oder finde ein Gegenbeispiel.
a) Der Quotient ist immer kleiner als der Dividend.
b) Der Dividend ist immer größer als der Divisor.
c) Wenn man durch $0,2$ dividiert, dann ist der Quotient fünfmal so groß wie der Dividend.

11 Prüfe Tims Hausaufgaben. Erkläre, welche Fehler er gemacht hat, und korrigiere sie.
a) $875 : 0,7 = 875 : 7 = 125$
b) $35 : 0,005 = 0,035 : 5 = 0,007$
c) $42 : 0,04 = 420 : 4 = 105$
d) $1,44 : 1,2 = 144 : 120 = 12$
e) $0,040\ 12 : 0,17 = 4,012 : 17 = 2,36$
f) $0,22 : 0,3 = 22 : 3 = 7,\overline{3}$

11 Ergänze im Heft so, dass die Gleichung stimmt. Manchmal gibt es mehrere Möglichkeiten. Berechne auch das Ergebnis.
a) $12 : 0,12 = \blacksquare : 12$ b) $10 : 0,01 = \blacksquare : 1$
c) $\blacksquare : 3,2 = 64 : 32$ d) $3,6 : \blacksquare = 360 : 12$
e) $3,75 : 0,24 = 375 : \blacksquare$
f) $4,33 : \blacksquare = \blacksquare : 2$
g) $0,015 : \blacksquare = \blacksquare : 120$ h) $0,01 : \blacksquare = \blacksquare : 33$
i) $1,02 : \blacksquare = \blacksquare : 3$ j) $24,07 : \blacksquare = \blacksquare : 12$

12 In einer Molkerei wird Butter in Päckchen zu $0,25\,kg$ und $0,125\,kg$ verpackt.
a) Wie viele 0,25-kg-Päckchen entstehen aus $250\,kg$ Butter?
b) Wie viele 0,125-kg-Päckchen können aus $120\,kg$ Butter hergestellt werden?

12 Für welches Waschmittel soll Cem sich entscheiden?

13 Kontrolliere mit der Probe.
a) Ruths Mofa verbraucht $2,3\,l$ Benzin für $110,4\,km$. Wie weit fährt es mit 1 Liter?
b) Laras Pkw verbraucht auf $98,4\,km$ genau $6,6$ Liter. Vergleiche mit Ruths Mofa.

13 Frau Öczhan wählt im Baumarkt Fliesen aus, die in Pakete zu je $1,38\,m^2$ verpackt sind. Wie viele Pakete muss sie kaufen, wenn sie insgesamt $39,5\,m^2$ in ihrer Wohnung fliesen lassen will?

NACHGEDACHT
Kannst du auch berechnen, wie viel Benzin Ruth bzw. Lara für 1 km (für 100 km) benötigen?

Brüche multiplizieren

Entdecken

1 Wie viele Kilometer hat Boguslaw Kizak geschafft?

a) Johanne hat als Lösungshilfe eine Skizze gezeichnet.
Löse mithilfe ihrer Skizze.

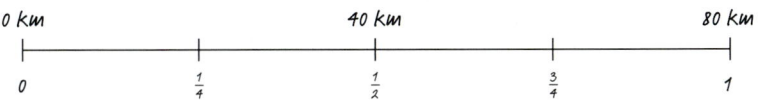

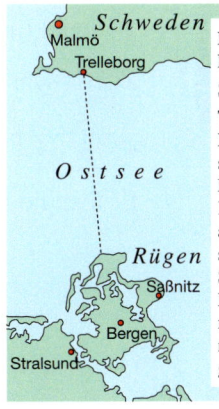

Ein Artikel aus einer Regionalzeitung

Schwimmer gab auf

Trelleborg
Nach Bewältigung von drei Vierteln seiner Strecke hat der polnische Langstreckenschwimmer Boguslaw Kizak am Montag seinen Versuch aufgegeben, als erster die kalte Ostsee von Rügen nach Trelleborg in Schweden zu durchschwimmen. Der aus Stettin stammende Schwimmer war von der Insel Rügen zu seinem 80-Kilometer-Unternehmen gestartet. (dpa)

b) Beschreibe, wie die Skizze Johanne geholfen hat.

c) Schreibe die Aufgabe „drei Viertel von 80 km" als Multiplikationsaufgabe mitsamt deinem Ergebnis.

d) Löse folgende Aufgaben mit einer ähnlichen Skizze wie oben:
① zwei Drittel eines 6 km langen Schulweges;
② drei Fünftel von Janeks 100 €.

2 Frau Richter hat zwei Bleche Pizza vorbereitet und ihren drei Kindern erlaubt, von jeder Pizza ein Viertel zu essen.

HINWEIS
Die Angabe „von" bedeutet bei Anteilen, dass multipliziert wird. Ein Drittel von einem Viertel ist also $\frac{1}{3} \cdot \frac{1}{4}$.

a) Beschreibe die Gedanken der drei Kinder und vergleiche die Ergebnisse.

b) Wie viel bekäme jeder, wenn Frau Richter drei Bleche Pizza vorbereitet hätte und jedes Kind von jeder Pizza ein Viertel essen darf? Berechne oder zeichne wie die Kinder.

3 Lukas feiert Geburtstag: Er fragt: „Wer möchte noch ein Stück Kuchen?" „Ich!", rufen Pascal, Sarah und Jessica gleichzeitig. „Gut, dann bekommt jeder von euch ein Drittel vom verbliebenen Kuchenstück."
„Und wie viel ist ein Drittel von einem Viertel?", fragt Pascal.

a) Erkläre mithilfe der Zeichnungen oder der Rechnung, warum die Lösung $\frac{1}{12}$ sein muss.

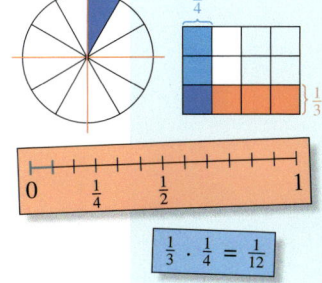

b) Fertige zu den folgenden Aufgaben ähnliche Skizzen an und berechne:
① $\frac{1}{2}$ von $\frac{1}{4}$ ② $\frac{2}{3}$ von $\frac{4}{5}$ ③ $\frac{2}{5}$ von $\frac{3}{4}$

4 👥 Berechnet $0{,}3 \cdot 0{,}7 = \blacksquare$.

a) Ersetzt alle Dezimalbrüche (die Faktoren und das Ergebnis) durch gleichwertige Brüche.

b) Vergleicht die Aufgabe in beiden Schreibweisen: Überlegt, wie das Ergebnis der Bruchrechnung aus den Faktoren entsteht.

c) Denkt euch andere Aufgaben mit Dezimalbrüchen aus und ersetzt sie durch Brüche. Überprüft eure Vermutung aus Aufgabe b).

Verstehen

Die Klasse 6 a feiert ein Frühlingsfest, zu dem jeder etwas anderes mitbringt.

Jan kauft 5 Packungen Tomatensaft. Jede Packung enthält einen $\frac{3}{4}$ Liter. Wie viel Liter sind das insgesamt?

Zuerst schreibt Jan kürzer:

$$\frac{3}{4} + \frac{3}{4} + \frac{3}{4} + \frac{3}{4} + \frac{3}{4} = 5 \cdot \frac{3}{4}$$

Die Multiplikation einer natürlichen Zahl mit einem Bruch ist eine praktische Schreibweise für eine wiederholte Addition.

Er löst die Aufgabe mit einer Zeichnung:

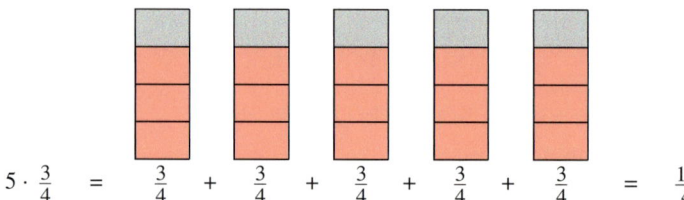

$$5 \cdot \frac{3}{4} \quad = \quad \frac{3}{4} \quad + \quad \frac{3}{4} \quad + \quad \frac{3}{4} \quad + \quad \frac{3}{4} \quad + \quad \frac{3}{4} \quad = \quad \frac{15}{4}$$

Er zählt insgesamt 15 Viertelliter.

$$5 \cdot \frac{3}{4} = \frac{5 \cdot 3}{4} = \frac{15}{4} = 3\frac{3}{4}$$

Jan bringt insgesamt $3\frac{3}{4}$ l Tomatensaft mit.

> **Merke** Eine **natürliche Zahl** wird **mit einem Bruch** so **multipliziert**:
> – die natürliche Zahl mit dem Zähler multiplizieren,
> – der Nenner bleibt unverändert.

HINWEIS
Bei der Multiplikation gilt das **Kommutativgesetz** *(Vertauschungsgesetz):*
$5 \cdot \frac{3}{4} = \frac{3}{4} \cdot 5$

Beispiel 1

a) $\frac{2}{5} \cdot 6 = 6 \cdot \frac{2}{5} = \frac{6 \cdot 2}{5} = \frac{12}{5} = 2\frac{2}{5}$

b) $3 \cdot \frac{1}{8} = \frac{3 \cdot 1}{8} = \frac{3}{8}$

$\frac{3}{5}$ von den Schülerinnen und Schülern der 6 a sind Mädchen.

$\frac{2}{3}$ von diesen Mädchen haben ein Handy.

Welcher Anteil von allen Kindern der 6 a sind Mädchen mit Handy?

„$\frac{2}{3}$ von $\frac{3}{5}$" bedeutet: $\frac{2}{3} \cdot \frac{3}{5}$

$$\frac{2}{3} \cdot \frac{3}{5} = \frac{2 \cdot 3}{3 \cdot 5} = \frac{6}{15} = \frac{\cancel{6}^{2}}{\cancel{15}_{5}} = \frac{2}{5}$$

$\frac{2}{5}$ von allen 6 a-Kindern sind Mädchen mit Handy.

> **Merke** **Brüche** werden **multipliziert**, indem man Zähler mit Zähler multipliziert und Nenner mit Nenner multipliziert.
>
> Denke ans Kürzen.

Beispiel 2

a) $\frac{5}{6} \cdot \frac{9}{10} = \frac{\cancel{5}^{1}}{\cancel{6}_{2}} \cdot \frac{\cancel{9}^{3}}{\cancel{10}_{2}} = \frac{3}{4}$

b) $\frac{1}{2} \cdot 1\frac{1}{4} = \frac{1}{2} \cdot \frac{5}{4} = \frac{1 \cdot 5}{2 \cdot 4} = \frac{5}{8}$

Das Rechnen wird leichter, wenn man schon *vor* dem Multiplizieren kürzt.

Gemischte Zahlen multipliziert man, indem man sie zuerst in Brüche umwandelt.

Üben und anwenden

1 Schreibe als Produkt und berechne.

Beispiel $\frac{1}{5} + \frac{1}{5} + \frac{1}{5} = 3 \cdot \frac{1}{5} = \frac{3}{5}$

a) $\frac{1}{7} + \frac{1}{7} + \frac{1}{7} + \frac{1}{7} + \frac{1}{7}$ b) $\frac{1}{4} + \frac{1}{4} + \frac{1}{4}$

c) $\frac{2}{5} + \frac{2}{5} + \frac{2}{5}$

1 Schreibe als Produkt und berechne.

Beispiel $\frac{2}{3} + \frac{2}{3} + \frac{2}{3} = 3 \cdot \frac{2}{3} = \frac{6}{3} = 2$

a) $\frac{3}{8} + \frac{3}{8} + \frac{3}{8} + \frac{3}{8}$ b) $\frac{4}{5} + \frac{4}{5} + \frac{4}{5} + \frac{4}{5} + \frac{4}{5}$

c) $\frac{5}{7} + \frac{5}{7} + \frac{5}{7}$

2 Löse die Aufgaben zeichnerisch.

Beispiel $3 \cdot \frac{5}{8}$

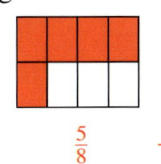 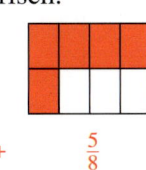 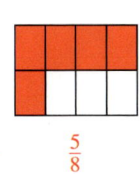 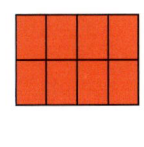 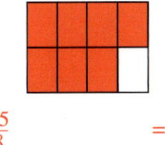

$\frac{5}{8}$ + $\frac{5}{8}$ + $\frac{5}{8}$ = $\frac{15}{8}$ $= 1\frac{7}{8}$

a) $3 \cdot \frac{1}{8}$ b) $4 \cdot \frac{2}{5}$ c) $7 \cdot \frac{2}{3}$ d) $4 \cdot \frac{4}{3}$ e) $3 \cdot 1\frac{1}{5}$ f) $2 \cdot 1\frac{2}{3}$ g) $2 \cdot 1\frac{1}{8}$

3 Berechne im Kopf. Wandle das Ergebnis in eine gemischte Zahl um, wenn möglich.

a) $5 \cdot \frac{2}{7}$ b) $4 \cdot \frac{2}{9}$ c) $6 \cdot \frac{1}{5}$

d) $7 \cdot \frac{4}{5}$ e) $2 \cdot \frac{7}{9}$ f) $9 \cdot \frac{2}{7}$

g) $8 \cdot \frac{3}{5}$ h) $7 \cdot \frac{1}{9}$ i) $5 \cdot \frac{1}{2}$

3 Berechne und kürze. Gib das Produkt wieder als gemischte Zahl an.

a) $3 \cdot 1\frac{1}{2}$ b) $3 \cdot 2\frac{1}{2}$ c) $3 \cdot 3\frac{1}{2}$

d) $6 \cdot 1\frac{1}{2}$ e) $4 \cdot 2\frac{2}{3}$ f) $4 \cdot 2\frac{1}{8}$

g) $5 \cdot 3\frac{1}{9}$ h) $5 \cdot 1\frac{6}{7}$ i) $6 \cdot 1\frac{4}{5}$

HINWEIS
Wandle gemischte Zahlen vor dem Rechnen in Brüche um.

4 Berechne den Bruchteil.

a) $\frac{1}{6}$ von 24 km   b) $\frac{1}{9}$ von 72 t

c) $\frac{1}{7}$ von 28 m   d) $\frac{4}{5}$ von 60 kg

e) $\frac{2}{3}$ von 15 l   f) $\frac{5}{8}$ von 96 km

4 Berechne. Schreibe mit gemischten Zahlen.

a) $\frac{1}{9}$ von 12 kg   b) $\frac{1}{6}$ von 73 km

c) $\frac{2}{3}$ von 32 t   d) $\frac{2}{7}$ von 80 m

e) $\frac{4}{5}$ von 41 l   f) $\frac{3}{4}$ von 21 dm

ERINNERE DICH
*„$\frac{2}{5}$ von 15 m"
bedeutet:
„$\frac{2}{5} \cdot$ 15 m".*

5 Kürze vor dem Multiplizieren. Schreibe das Ergebnis als gemischte Zahl.

a) $\frac{2}{3} \cdot 6$ b) $\frac{1}{7} \cdot 7$ c) $4 \cdot \frac{1}{2}$

d) $\frac{4}{5} \cdot 15$ e) $\frac{2}{8} \cdot 20$ f) $30 \cdot \frac{9}{10}$

g) $\frac{6}{5} \cdot 15$ h) $12 \cdot \frac{4}{3}$ i) $\frac{4}{5} \cdot 5$

5 Kürze vor dem Multiplizieren. Schreibe das Ergebnis als gemischte Zahl.

a) $\frac{2}{3} \cdot 7$ b) $9 \cdot \frac{1}{7}$ c) $\frac{1}{2} \cdot 5$

d) $16 \cdot \frac{4}{5}$ e) $\frac{2}{8} \cdot 15$ f) $\frac{9}{10} \cdot 4$

g) $16 \cdot \frac{6}{5}$ h) $1\frac{1}{3} \cdot 2$ i) $3 \cdot 1\frac{4}{5}$

6 Eine Schulstunde dauert eine Dreiviertelstunde. Wie viele Zeitstunden (h) dauert der Unterricht an den einzelnen Tagen?
Mo.: 4 Schulstunden   Di.: 6 Schulstunden
Mi.: 5 Schulstunden   Do.: 8 Schulstunden
Fr.: 7 Schulstunden

6 Die Klasse 6c hat 30 Schulstunden pro Woche. Die Klassenlehrerin unterrichtet $\frac{2}{5}$ von allen Stunden. Jonas Lieblingslehrer unterrichtet nur $\frac{1}{6}$ aller Stunden. Stelle zwei passende Fragen und beantworte sie.

NACHGEDACHT
Mit welchem Bruch muss man $\frac{3}{5}$ ($\frac{1}{6}$; $\frac{9}{7}$) multiplizieren, um als Ergebnis 1 zu erreichen? Stelle eine Regel für alle Brüche auf und erkläre sie in der Klasse.

7 Kürze, wenn möglich, vor dem Multiplizieren.

a) $\frac{2}{5} \cdot \frac{3}{7}$ b) $\frac{1}{4} \cdot \frac{1}{4}$ c) $\frac{2}{3} \cdot \frac{3}{4}$ d) $\frac{3}{4} \cdot \frac{1}{3}$

e) $\frac{2}{3} \cdot \frac{2}{3}$ f) $\frac{1}{2} \cdot \frac{5}{8}$ g) $\frac{3}{8} \cdot \frac{2}{7}$ h) $\frac{1}{6} \cdot \frac{5}{6}$

7 Kürze, wenn möglich, vor dem Multiplizieren.

a) $\frac{5}{2} \cdot \frac{3}{5}$ b) $\frac{5}{2} \cdot \frac{5}{3}$ c) $\frac{3}{7} \cdot \frac{5}{6}$ d) $\frac{3}{7} \cdot \frac{6}{5}$

e) $\frac{15}{16} \cdot \frac{3}{4}$ f) $\frac{15}{16} \cdot \frac{4}{3}$ g) $\frac{8}{21} \cdot \frac{7}{2}$ h) $\frac{2}{6} \cdot \frac{8}{9}$

8 Beschreibe, wie Niclas die Aufgabe $\frac{1}{3} \cdot \frac{2}{5}$ gezeichnet und gelöst hat.

Nun löse zeichnerisch wie Niclas. Wähle jeweils eine passende Größe für das Rechteck.

① $\frac{1}{2}$ von $\frac{3}{4}$ ② $\frac{2}{5}$ von $\frac{1}{2}$ ③ $\frac{6}{7}$ von $\frac{2}{3}$ ④ $\frac{4}{5} \cdot \frac{1}{4}$ ⑤ $\frac{2}{3} \cdot \frac{1}{4}$ ⑥ $\frac{5}{6} \cdot \frac{1}{2}$

9 Berechne wie im Beispiel.

Beispiel $\dfrac{3^1 \cdot 1 \cdot 5}{7 \cdot 2 \cdot 9_3} = \dfrac{5}{42}$

a) $\frac{3}{7} \cdot \frac{2}{4} \cdot \frac{5}{9}$ b) $\frac{4}{5} \cdot \frac{8}{3} \cdot \frac{6}{5}$ c) $\frac{6}{7} \cdot \frac{5}{6} \cdot \frac{5}{9}$

d) $\frac{7}{2} \cdot \frac{1}{4} \cdot \frac{2}{5}$ e) $\frac{7}{4} \cdot \frac{3}{7} \cdot \frac{5}{2}$ f) $\frac{12}{5} \cdot \frac{9}{14} \cdot \frac{10}{3}$

9 Wandle zuerst die gemischten Zahlen um und berechne dann.

a) $3\frac{1}{2} \cdot \frac{4}{7} \cdot 1\frac{1}{4}$ b) $\frac{11}{9} \cdot \frac{3}{4} \cdot 2\frac{1}{2}$ c) $\frac{32}{5} \cdot \frac{1}{17} \cdot 4\frac{1}{2}$

d) $2\frac{1}{2} \cdot \frac{13}{8} \cdot \frac{3}{5}$ e) $\frac{42}{5} \cdot \frac{1}{12} \cdot \frac{3}{22}$ f) $\frac{1}{7} \cdot 2\frac{1}{2} \cdot \frac{7}{8}$

10 $\frac{4}{5}$ aller Kinder aus der Klasse 6 b haben ein Handy. $\frac{1}{3}$ von diesen Kindern mit Handy muss die Gebühren selbst bezahlen. Welcher Anteil von allen Kindern aus der 6 b hat ein Handy *und* zahlt die Gebühren selbst?

10 Letztes Jahr haben $\frac{3}{4}$ aller Deutschen eine Urlaubsreise gemacht. $\frac{1}{7}$ der deutschen Urlauber war in Spanien, $\frac{2}{3}$ davon blieben 2 Wochen. Welcher Anteil von allen Deutschen ist im Urlaub 2 Wochen in Spanien gewesen?

11 Berechne die Bruchteile der Größen.

Beispiel $\frac{1}{2}$ von $\frac{3}{4}$ m $= \frac{1}{2} \cdot \frac{3}{4}$ m $= \frac{1 \cdot 3}{2 \cdot 4}$ m $= \frac{3}{8}$ m

a) $\frac{1}{2}$ von $\frac{1}{2}$ m   b) $\frac{1}{3}$ von $\frac{1}{4}$ kg

c) $\frac{1}{4}$ von $\frac{3}{8}$ cm   d) $\frac{2}{3}$ von $\frac{3}{4}$ mm

11 Der menschliche Körper besteht zu ungefähr $\frac{13}{20}$ aus Wasser. Hier ist das Gewicht einiger Kinder und Jugendlicher angegeben. Stelle eine passende Frage und löse.

a) $17\frac{1}{2}$ kg   b) $25\frac{1}{4}$ kg   c) 50 kg

12 Ergänze im Heft und kürze das Ergebnis.

a) $\frac{3}{5} \cdot \frac{\blacksquare}{3} = \frac{6}{15}$ b) $\frac{1}{\blacksquare} \cdot \frac{2}{9} = \frac{2}{36}$ c) $\frac{\blacksquare}{3} \cdot \frac{2}{5} = \frac{8}{15}$

d) $\frac{7}{8} \cdot \frac{9}{\blacksquare} = \frac{63}{40}$ e) $\frac{6}{3} \cdot \frac{\blacksquare}{7} = \frac{6}{21}$ f) $\frac{5}{\blacksquare} \cdot \frac{9}{8} = \frac{45}{8}$

12 Ergänze im Heft den fehlenden Bruch.

a) $\frac{4}{5} \cdot \blacksquare = \frac{12}{25}$ b) $\frac{6}{7} \cdot \blacksquare = \frac{30}{49}$ c) $\frac{2}{9} \cdot \blacksquare = \frac{4}{27}$

d) $\blacksquare \cdot \frac{3}{4} = \frac{3}{8}$ e) $\blacksquare \cdot \frac{1}{2} = \frac{5}{12}$ f) $\blacksquare \cdot \frac{1}{4} = \frac{3}{20}$

13 Vergleiche. Wie rechnest du lieber?

a) $2 \cdot \frac{1}{4}$ und $2 \cdot 0{,}25$ b) $3 \cdot \frac{1}{2}$ und $3 \cdot 0{,}5$

c) $\frac{1}{8} \cdot 3$ und $0{,}125 \cdot 3$ d) $\frac{1}{5} \cdot 4$ und $0{,}2 \cdot 4$

13 Vergleiche. Wie rechnest du lieber?

a) $\frac{3}{8} \cdot 3$ und $0{,}375 \cdot 3$ b) $\frac{3}{4} \cdot 4$ und $0{,}75 \cdot 4$

c) $2 \cdot \frac{4}{5}$ und $2 \cdot 0{,}8$ d) $3 \cdot 1\frac{1}{2}$ und $3 \cdot 1{,}5$

Brüche dividieren

Entdecken

1 Beantworte die Fragen anhand der Zeichnungen.

a) Wie oft passt $\frac{1}{2}$ in 2?

b) Wie oft passt $\frac{1}{3}$ in 2?

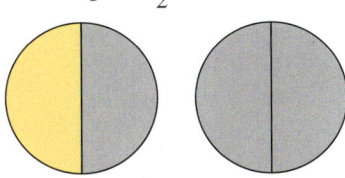

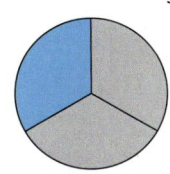

c) Wie oft passt $\frac{1}{3}$ in $2\frac{1}{3}$?

d) Wie oft passt $\frac{2}{3}$ in 4?

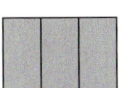

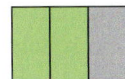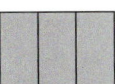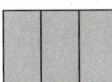

ZUM WEITERARBEITEN
Löse wie in Aufgabe 1 oder 2.

a) $\frac{2}{3} : 2$

b) $\frac{1}{4} : 2$

c) $\frac{1}{2} : 3$

d) $\frac{2}{3} : 6$

e) $\frac{3}{4} : 5$

f) $\frac{3}{4} : 9$

2 Gegeben sind zwei Aufgaben an den Zahlenstrahlen.
Löse die beiden Aufgaben mithilfe der Zeichnung.

a)

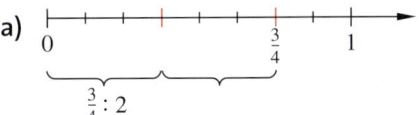

b)

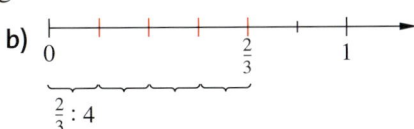

3 Uwe Zöller ist Winzer. Diese Woche füllt er 2 700 l
Traubensaft in $\frac{3}{4}$-l-Flaschen ab.

a) Bestimme die Anzahl der abgefüllten Flaschen mithilfe
der Tabelle.

Liter Saft	$\frac{3}{4}$	$1\frac{1}{2}$	3	27	270	2 700
Anzahl Flaschen	1					

b) Lies noch einmal die ersten beiden Sätze der Aufgabe.
Schreibe dazu eine passende Frage, die gelöste Aufgabe und einen Antwortsatz.

4 Regeln finden

a) Löse folgende Aufgaben und kürze das Ergebnis:

① $\frac{2}{5} \cdot \frac{3}{7}$ ② $\frac{2}{3} \cdot \frac{1}{2}$ ③ $\frac{3}{4} \cdot \frac{2}{3}$

b) Schreibe jeweils die beiden zugehörigen Umkehraufgaben auf (Hinweis in der Randspalte).

c) Betrachte die sechs Divisionsaufgaben in deinem Heft: Versuche ein Muster zu erkennen
und eine Regel aufzustellen, wie man einen Bruch durch einen Bruch dividiert.

d) Prüfe an den folgenden (richtigen) Rechnungen, ob deine Regel stimmt:

$\frac{4}{5} : \frac{1}{10} = 8;$ $\frac{1}{3} : \frac{5}{6} = \frac{2}{5};$ $\frac{2}{7} : \frac{3}{4} = \frac{8}{21}.$

e) Erstelle ein kleines Plakat, auf dem du die Regel darstellst.

HINWEIS
*Die **Umkehr-aufgaben**
zu 8 · 3 = 24
sind 24 : 8 = 3
und 24 : 3 = 8*

121

Verstehen

Nach Majas Geburtstagsfeier ist noch $\frac{1}{4}$ Torte übrig geblieben.

Am nächsten Tag kommen ihre zwei besten Freundinnen zu Besuch und sie essen die Reste.
Maja schneidet die Torte in drei gleich große Stücke.
Die Größe eines Stückes ist jetzt also:

$$\frac{1}{4} : 3 = \blacksquare$$

Man kann auch sagen, dass jedes Mädchen $\frac{1}{3}$ von $\frac{1}{4}$ Kuchen erhält. Das wird so in eine Rechnung übersetzt:

$$\frac{1}{3} \text{ von } \frac{1}{4} = \frac{1}{3} \cdot \frac{1}{4} = \frac{1}{4} \cdot \frac{1}{3} = \blacksquare$$

Mit beiden oben gezeigten Rechnungen wird dieselbe Situation beschrieben, deswegen haben auch beide Rechnungen dasselbe Ergebnis.
Also gilt:

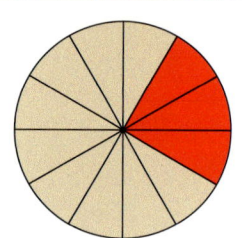

$$\frac{1}{4} : 3 = \frac{1}{4} \cdot \frac{1}{3} = \frac{1 \cdot 1}{4 \cdot 3} = \frac{1}{12} \qquad \text{Beachte: } \frac{1}{4} : 3 = \frac{1}{4} : \frac{3}{1}$$

kurz:

$$\frac{1}{4} : 3 = \frac{1}{4 \cdot 3} = \frac{1}{12}$$

Betrachte die letzte Rechnung: Der Zähler von $\frac{1}{4}$ bleibt unverändert, der Nenner wird mit der **3** multipliziert.

Später probieren die Freundinnen aus, wie viele Gläser sie mit einer Wasserflasche füllen können.

In der Flasche sind $1\frac{1}{2}$ l Wasser, ein Glas fasst $\frac{2}{5}$ l.

$$1\frac{1}{2} : \frac{2}{5} = \frac{3}{2} : \frac{2}{5} = \frac{3}{2} \cdot \frac{5}{2} = \frac{15}{4} = 3\frac{3}{4}$$

HINWEIS
Umkehraufgaben:

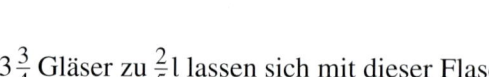

$:\frac{2}{5}$

$1\frac{1}{2} = \frac{3}{2}$ $3\frac{3}{4} = \frac{15}{4}$

$\cdot\frac{2}{5}$

$3\frac{3}{4}$ Gläser zu $\frac{2}{5}$ l lassen sich mit dieser Flasche Wasser füllen.

Der Kehrbruch von $\frac{2}{5}$ ist $\frac{5}{2}$.

Probe: $3\frac{3}{4} \cdot \frac{2}{5} = \frac{15}{4} \cdot \frac{2}{5} = \frac{15 \cdot 2}{4 \cdot 5} = \frac{3 \cdot 1}{2 \cdot 1} = 1\frac{1}{2}$

> **Merke** Man **dividiert durch** einen **Bruch**, indem man mit seinem **Kehrbruch** multipliziert.
> Den **Kehrbruch** (**Kehrwert**) eines Bruchs bildet man, indem man Zähler und Nenner tauscht.
>
> Prüfe dein Ergebnis mit der **Probe** (Umkehraufgabe).

HINWEIS
*Der **Kehrbruch** von $6 = \frac{6}{1}$ ist $\frac{1}{6}$.*

Beispiel

a) $\frac{7}{3} : \frac{3}{4} = \frac{7}{3} \cdot \frac{4}{3} = \frac{7 \cdot 4}{3 \cdot 3} = \frac{28}{9} = 3\frac{1}{9}$;   Probe: $3\frac{1}{9} \cdot \frac{3}{4} = \frac{28}{9} \cdot \frac{3}{4} = \frac{28 \cdot 3}{9 \cdot 4} = \frac{7 \cdot 1}{3 \cdot 1} = \frac{7}{3}$

b) $\frac{3}{4} : 6 = \frac{3}{4} : \frac{6}{1} = \frac{3}{4} \cdot \frac{1}{6} = \frac{3 \cdot 1}{4 \cdot 6} = \frac{1}{8}$;   Probe: $\frac{1}{8} \cdot 6 = \frac{1}{8} \cdot \frac{6}{1} = \frac{1 \cdot 6}{8 \cdot 1} = \frac{6}{8} = \frac{3}{4}$

Üben und anwenden

1 Berechne im Kopf.

a) Dividiere $\frac{1}{4}$ durch 1; 2; 3; 4; 5; 6; 7; 8; 9.

b) Dividiere $\frac{1}{5}$ durch 10; 100; 1 000; 10 000.

1 Berechne im Kopf und kürze.

a) Dividiere $\frac{2}{3}$ durch 1; 2; 3; 4; 5; 6; 7; 8; 9.

b) Dividiere $\frac{4}{5}$ durch 10; 100; 1 000; 10 000.

2 Löse die Aufgaben zeichnerisch und schreibe die zugehörige Rechnung dazu.

Beispiel $\frac{1}{4} : 3$

$$\frac{1}{4} : 3 = \frac{1}{4} \cdot \frac{1}{3} = \frac{1}{12}$$

oder

$$\frac{1}{4} : 3 = \frac{1}{4 \cdot 3} = \frac{1}{12}$$

a) $\frac{1}{2} : 4$ b) $\frac{1}{8} : 2$ c) $\frac{1}{6} : 2$ d) $\frac{3}{8} : 2$ e) $\frac{2}{5} : 4$ f) $\frac{1}{3} : 3$

3 Berechne im Kopf.

a) $\frac{3}{5} : 2$, $\frac{3}{7} : 2$, $\frac{5}{9} : 2$, $\frac{7}{11} : 2$

b) $\frac{2}{3} : 3$, $\frac{2}{5} : 3$, $\frac{4}{5} : 3$, $\frac{5}{12} : 3$

c) $\frac{3}{4} : 4$, $\frac{5}{6} : 4$, $\frac{7}{9} : 4$, $\frac{9}{13} : 4$

3 Berechne im Kopf.

a) $\frac{2}{6} : 4$ b) $\frac{3}{7} : 7$ c) $\frac{6}{7} : 8$

d) $\frac{2}{3} : 11$ e) $\frac{3}{4} : 12$ f) $\frac{4}{11} : 9$

g) $\frac{5}{12} : 7$ h) $\frac{7}{13} : 4$ i) $\frac{3}{16} : 8$

4 Ein Zierband hat eine Länge von 13 m. Tom schneidet Bänder ab, die alle $\frac{1}{4}$ m lang sind. Wie viele Bänder werden es?

4 In einer Mosterei werden 4 200 Liter Traubensaft in $\frac{7}{10}$-Liter-Flaschen abgefüllt. Wie viele Flaschen können gefüllt werden?

5 Schreibe jeweils beide Aufgaben auf und löse sie. Vergleiche die Ergebnisse.

a) Dividiere $\frac{1}{5}$ durch 4. Berechne $\frac{1}{4}$ von $\frac{1}{5}$.

b) Dividiere $\frac{2}{3}$ durch 5. Berechne $\frac{1}{5}$ von $\frac{2}{3}$.

c) Dividiere $\frac{3}{7}$ durch 9. Berechne $\frac{1}{9}$ von $\frac{3}{7}$.

d) Dividiere $\frac{8}{9}$ durch 3. Berechne ▨ von $\frac{8}{9}$.

5 Berechne und erkläre die Gemeinsamkeiten. Ergänze die fehlenden Angaben.

a) Berechne $\frac{1}{2}$ von $2\frac{1}{2}$. Dividiere $2\frac{1}{2}$ durch 2.

b) Berechne $\frac{2}{3}$ von $3\frac{1}{2}$. Teile $3\frac{1}{2}$ durch $\frac{3}{2}$.

c) Berechne $\frac{3}{5}$ von $6\frac{2}{3}$. Teile ▨ durch $\frac{5}{3}$.

d) Berechne ▨ von $\frac{1}{2}$. Dividiere $\frac{1}{2}$ durch $\frac{8}{3}$.

6 Berechne und vergleiche. Trage im Heft ein: >, < oder =?

a) $14 : \frac{3}{4}$ ▨ $14 : \frac{4}{3}$ b) $18 : \frac{5}{6}$ ▨ $18 : \frac{6}{5}$

c) $\frac{3}{5} : \frac{12}{10}$ ▨ $\frac{3}{5} : \frac{10}{12}$ d) $\frac{9}{14} : \frac{3}{7}$ ▨ $\frac{9}{14} : \frac{7}{3}$

6 Begründe ohne zu rechnen: Welche Ergebnisse sind gleich? Dann rechne genau.

a) $16 : 1\frac{3}{4}$ und $16 : \frac{7}{4}$ b) $2 : 1\frac{1}{2}$ und $3 : \frac{5}{2}$

c) $9 : \frac{11}{6}$ und $18 : \frac{11}{12}$ d) $8 : \frac{4}{3}$ und $4 : \frac{4}{6}$

7 Jakob hat eine kleine Gießkanne, die $\frac{3}{4}$ l fasst. Jakobs Vater stellt ihm einen Eimer mit 10 l Wasser zum Auffüllen bereit. Wie oft kann Jakob seine Kanne mit Wasser füllen?

7 Herr Ludwig ist mit seinem Rennrad eine Strecke von 52 km in $1\frac{1}{2}$ Stunden gefahren. Wie viel Kilometer ist er im Durchschnitt in einer Stunde gefahren?

8 Berechne im Kopf.
Die Ergebnisse sind natürliche Zahlen.

a) $4 : \frac{1}{4}$ b) $5 : \frac{1}{5}$ c) $6 : \frac{1}{2}$ d) $3 : \frac{3}{4}$

e) $8 : \frac{2}{5}$ f) $2 : \frac{2}{7}$ g) $9 : \frac{1}{6}$ h) $12 : \frac{2}{3}$

8 Berechne im Kopf.
Die Ergebnisse sind natürliche Zahlen.

a) $4\frac{1}{4} : \frac{1}{4}$ b) $3\frac{1}{2} : \frac{1}{4}$ c) $2\frac{1}{3} : \frac{1}{6}$ d) $1\frac{1}{2} : \frac{1}{6}$

e) $1\frac{1}{4} : \frac{5}{8}$ f) $2\frac{2}{7} : \frac{8}{7}$ g) $10\frac{1}{2} : \frac{7}{8}$ h) $12\frac{1}{3} : \frac{1}{3}$

9 Löse die Aufgaben zeichnerisch und schreibe die entsprechende Rechnung dazu.

Beispiel $2\frac{2}{5} : \frac{3}{5}$

Das bedeutet: „Wie oft passen $\frac{3}{5}$ in $\frac{12}{5}$?"

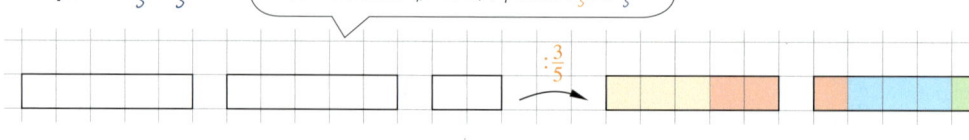

Rechnung: $2\frac{2}{5} : \frac{3}{5} = \frac{12}{5} : \frac{3}{5} = \frac{12 \cdot 5}{5 \cdot 3} = 4$

a) $2 : \frac{1}{4}$ b) $3 : \frac{1}{6}$ c) $2 : \frac{2}{3}$ d) $3 : \frac{1}{4}$ e) $3\frac{1}{3} : \frac{2}{3}$ f) $4\frac{1}{2} : \frac{3}{4}$

10 Ein Abwasserkanal von 9 m Länge soll mit $\frac{3}{4}$-m-langen Tonrohren gebaut werden. Weitere Abwasserkanäle sollen 15 m und 36 m lang werden. Wie viele Rohre sind jeweils erforderlich?

10 Im Stadion probiert ein Jogger auf der Bahn einen Schrittzähler aus. Nach 3 750 m zeigt dieser 5 000 Schritte an.

a) Bestimme die Länge eines Schrittes.

b) Penelopes Schrittlänge beträgt $\frac{3}{5}$ m.
Wie viele Schritte wird der Schrittzähler bei dieser Einstellung nach 3 750 m anzeigen?

c) Vergleiche die Schrittzahl des Joggers mit der Schrittzahl von Penelope bei einem 3 000-m-Lauf.

11 Vervollständige die Aufgaben im Heft. Kontrolliere mit der Probe.

Division	Probe
$\frac{1}{3} : \frac{1}{2} = \frac{2}{3}$	$\frac{2}{3} \cdot \frac{1}{2} = \frac{1}{3}$
$\frac{1}{3} : \frac{1}{4} = \blacksquare$	$\blacksquare \cdot \frac{1}{4} = \frac{1}{3}$
$\frac{1}{3} : \frac{1}{8} = \blacksquare$	$\blacksquare \cdot \frac{1}{8} = \frac{1}{3}$
$\frac{1}{3} : \frac{1}{16} = \blacksquare$	$\blacksquare \cdot \frac{1}{16} = \frac{1}{3}$

11 Vervollständige die Aufgaben im Heft. Kontrolliere mit der Probe.

Division	Probe
$\frac{1}{2} : \frac{1}{16} = \blacksquare$	$\blacksquare \cdot \blacksquare = \frac{1}{2}$
$\frac{1}{2} : \frac{1}{64} = \blacksquare$	$\blacksquare \cdot \blacksquare = \frac{1}{2}$
$\frac{1}{2} : \frac{1}{256} = \blacksquare$	$\blacksquare \cdot \blacksquare = \frac{1}{2}$
$\frac{1}{2} : \blacksquare = 512$	$\blacksquare \cdot \blacksquare = \frac{1}{2}$

HINWEIS

Schreibe zunächst als Multiplikationsaufgabe mit dem Kehrbruch. Erst danach kannst du kürzen.

12 Dividiere und überprüfe dein Ergebnis mit der Probe.

a) $\frac{6}{5} : \frac{2}{3}$ b) $\frac{3}{7} : \frac{14}{5}$ c) $\frac{3}{8} : \frac{1}{2}$ d) $\frac{5}{6} : \frac{3}{4}$

e) $\frac{7}{2} : \frac{3}{8}$ f) $\frac{1}{12} : \frac{1}{3}$ g) $\frac{13}{4} : \frac{7}{5}$ h) $\frac{11}{3} : \frac{2}{5}$

i) $\frac{7}{10} : \frac{4}{5}$ j) $\frac{1}{9} : \frac{1}{6}$ k) $\frac{1}{4} : \frac{3}{2}$ l) $\frac{12}{8} : \frac{3}{4}$

12 Denke daran, vor dem Multiplizieren zu kürzen. Kontrolliere mit der Probe.

a) $\frac{1}{2} : \frac{3}{4}$ b) $\frac{3}{8} : \frac{9}{10}$ c) $\frac{1}{4} : \frac{7}{8}$ d) $\frac{2}{3} : \frac{4}{9}$

e) $\frac{5}{6} : \frac{5}{12}$ f) $\frac{4}{5} : \frac{10}{11}$ g) $\frac{3}{7} : \frac{7}{3}$ h) $\frac{3}{12} : \frac{5}{6}$

i) $\frac{2}{3} : \frac{1}{3}$ j) $\frac{5}{8} : \frac{1}{5}$ k) $\frac{1}{8} : \frac{1}{4}$ l) $\frac{3}{4} : \frac{1}{2}$

Thema: Mit dem Jumbo nach Miami

Flugkapitän Borchers steuerte den Flug von Düsseldorf nach Miami in den USA. Sein Flugzeug war eine Boeing 747 (Jumbojet).

Flugplan-Ausschnitt für den Flug nach Miami:				
LH434/09 09 JAN	B747		10:55	20:48 KMIA
TIME	**G/S**	**FL**	**TP**	**FUEL**
00	–	–	+07	–
05	455	31000	-54	5118
18	455	31000	-54	8048
40	439	31000	-54	12671
45	452	31000	-54	13807
1:30	415	31000	-54	23247

TIME -- Flugzeit in min   TP -- Temperatur in °C
G/S -- Geschwindigkeit in Knoten   FUEL -- Treibstoff in kg
FL -- Flughöhe in foot

Vor dem Start besprach er mit dem Copiloten den Flugplan. In diesem Flugplansausschnitt kannst du z. B. erkennen, dass die Startzeit auf 10:55 festgelegt war und die Landung um 20:48 Uhr in Miami erfolgen sollte. Weiterhin ist abzulesen, dass die Boeing 747 fünf Minuten nach dem Start die Reiseflughöhe von 31 000 ft erreicht haben und mit einer Geschwindigkeit von 455 Knoten fliegen sollte. Der Treibstoffverbrauch sollte bis dahin 5 118 kg betragen.

"Ladies and gentlemen, this is your captain speaking from the flight-deck …" So begann Kapitän Borchers seine Ansage und gab den Passagieren zunächst Informationen über den Flug in englischer Sprache. Dann wiederholte er diese auf deutsch und benutzte für Reiseflughöhe, Entfernungen und Geschwindigkeiten unsere Maßeinheiten.
Das Gewicht von 1 Liter Treibstoff hängt von der Temperatur ab und wird „Fuel Density" genannt. An diesem Tag wog ein Liter Treibstoff 0,820 kg. Demnach hatte 1 kg Treibstoff ein Volumen von ca. 1,220 Liter. Flugzeuge tanken immer mehr Treibstoff, als sie für den planmäßigen Flug benötigen, denn Warteschleifen vor der Landung, schlechtes Wetter und notfalls der Flug zu einem Ausweichflughafen machen zusätzlichen Treibstoff nötig. Um das Gewicht seines Flugzeugs jederzeit berechnen zu können, benötigte Flugkapitän Borchers das Gewicht des Treibstoffes in Kilogramm.

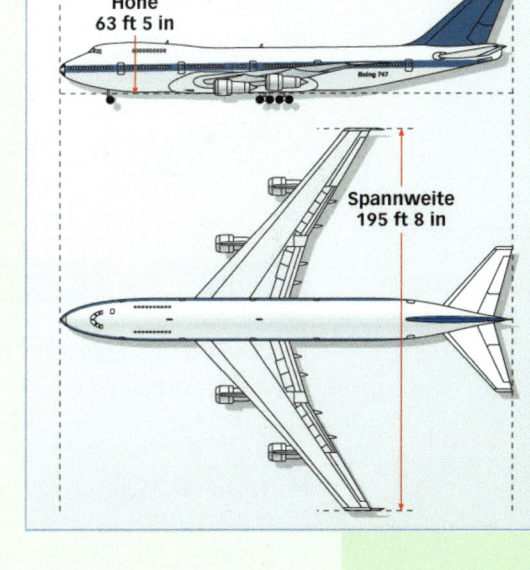

Boeing 747: Flugzeugbemaßung

Länge 231 ft 4 in

Höhe 63 ft 5 in

Spannweite 195 ft 8 in

1 Beantworte verschiedene Fragen zum Flug.
a) Gib die Länge, Höhe und Spannweite des Jumbojets in Metern an.
b) Gib die Reiseflughöhe der B 747 in Metern an.
c) Gib die Entfernung von Düsseldorf nach Miami (4 217 Seemeilen) in Kilometern an.
d) Welches ist die maximale und welches ist die minimale Geschwindigkeit, die im Flugplan angegeben werden?
   Gib beide Werte in Kilometern pro Stunde (km/h) an.
e) Wie viel kg Treibstoff werden für den planmäßigen Flug benötigt?

2 👥 Denkt euch weitere Aufgaben zu diesem Flug aus und bereitet Lösungen vor. Präsentiert die Aufgaben in eurer Klasse.

Mit diesen Angaben kannst du die Umrechnungen vornehmen.			
planmäßiger Flug Düsseldorf – Miami	135 610 Liter	1 foot (ft)	= 0,3048 m
		1 inch (in)	= 0,0254 m
zusätzlicher Treibstoff	21 690 Liter	1 Seemeile (sm)	= 1,8520 km
gesamter Treibstoff	157 300 Liter	1 Knoten (kn)	= 1,8520 $\frac{km}{h}$

Klar so weit?

→ Seite 110

Dezimalbrüche multiplizieren

1 Rechne schriftlich.
a) 0,2 · 17
b) 0,03 · 24
c) 12 · 0,06
d) 1,5 · 30
e) 25 · 0,4
f) 13 · 0,07

1 Überschlage und multipliziere.
a) 0,9 · 0,7
b) 0,8 · 0,6
c) 1,7 · 0,5
d) 1,4 · 0,6
e) 3,5 · 0,04
f) 0,22 · 0,02

2 Überschlage zuerst das Ergebnis.
Multipliziere schriftlich.
a) 0,025 · 0,3
b) 1,5 · 0,06
c) 0,19 · 0,007
d) 0,003 · 0,012

2 Überschlage zuerst und berechne dann
das Ergebnis.
a) 0,059 · 7,03
b) 5,37 · 15,7
c) 0,141 · 8,3
d) 5,26 · 0,038

3 Ein Schweizer Franken (SFr.) ist etwa
0,91 € wert. Rechne die angegebenen Beträge
in € um. Runde sinnvoll.
a) 250 SFr.
b) 35,75 SFr.
c) 64,50 SFr.
d) 1 079,23 SFr.

3 Frau Sommer hat ein rechteckiges
Grundstück gekauft, das 26,5 m lang und
15,5 m breit ist.
Wie viel kostet es, wenn der Quadratmeterpreis 185,50 € beträgt?

4 Ein Supermarkt bietet Sonder-
angebote an.
Runde sinnvoll.
Berechne die Preise für …
a) je 0,75 kg von den Angeboten.
b) je 1,25 kg von den Angeboten.

Jeden Freitag
Frischfisch

Frisches Seelachsfilet
1 kg 5,99

Gesunde Vitamine

Spanische Tomaten
Klasse 1
1 kg 1,69

Italia-Trauben
Klasse 1
1 kg 1,59

→ Seite 114

Dezimalbrüche dividieren

5 Löse die Aufgaben im Kopf. Schreibe zu
einer der Aufgaben eine Rechengeschichte.
a) 2,0 l : 0,5 l
b) 0,8 l : 0,1 l
c) 3,0 l : 0,25 l
d) 1,5 m : 0,5 m
e) 1,5 m : 0,25 m
f) 0,75 m : 0,15 m

5 Dividiere schriftlich. Prüfe mit der Probe.
a) 810,8 : 8
b) 627,9 : 6
c) 1184,1 : 15
d) 218,25 : 18
e) 666,6 : 12
f) 459,9 : 28
g) 0,4503 : 0,5
h) 42,0126 : 2,1
i) 203,385 : 0,525
j) 27,0027 : 1,0001

6 Dividiere schriftlich.
Prüfe dein Ergebnis mit der Probe.
a) 90,36 : 4
b) 2,421 : 9
c) 7,50 : 5
d) 0,364 : 7
e) 0,044 : 8
f) 9,018 : 9
g) 219,84 : 0,4
h) 0,171 02 : 0,17
i) 65,3745 : 2,05
j) 0,125 05 : 2,501

6 Überschlage zuerst. Dann dividiere und
runde das Ergebnis an der Zehntelstelle.
a) 13,1 : 0,4
b) 0,4 : 1,31
c) 24,6 : 3,25
d) 12,5 : 7,5
e) 7,5 : 12,5
f) 0,056 : 1,02

7 Überschlage zuerst, dann löse und vergleiche mit deinem Überschlag.
Frau Hu zahlt 71,25 € für eine Tankfüllung
von 62,5 l. Wie viel kostet 1 Liter Benzin?

7 Überschlage zuerst, dann löse und ver-
gleiche mit deinem Überschlag.
Ein rechteckiges Zimmer ist 28,125 m² groß.
Eine Seite des Zimmers ist 4,5 m lang.
Berechne die Länge der anderen Seite.

→ Seite 118

Brüche multiplizieren

8 Berechne. Kürze, wenn möglich.

a) $5 \cdot \frac{2}{7}$ b) $\frac{3}{10} \cdot 3$ c) $16 \cdot \frac{7}{8}$

d) $\frac{5}{6} \cdot 12$ e) $33 \cdot \frac{6}{11}$ f) $\frac{8}{15} \cdot 25$

8 Berechne. Kürze, wenn möglich.

a) $\frac{12}{24} \cdot 2$ b) $\frac{5}{10} \cdot 13$ c) $\frac{11}{25} \cdot 2$

d) $\frac{5}{14} \cdot 16$ e) $\frac{7}{28} \cdot 11$ f) $\frac{15}{17} \cdot 5$

9 Schreibe zunächst auf einen Bruchstrich. Kürze, wenn möglich, vor dem weiteren Multiplizieren.

a) $\frac{2}{5} \cdot \frac{1}{6}$ b) $\frac{2}{3} \cdot \frac{3}{5}$ c) $\frac{11}{24} \cdot \frac{6}{13}$

d) $\frac{15}{16} \cdot \frac{32}{60}$ e) $\frac{12}{17} \cdot \frac{1}{9}$ f) $\frac{5}{18} \cdot \frac{9}{10}$

9 Wandle die gemischten Zahlen in Brüche um. Schreibe das Ergebnis wieder als gemischte Zahl.

a) $2\frac{1}{2} \cdot 3\frac{1}{4}$ b) $3\frac{2}{5} \cdot 4\frac{1}{6}$ c) $4\frac{1}{7} \cdot 5\frac{1}{8}$

d) $5\frac{2}{3} \cdot 2\frac{3}{4}$ e) $7\frac{2}{3} \cdot 4\frac{1}{5}$ f) $8\frac{1}{2} \cdot 9\frac{1}{3}$

10 $\frac{1}{9}$ von den 27 Kindern aus der Klasse 6 a fahren mit dem Fahrrad zur Schule. Wie viele Kinder sind das?

10 $\frac{5}{14}$ von den 28 Kindern aus der Klasse 6 c haben eine andere Muttersprache als Deutsch. Wie viele Kinder sind das?

Brüche dividieren

→ Seite 122

11 Wandle die gemischten Zahlen in Brüche um. Schreibe das Ergebnis wieder als gemischte Zahl.

a) $\frac{3}{5} : 7$ b) $3 : \frac{2}{3}$ c) $\frac{5}{12} : 5$

d) $24 : \frac{4}{5}$ e) $\frac{4}{25} : 2$ f) $2\frac{2}{3} : 2$

g) $1 : \frac{1}{12}$ h) $1\frac{1}{2} : 3$ i) $1\frac{1}{2} : \frac{1}{2}$

11 Wandle die gemischten Zahlen in Brüche um. Schreibe das Ergebnis wieder als gemischte Zahl.

a) $\frac{1}{2} : 1\frac{1}{4}$ b) $\frac{2}{3} : 1\frac{5}{6}$ c) $\frac{3}{5} : 2\frac{1}{4}$

d) $\frac{5}{7} : 7\frac{1}{2}$ e) $\frac{5}{8} : 3\frac{3}{4}$ f) $\frac{2}{9} : 1\frac{1}{3}$

g) $2\frac{1}{2} : 1\frac{1}{4}$ h) $1\frac{1}{3} : 1\frac{1}{10}$ i) $2\frac{1}{3} : 1\frac{3}{4}$

12 Berechne und kürze vollständig. Prüfe dein Ergebnis mit der Probe.

a) $\frac{3}{4} : \frac{3}{8}$ b) $\frac{2}{7} : \frac{5}{9}$

c) $\frac{9}{14} : \frac{3}{10}$ d) $\frac{7}{8} : \frac{1}{8}$

e) $\frac{3}{5} : \frac{2}{5}$ f) $\frac{4}{7} : \frac{6}{11}$

12 Übertrage in dein Heft und ergänze die Platzhalter. Prüfe deine Lösung mit der Probe.

a) $\frac{5}{6} : \frac{\blacksquare}{4} = 1\frac{1}{9}$ b) $\frac{\blacksquare}{8} : \frac{3}{4} = \frac{5}{6}$

c) $\frac{7}{\blacksquare} : \frac{14}{15} = \frac{5}{8}$ d) $1\frac{1}{6} : \frac{7}{\blacksquare} = 3$

13 Die Getränke sollen an sechs Kinder gerecht verteilt werden. Wie viel Liter erhält jedes Kind?

a) $1\frac{1}{2}$ l Cola   b) $2\frac{3}{4}$ l Saft

c) $3\frac{1}{4}$ l Selters   d) $\frac{2}{3}$ l Brause

13 Eine Flaschenfüllanlage füllt pro Minute 20 l Wasser in $1\frac{1}{2}$-l-Flaschen.

a) Wie viele Flaschen werden in einer Minute gefüllt?

b) Wie viele Sekunden dauert es, bis *eine* Flasche gefüllt ist?

Vermischte Übungen

1 Berechne.

a) $4,2 \cdot 0,3$ b) $4,2 : 0,3$

c) $4,2 + 0,3$ d) $4,2 - 0,3$

e) $0,75 \cdot 0,4$ f) $0,75 : 0,4$

g) $0,75 + 0,4$ h) $0,74 - 0,4$

1 Berechne.

a) $0,8 \cdot 1,2$ b) $0,8 : 1,2$

c) $0,8 + 1,2$ d) $8 \cdot 0,12$

e) $8 : 0,12$ f) $8 - 0,12$

g) $3,25 \cdot 6,4$ h) $0,325 + 6,4$

2 Denke an die Vorrangregeln.

a) $3,24 \cdot 0,5 + 0,5$

b) $2,5 - 2,5 \cdot 0,3$

c) $1,67 \cdot 2,5 + 0,5$

d) $3,8 - 0,8 \cdot 4,5$

e) $2,7 : 0,3 + 1,27$

f) $0,6 : 1,2 - 0,134$

g) $7 + 0,25 : 0,4$

h) $58,4 - 85,4 : 4$

2 Denke an die Vorrangregeln.

a) $2,7 \cdot 0,85 - 0,85$

b) $13,12 - 6,12 \cdot 2,05$

c) $67,3 + 12,7 \cdot 1,9$

d) $7,4 \cdot 12,6 - 2,6$

e) $18,9 - 14,57 : 3,1$

f) $11,374 : 0,47 - 0,45$

g) $59,66 : 3,8 + 6,2$

h) $267 - 1\,259,6 : 6,7$

3 Berechne und runde das Ergebnis als Dezimalbruch auf zwei Nachkommastellen.

a) $\frac{3}{4} \cdot \frac{1}{8}$ b) $\frac{3}{4} : \frac{1}{8}$ c) $\frac{3}{4} + \frac{1}{8}$

d) $\frac{3}{4} - \frac{1}{8}$ e) $1\frac{1}{2} \cdot \frac{2}{3}$ f) $1\frac{1}{2} : \frac{2}{3}$

g) $1\frac{1}{2} + \frac{2}{3}$ h) $1\frac{1}{2} - \frac{2}{3}$ i) $\frac{1}{5} \cdot \frac{1}{5}$

3 Berechne und runde das Ergebnis als Dezimalbruch auf zwei Nachkommastellen.

a) $1\frac{2}{3} \cdot \frac{2}{3}$ b) $1\frac{2}{3} : \frac{2}{3}$ c) $1\frac{2}{3} + \frac{2}{3}$

d) $1\frac{2}{3} - \frac{2}{3}$ e) $2\frac{1}{2} \cdot 1,25$ f) $2\frac{1}{2} : 1\frac{3}{4}$

g) $2\frac{1}{2} + 1\frac{3}{4}$ h) $2,5 - 1\frac{3}{4}$ i) $1\frac{1}{4} \cdot 0,5$

4 Für ein Schulkonzert wurde Limonade in kleinen $\frac{1}{3}$-l-Flaschen gekauft.

Wie viel Liter Limonade sind in den folgenden Anzahlen von Limonadenflaschen?

a) 20 Flaschen

b) 24 Flaschen

c) 27 Flaschen

d) 111 Flaschen

e) Wie viele Flaschen benötigt man für 75 l Limonade?

4 Wie viel Liter des Getränks sind in einem Kasten enthalten?

a) Selters mit 12 Flaschen zu je $\frac{7}{10}$ l

b) Limonade mit 24 Flaschen zu je $\frac{1}{3}$ l

c) Cola mit 12 Flaschen zu je $1\frac{1}{2}$ l

d) Wasser mit 10 Flaschen zu je $\frac{3}{4}$ l

e) Apfelsaft mit 12 Flaschen zu je $\frac{2}{10}$ l

ZU DEN AUFGABEN 5 UND 5

*Genau wie bei den natürlichen Zahlen gilt das **Distributivgesetz** (Verteilungsgesetz) auch für Dezimalbrüche und Brüche:*

$(a + b) \cdot c = a \cdot c + b \cdot c$

$(a - b) \cdot c = a \cdot c - b \cdot c$

$(a + b) : c = a : c + b : c$

$(a - b) : c = a : c - b : c$

5 Markiere zunächst gleiche Zahlen im Heft. Wende dann das Distributivgesetz an.

a) $1,3 \cdot 2,5 + 0,7 \cdot 2,5$

b) $2,7 \cdot 3,5 + 6,5 \cdot 2,7$

c) $3,4 \cdot 0,8 - 0,4 \cdot 0,8$

d) $10,1 \cdot 4,1 - 10,1 \cdot 0,1$

e) $0,3 : 25 + 0,7 : 25$

f) $4\frac{1}{2} : 3\frac{2}{5} - \frac{1}{2} : 3\frac{2}{5}$

g) $\frac{3}{4} \cdot \frac{5}{8} + \frac{1}{4} \cdot \frac{5}{8}$

5 Zeige mit der Tabelle, dass das Distributivgesetz auch für die Bruchrechnung gilt.

a	b	c	$a \cdot c$	$b \cdot c$	$a + b$	$(a + b) \cdot c$	$a \cdot c + b \cdot c$
0,3	0,4	0,5	0,15	0,20	0,7		
1,2	4,5	0,9					
$\frac{2}{3}$	$\frac{3}{4}$	$\frac{4}{5}$					
$\frac{2}{5}$	$\frac{1}{2}$	$\frac{3}{8}$					

6 Ein Blatt Papier ist 0,095 mm dick.
Wie hoch ist ein Stapel mit 10 (mit 100; mit 1 000, mit 10 000) Blatt Papier?

6 Rechts sieht man hundert 1-ct-Münzen.
a) Wie hoch ist ein Stapel mit nur zehn 1-ct-Münzen?
b) Wie dick ist *eine* 1-ct-Münze?
c) Eine 1-ct-Münze wiegt 2,3 g. Wie viel wiegen die abgebildeten Münzen?
d) Wie viel 1-ct-Münzen wiegen zusammen 1 kg? Gib als Geldbetrag in € an.

4,2 cm

7 Herr Sonneborn kauft im Supermarkt ein. Schreibe die Ergebnisse in Form eines Kassenbons in dein Heft und berechne den Endbetrag.

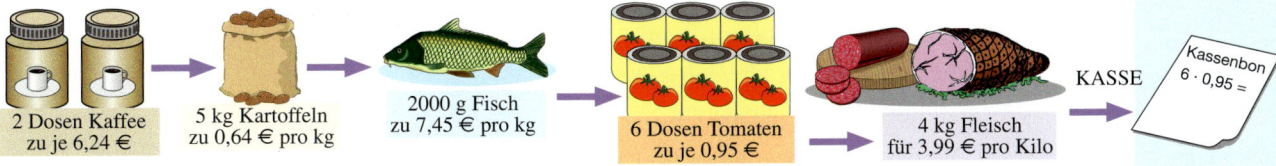

2 Dosen Kaffee zu je 6,24 €

5 kg Kartoffeln zu 0,64 € pro kg

2000 g Fisch zu 7,45 € pro kg

6 Dosen Tomaten zu je 0,95 €

4 kg Fleisch für 3,99 € pro Kilo

KASSE

Kassenbon
6 · 0,95 =

8 Setze die Ziffern 2; 3 und 5 so ein, dass das Ergebnis möglichst groß (möglichst klein) wird. Gibt es mehrere Möglichkeiten?

a)

b)

8 Setze die Ziffern 2; 3; 5 und 7 so ein, dass das Ergebnis möglichst groß (möglichst klein) wird. Gibt es mehrere Möglichkeiten?

a)

b)

9 Erkläre den Unterschied zwischen der Division eines Bruchs durch eine natürliche Zahl und dem Kürzen eines Bruchs. Schreibe dazu passende Beispiele auf ein Plakat und präsentiere es.

10 Bei Schmuckstücken wird der enthaltene Gold- oder Silberanteil durch einen Stempeleindruck angegeben.
Die Zahl 333 bedeutet, dass $\frac{333}{1000}$ des Ringes aus Gold bestehen.

Berechne die Gold- oder Silberanteile in g.
a) Goldring von $9\frac{1}{2}$ g mit 585er-Stempel.
b) Goldring von $12\frac{3}{4}$ g mit 750er-Stempel.
c) Silberkette von $30\frac{1}{4}$ g, 835er-Stempel.
d) Silberohrring von 3 g mit 925er-Stempel.

11 Für die Klassenfahrt benötigt Hanna 135 €. Von dem Betrag hat sie schon $\frac{6}{10}$ zusammen. Peter hat schon $\frac{85}{100}$ angespart.
a) Wie viel Euro haben sie bislang gespart?
b) Wie viel Euro müssen sie jeweils noch sparen?

10 Mareks Opa hat einen Fotoapparat, bei dem sich die Belichtungszeit entsprechend der Helligkeit automatisch einstellt.
Es gibt folgende Belichtungszeiten:
$\frac{1}{8}$ s; $\frac{1}{30}$ s; $\frac{1}{125}$ s; $\frac{1}{500}$ s.
Diese Zeiten kann Marek dann per Hand zusätzlich auf den $\frac{1}{4}$-fachen; $\frac{1}{2}$-fachen; 2-fachen; 4-fachen Wert verändern. Berechne alle möglichen Belichtungszeiten.

11 Karat ist die Gewichtseinheit von Edelsteinen und Perlen. 1 Karat entspricht einem Gewicht von $\frac{1}{5}$ Gramm. Im Anhänger einer Kette wurden 6 Diamanten von $\frac{1}{50}$ Karat und 1 Diamant von $\frac{9}{100}$ Karat verarbeitet.
a) Berechne das Gesamtgewicht der Diamanten in Karat.
b) Berechne das Gewicht der Diamanten in g.

ERINNERE DICH
6 € sind
$\frac{6}{100}$ *von 12 €,*

Rechnung:
$\frac{6}{100} \cdot 12$

129

Die Zwillinge Sophie und Luca Wendt wollen ihre Kinderzimmer zu Jugendzimmern umgestalten. Zusammen mit ihrem Vater gehen sie einkaufen.

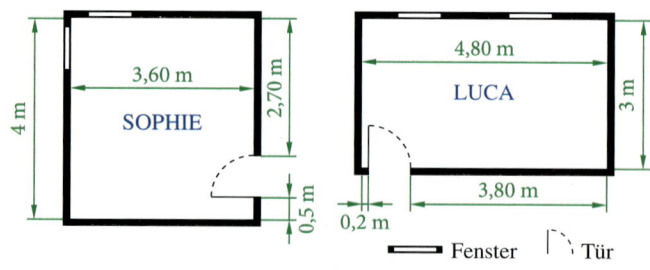

SOPHIE: 4 m, 3,60 m, 2,70 m, 0,5 m
LUCA: 4,80 m, 3 m, 3,80 m, 0,2 m

▭ Fenster   ⌐ Tür

12 Alles für den Fußboden

Beide Geschwister wollen ihre Fußböden mit Teppichfliesen auslegen und neue Fußleisten anbringen.

TEPPICH-KLEBER
0,7 kg zu   6,99 €
3 kg zu 17,58 €
5 kg zu 29,88 €
10 kg zu 49,96 €

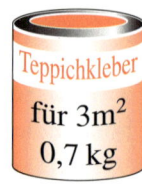

Teppichkleber
für 3 m²
0,7 kg

Teppichfliesen
Luca entscheidet sich für die grünen Teppichfliesen. Sophie möchte ihr Zimmer abwechselnd mit orangen und blauen Teppichfliesen auslegen.

TEPPICHFLIESEN
ab 15,96 € pro m²!
alle Größen in den Farben
rot, grün, blau, orange

40 cm × 40 cm je Stück 2,79 €
40 cm × 60 cm je Stück 3,85 €
50 cm × 50 cm je Stück 3,99 €

a) Welche Fliesengröße ist für Sophies Zimmer am preiswertesten?
Überlege zuerst, wie viele Fliesen sie von den angebotenen Fliesengrößen jeweils bräuchte.
Finde auch für Luca die günstigste Fliesengröße.
Berechne die Gesamtkosten.

b) Herr Wendt protestiert: „Aber diese Fliesen sind pro Quadratmeter teurer als die angegebenen 15,96 €!". Wie hat Herr Wendt gerechnet? Berechne den Preis pro m² für alle drei Fliesengrößen.
Warum sind die Fliesen für 15,96 € pro m² trotzdem nicht die günstigsten für die Wendts?

c) Zeichne den Grundriss der Zimmer im Maßstab 1 : 50 ins Heft.
Zeichne die ausgewählten Fliesen so ein, dass möglichst wenig Abfall entsteht.

Teppichkleber
Die Teppichfliesen klebt man mit einem Spezialkleber auf den Fußboden.

a) Berechne die Bodenfläche der beiden Zimmer.

b) Wie viel kg Teppichkleber benötigen sie?

c) Sophie will schnell weiter: „Für alles zusammen nehmen wir den 10-kg-Eimer." Geht es preiswerter?

FUSS-LEISTEN
Preise je Stück
2,40 m   6,99 €
2,50 m   7,28 €
2,55 m   7,43 €
2,70 m   7,86 €

Fußleisten
Luca steht schon bei den Fußleisten: „Wir nehmen zusammen genau 12 Fußleisten. Dann bleibt kein Abfall übrig!".

a) Von welchen Fußleisten will er jeweils wie viele nehmen? Beachte, dass bei den Türen keine Fußleiste liegt.

b) Berechne die Kosten.

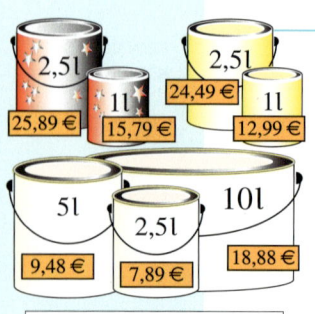

2,5 l 25,89 €
1 l 15,79 €
2,5 l 24,49 €
1 l 12,99 €
5 l 9,48 €
2,5 l 7,89 €
10 l 18,88 €

Ergiebigkeit: 10 m² pro l

13 Neue Farben für Wände und Decken

Sophie wünscht sich eine Zimmerdecke mit Glitzereffekt und weiße Wände.
Luca möchte seine beiden schmalen Wände gelb streichen, die beiden langen Wände und die Decke sollen weiß werden.

Die Zimmer sind 2,60 m hoch.

a) Wie viel zahlen sie für die glitzernde und wie viel für die gelbe Farbe?

b) Wie viel kostet sie die weiße Farbe? Ziehe je Fenster 1 m² und je Tür 2 m² von den Wandflächen ab.

Zusammenfassung

Dezimalbrüche multiplizieren

→ Seite 110

1. Man multipliziert die Faktoren wie natürliche Zahlen (also ohne die Kommas zu beachten).

2. Beim Ergebnis setzt man das Komma so, dass es genau so viele **Nachkommastellen** hat wie beide Faktoren zusammen.

Mache vor der Rechnung einen Überschlag und vergleiche dein Ergebnis mit dem Überschlag.

	2 Nachkommastellen			+ 3 Nachkommastellen		
3,	6	5 ·	2,	7	2	3
		7	3	0	0	0 0
	2	5	5	5	0	0
			7	3	0	0
+		1	1	0	9	5
	9,	9	3	8	9	5

5 Nachkommastellen

Dezimalbrüche dividieren

→ Seite 114

1. Der **Divisor** soll eine natürliche Zahl werden, deswegen multipliziert man Dividend und **Divisor** mit derselben Zehnerpotenz (mit 10; mit 100; 1 000; …).

2. Dann dividiert man durch die natürliche Zahl indem man wie mit natürlichen Zahlen schriftlich rechnet.

3. In dem Rechenschritt, in dem man das Komma überschreitet, setzt man auch im Ergebnis ein Komma.

$$1,85 : 2,5$$
$$\cdot 10 \qquad \cdot 10$$
$$= 18,5 : 25 = 0,74$$

−	0
1	8 5
− 1	7 5
1	0 0
− 1	0 0
	0

Probe:

$$0,74 \cdot 2,5$$
$$1 4 8 0$$
$$+ \quad 3 7 0$$
$$1,8 5 0$$

Brüche multiplizieren

→ Seite 118

Eine **natürliche Zahl wird mit einem Bruch multipliziert**, indem man den Zähler mit dieser Zahl multipliziert und den Nenner beibehält.

$$5 \cdot \frac{3}{4} = \frac{5 \cdot 3}{4} = \frac{15}{4} = 3\frac{3}{4}$$

Brüche werden multipliziert, indem man Zähler mit Zähler multipliziert und Nenner mit Nenner multipliziert.

$$\frac{2}{3} \cdot \frac{3}{5} = \frac{2 \cdot 3}{3 \cdot 5} = \frac{6}{15} = \frac{2}{5}$$

Brüche dividieren

→ Seite 122

Man **dividiert durch einen Bruch**, indem man mit seinem Kehrbruch multipliziert.

$$\frac{7}{3} : \frac{3}{4} = \frac{7}{3} \cdot \frac{4}{3} = \frac{7 \cdot 4}{3 \cdot 3} = \frac{28}{9} = 3\frac{1}{9}$$

Den **Kehrbruch** (**Kehrwert**) eines Bruchs bildet man, indem man Zähler und Nenner tauscht.

$$\frac{3}{4} : 6 = \frac{3}{4} : \frac{6}{1} = \frac{3}{4} \cdot \frac{1}{6} = \frac{3 \cdot 1}{4 \cdot 6} = \frac{1}{8}$$

Prüfe dein Ergebnis mit der **Probe**.

$$\frac{1}{8} \cdot 6 = \frac{1}{8} \cdot \frac{6}{1} = \frac{1 \cdot 6}{8 \cdot 1} = \frac{6}{8} = \frac{3}{4}$$

Teste dich!

8 Punkte

1 Multipliziere. Mache zunächst einen Überschlag im Kopf.

a) $3{,}14 \cdot 1000$ b) $100 \cdot 0{,}028$ c) $8{,}42 \cdot 8$ d) $0{,}87 \cdot 13$

e) $1{,}25 \cdot 2{,}7$ f) $3{,}56 \cdot 0{,}256$ g) $4{,}3 \cdot 0{,}55$ h) $2{,}36 \cdot 4{,}75$

8 Punkte

2 Dividiere. Mache zunächst einen Überschlag im Kopf.

a) $9{,}42 : 6$ b) $8{,}848 : 7$ c) $0{,}033 : 2$ d) $9{,}6 : 12$

e) $0{,}952 : 0{,}7$ f) $38{,}88 : 1{,}2$ g) $1{,}4688 : 0{,}24$ h) $0{,}425 : 0{,}125$

6 Punkte

3 Berechne die Multiplikationsaufgaben. Kürze, wenn möglich.

a) $\frac{1}{3} \cdot \frac{1}{2}$ b) $\frac{1}{5} \cdot \frac{4}{9}$ c) $\frac{3}{8} \cdot \frac{2}{3}$ d) $\frac{4}{9} \cdot \frac{3}{8}$ e) $1\frac{1}{8} \cdot \frac{3}{5}$ f) $2\frac{1}{5} \cdot 2\frac{7}{9}$

6 Punkte

4 Berechne die Divisionsaufgaben. Kürze, wenn möglich. Prüfe mit der Umkehraufgabe.

a) $5 : \frac{2}{3}$ b) $\frac{3}{5} : \frac{2}{3}$ c) $\frac{1}{2} : 2$ d) $\frac{3}{4} : \frac{5}{6}$ e) $\frac{2}{9} : \frac{4}{27}$ f) $1\frac{1}{2} : 3$

2 Punkte

5 Ein Bauer hat 585 kg Kartoffeln geerntet, die er in 12,5-kg-Säcke füllen möchte.

a) Wie viele Säcke erhält er und wie viel Kilogramm Kartoffeln bleiben übrig?

b) Die restlichen Kartoffeln füllt er in 1,25-kg-Säcke. Wie viele kleine Säcke füllt er?

1 Punkt

6 Ein Käfer mit einer Länge von 2,25 cm wird durch eine Lupe mit $4\frac{3}{4}$-facher Vergrößerung angeschaut. Wie groß ist das Bild des Käfers?

3 Punkte

7 Frau Tholen möchte ein Kostüm nähen. Dazu benötigt sie ein Stück Stoff, das $\frac{3}{4}$ m breit und $1\frac{1}{2}$ m lang ist.

Sie findet im Geschäft einen schönen Stoff, der 80 cm breit auf einer Stoffrolle aufgerollt ist. Dieser Stoff ist aber nur noch 1,75 m lang. Pro abgerolltem Meter Länge kostet der Stoff 18,50 €.

a) Reicht der Stoff aus, um das Kostüm zu schneidern?

b) Wie teuer ist das Stück, das Frau Tholen benötigt?

c) Frau Tholen entdeckt am Stoff einen Webfehler. Deshalb bietet die Händlerin ihr den Stoff zu $\frac{3}{4}$ des normalen Preises an. Wie viel muss Frau Tholen bezahlen? Runde sinnvoll.

3 Punkte

8 Auf einer Förderbandstraße füllt ein Automat pro Minute $10\frac{1}{2}$ l Limonade in $\frac{1}{3}$-l-Flaschen.

a) Wie viele Flaschen werden in einer Minute gefüllt?

b) In wie vielen Sekunden wird *eine* Flasche gefüllt?

c) Wie viel Zeit benötigt der Automat, um einen Kasten mit 12 Flaschen zu füllen?

Körper

Kennst du den Soma-Würfel?
Er besteht aus mehreren, unterschiedlich
geformten Körpern, die wiederum aus
27 kleinen Würfeln zusammengesetzt sind.
Die Körper sind z. B. L-, S- und T-förmig.

Ziel ist es, die Teile zu einem Würfel
zusammenzusetzen. Hierfür gibt es
240 verschiedene Möglichkeiten.

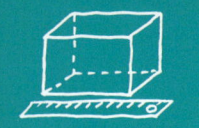

Noch fit?

Einstig

Aufstieg

1 Flächeneinheiten umwandeln

Wandle die Flächeneinheiten in die angegebenen Einheiten um.

a) $8\,m^2$ (dm^2)   b) $30\,dm^2$ (cm^2)   c) $4\,000\,m^2$ (cm^2)   d) $6\,000\,dm^2$ (cm^2)

e) $340\,cm^2$ (mm^2)   f) $90\,000\,mm^2$ (cm^2)   g) $12\,m^2$ (dm^2)   h) $14\,000\,cm^2$ (dm^2)

2 Vierecke benennen

Benenne die Vierecke.

2 Vierecke zeichnen

Zeichne ins Heft …

a) ein Quadrat mit $u = 20\,cm$

b) ein Parallelogramm mit $u = 14\,cm$

c) ein Rechteck mit $A = 12\,cm^2$

d) eine Raute mit $a = 3,5\,cm$

3 Umfang berechnen

Berechne den Umfang der Rechtecke.

	Seite a	Seite b	Umfang u
a)	3 dm	3 dm	
b)	15 cm	13 cm	
c)	44 m	96 m	
d)	12 cm	1,2 dm	
e)	8 dm	26 cm	

3 Rechtecke berechnen

Berechne die fehlenden Größen im Heft.

	Seite a	Seite b	Umfang u
a)	3,2 cm	2,4 cm	
b)		12 cm	48 cm
c)	4,7 cm		18,8 cm
d)	5,3 dm	24 dm	
e)		5,8 m	27,2 m

NACHGEDACHT

Wie viele verschiedene Rechtecke mit dem Flächeninhalt $A = 24\,cm^2$ und ganzzahligen Seitenlängen gibt es?

4 Flächeninhalt berechnen

Berechne den Flächeninhalt des Rechtecks.

	Länge	Breite	Flächeninhalt
a)	8 cm	7 cm	
b)	9 dm	18 dm	
c)	15 mm	21 mm	
d)	5 m	19 m	

4 Flächeninhalt berechnen

Wandle zuerst in dieselbe Einheit um und berechne den Flächeninhalt der Rechtecke.

a) $a = 6\,cm$; $b = 18\,mm$

b) $a = 4,5\,cm$; $b = 20\,mm$

c) $a = 750\,m$; $b = 1,6\,km$

d) $a = 1,2\,cm$; $b = 16\,dm$

e) $a = 2,08\,m$; $b = 2,8\,dm$

5 Flächen berechnen

Der quadratische Fußboden eines Raums soll mit Parkett ausgelegt werden.

a) Berechne den Flächeninhalt des Fußbodens, wenn seine Seitenlänge 6 m beträgt.

b) Wie viel muss man bezahlen, wenn ein m^2 Parkett 24,50 € kostet?

5 Flächen berechnen

Die Teppichknüpfer Kim und John arbeiten beide gleich schnell.
Kims Teppich ist 3,25 m lang und 2,77 m breit. Johns Teppich ist quadratisch mit einer Seitenlänge von 3,05 m.
Welcher Teppich ist zuerst fertig?

6 Kurz und knapp

1. Jedes Quadrat ist auch ein …
2. Wie lautet die Formel zur Flächenberechnung von Rechtecken?
3. Gib die Eigenschaften einer Raute an.
4. Die Umrechnungszahl bei Längeneinheiten lautet …
5. Die Umrechnungszahl bei Flächeneinheiten lautet …

Lösungen ab Seite 202

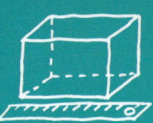

Körperformen erkennen und beschreiben

Entdecken

Vorbereitung: Bringt von zu Hause viele verschiedene Verpackungen mit, z. B. von Lebensmitteln, Süßigkeiten, Spielen usw.

1 👥 Verpackungen sortieren
Arbeitet in Gruppen. Seht euch die mitgebrachten Verpackungen an. Gibt es Gemeinsamkeiten oder extreme Unterschiede?

a) Sortiert die Verpackungen.
Nach welchen Kriterien habt ihr die Verpackungen sortiert?
b) Beschreibt die Formen der Verpackungen.
c) Überlegt euch, warum es unterschiedliche Verpackungen gibt.
d) Notiert eure Überlegungen zu a), b) und c) auf einem Plakat.

2 👥 Verpackungsformen erraten (Spiel 1)
Spielt das Spiel zu zweit. Tauscht die Rollen nach jeder Spielrunde.
Spieler A beschreibt die Form einer Verpackung mit zwei Sätzen möglichst genau, z. B.:
„Meine Verpackung besteht aus fünf Flächen. Vier der Flächen sind gleich groß."
Spieler B muss raten, welche Verpackung gemeint ist.

HINWEIS
Verwendet in euren Beschreibungen oder Fragen Begriffe wie z. B. Ecke, Kante, Fläche, Rechteck, Quadrat, Kreis, usw.

3 👥 Verpackungsformen erfragen (Spiel 2)
Spielt das Spiel in einer 4er-Gruppe.
Eine Person denkt sich eine Verpackungsform aus.
Die anderen dürfen der Reihe nach Fragen stellen, bis sie erraten, welche Verpackung gemeint ist. Wer die geometrische Form erraten hat, darf sich den nächsten Körper überlegen.
Welche Fragen dürfen gestellt werden?
Es dürfen nur Fragen gestellt werden, die man mit „ja" oder „nein" beantworten kann, z. B.:
„Besteht deine Verpackung nur aus Rechtecken?"
Man darf nur so lange fragen, bis die Antwort „nein" lautet.
Dann kommt der oder die nächste an die Reihe.

4 Kantenmodelle von Körpern herstellen
Baue mit Strohhalmen (Zahnstochern, Schaschlikstäben) und kleinen Kugeln aus Knete einige der oben abgebildeten Körper nach.

HINWEIS
Falls es an der Schule einen Baukasten gibt, könnt ihr diesen nutzen.

a) Welche der Körper kannst du nachbauen und bei welchen Körpern funktioniert das nicht?
b) Beschreibe, wie du die Körper bauen kannst.
c) Gibt es noch weitere Körper, die du mit den Bauteilen herstellen kannst?
Beschreibe ihre Eigenschaften.
d) Begründe, warum manche Körper nicht mit den Bauteilen hergestellt werden können. Welche Bauteile würdest du für deren Herstellung noch benötigen?

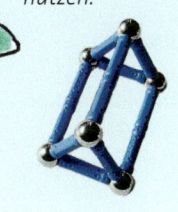

Verstehen

Viele Verpackungen und auch verschiedene
Lebensmittel haben annähernd die Form von
geometrischen Körpern.

Das Eis hat z. B. eine Kegelform und Dosen
sind meistens zylinderförmig.

Die wirklich im Alltag oder in der Natur vorkommenden Körper sehen meistens nicht
ganz genau so aus wie die unten abgebildeten
geometrischen Körper.

Die folgende Übersicht zeigt verschiedene geometrische Körper, die häufig bei Verpackungen
vorkommen.

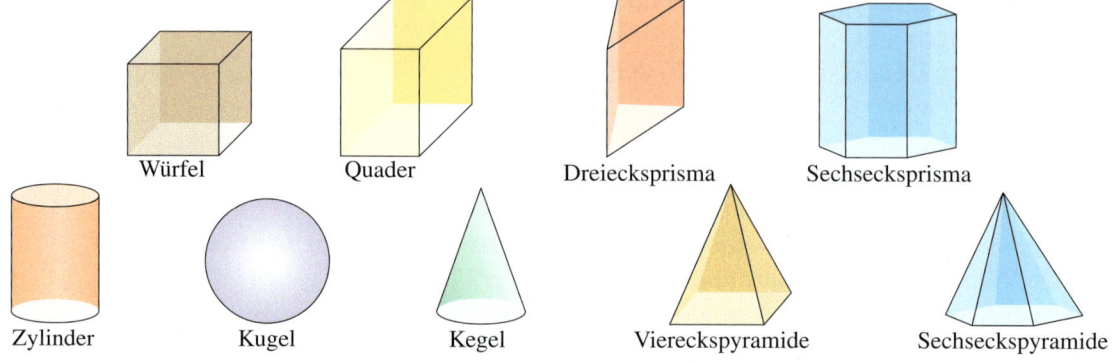

| Würfel | Quader | Dreiecksprisma | Sechseckprisma |

| Zylinder | Kugel | Kegel | Viereckspyramide | Sechseckspyramide |

HINWEIS
*Ein Quadrat ist
eine Fläche, ein
Quader ist ein
Körper.*

Zur Beschreibung von Körpern verwendet man Fachbegriffe.

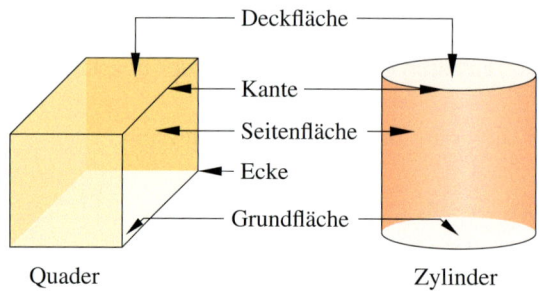

Deckfläche
Kante
Seitenfläche
Ecke
Grundfläche

Quader   Zylinder

Merke Körper werden von Flächen
begrenzt. Dabei werden **Grundfläche,
Deckfläche** und **Seitenflächen** unterschieden.

Dort, wo zwei Flächen zusammenstoßen,
entstehen **Kanten**.
Treffen mindestens drei Kanten aufeinander, entstehen **Ecken**.

Sehr häufig kommen in unserem Alltag die Körperformen Quader und Würfel vor.
Das Besondere an Quadern und Würfeln ist, dass alle Begrenzungsflächen rechteckig sind,
beim Würfel sind alle Begrenzungsflächen sogar quadratisch.

HINWEIS
*Gegenüber-
liegende Flächen
eines Quaders
sind gleich groß.*

Merke
Ein **Quader**
wird durch sechs
rechteckige
Flächen begrenzt.

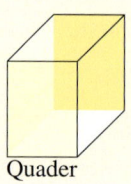

Quader

Ein **Würfel** ist ein
besonderer Quader.
Er wird durch
sechs quadratische
Flächen begrenzt.

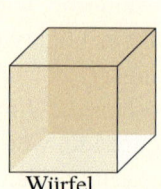

Würfel

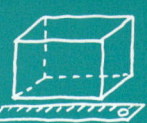

Üben und anwenden

1 Häufig stellen die Gegenstände unserer Umgebung nur annähernd einfache Körper dar.
Ordne den Gegenständen Namen von geometrischen Körpern zu.

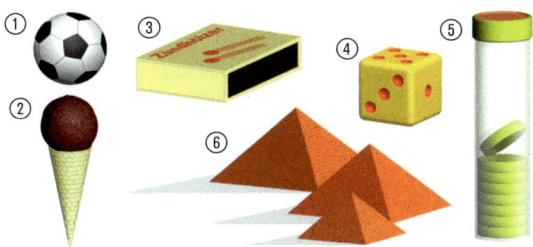

1 Welche geometrischen Körperformen erkennst du im Einkaufswagen?

2 Ergänze zu den gegebenen Körperformen weitere Beispiele aus deinem Umfeld.

Quader	Zylinder	Kegel	Pyramide	Kugel
Ziegelstein	Konservendose	Trichter	Turmdach	Melone
...	...	...	...	...

3 Julia hat einen Wasserturm und ein Männchen gebaut.
a) Notiere, welche Körper sie für die beiden Figuren verwendet hat.
b) Schreibe Sätze wie: „Die Spitze des Wasserturms besteht aus einem …"

3 Welche geometrischen Körper erkennst du in dem Foto?

4 Bei Wohnhäusern findet man oft geometrische Grundformen.
Welche Körperformen erkennst du?

4 Auch bei Burgen und Kirchen findet man oft geometrische Grundformen.
Welche Körperformen treten hier auf?

Methode: Schrägbilder zeichnen

Bevor ein Architekt ein Haus baut, zeichnet er zunächst einen Entwurf.
In der **Vorderansicht** zeichnet er das Haus von vorne, in der **Seitenansicht** von der Seite. Mithilfe eines **Schrägbilds** kann man sich das ganze Haus besser vorstellen.

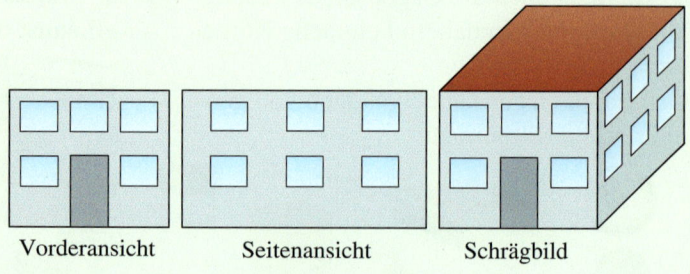

Vorderansicht   Seitenansicht   Schrägbild

Ein **Schrägbild** vermittelt einen guten räumlichen Eindruck von einem Körper.

Das Schrägbild eines Quaders mit den Seiten $a = 4\,cm$, $b = 5\,cm$ und $c = 3\,cm$ kann nach den folgenden Regeln gezeichnet werden:

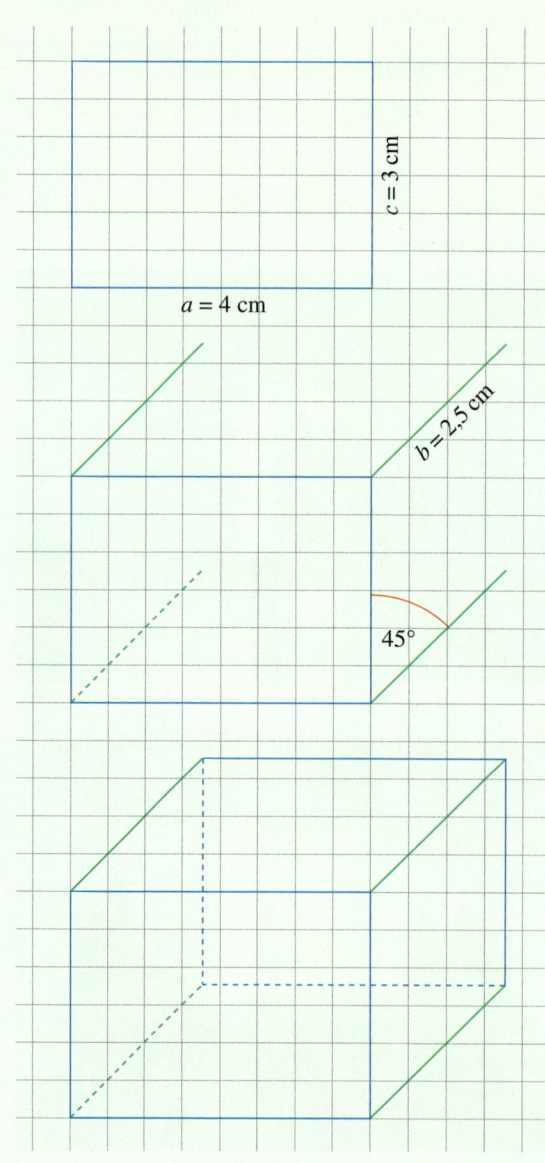

$c = 3\,cm$

$a = 4\,cm$

$b = 2{,}5\,cm$

$45°$

HINWEIS
Auf Karopapier kann man die nach hinten verlaufenden Kanten entlang der Kästchen-diagonalen zeichnen. Nutze ansonsten dein Geodreieck.

1. Zuerst wird die Vorderseite des Quaders in **Originalgröße** gezeichnet:

   $a = 4\,cm$ und $c = 3\,cm$

2. Die nach hinten verlaufenden Kanten werden an den Ecken der Vorderseite in einem Winkel von **45°** und in **halber Länge** angetragen.

   $b = \frac{1}{2} \cdot 5\,cm = 2{,}5\,cm$

3. Die Eckpunkte werden verbunden. Alle verdeckten Kanten werden **gestrichelt** gezeichnet.

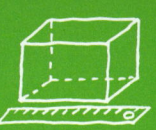

1 Überprüfe, ob der Würfel mit der Kantenlänge $a = 2\,cm$ im Schrägbild richtig dargestellt wurde.

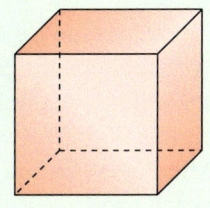

2 Bestimme aus dem Schrägbild des Quaders seine Kantenlängen.

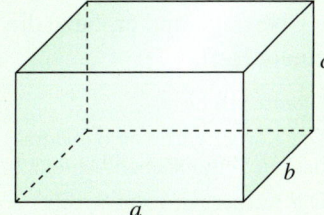

3 Im Kunstunterricht soll ein Würfel räumlich gezeichnet werden. Der Kunstlehrer ist jedoch mit einigen Bildern nicht zufrieden.

a) Begründe, warum in einigen Bildern der Würfel nicht richtig gezeichnet wurde.

b) Zeichne nun selbst einen Würfel mit einer Kantenlänge von 6 cm.

c) Erstelle eine räumliche Zeichnung eines beliebigen Quaders. Beschreibe, wie du vorgehst. Notiere zunächst die Längen.

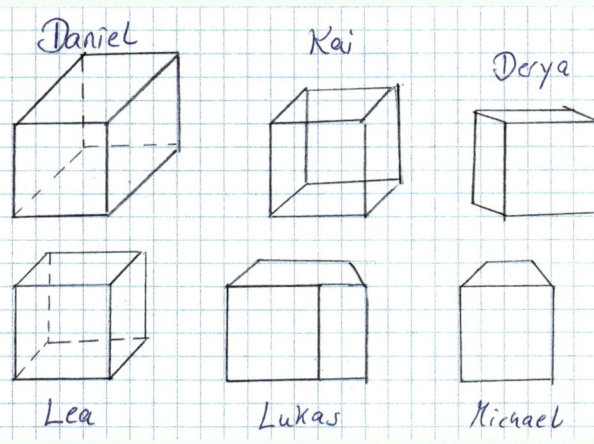

4 👥 Arbeitet zu zweit.
Betrachtet die Schrägbilder. Was haben sie gemeinsam?

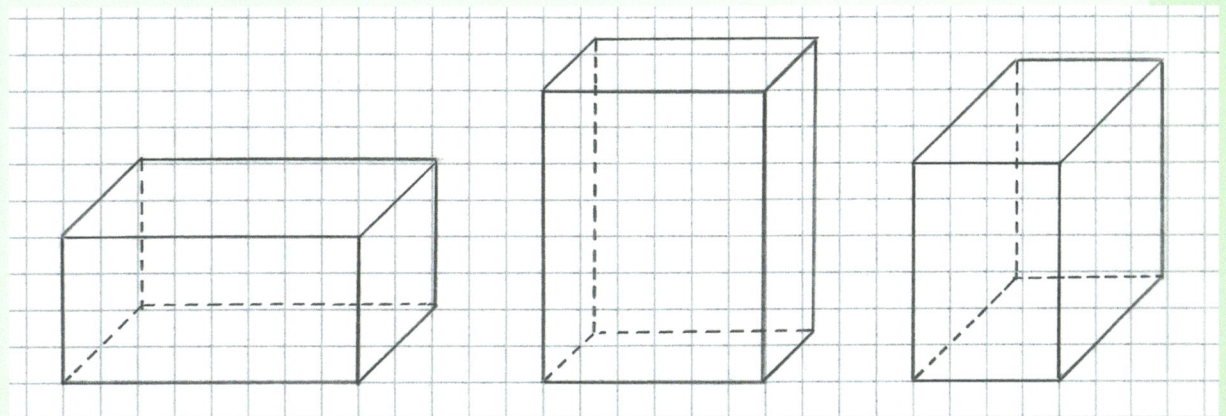

5 Mia hat ihren Namen in Druckschrift in ihr Heft geschrieben. Dabei hat sie jeden einzelnen Buchstaben als Schrägbild gezeichnet.
Schreibe selbst Buchstaben wie Mia ins Heft. Welche Buchstaben lassen sich besonders einfach als Schrägbild schreiben? Begründe.

6 Zeichne das Schrägbild eines Würfels, dem ein zweiter kleinerer Würfel auf einer Seite aufgesetzt wurde. Die Kantenlänge des größeren Würfels beträgt $a = 6\,cm$, die Kantenlänge des kleineren Würfels beträgt $a = 4\,cm$.

5 Übertrage und ergänze die Tabelle in deinem Heft.

Eigenschaft	Würfel	Quader
Der Körper wird von 6 quadratischen Seitenflächen begrenzt.	✓	
Der Körper wird von 6 rechteckigen Seitenflächen begrenzt.		
Alle Seitenflächen sind gleich groß.		
Gegenüberliegende Seitenflächen sind gleich groß.		
Der Körper besitzt 12 Kanten.		
Alle Kanten sind gleich lang.		
Gegenüberliegende Kanten sind gleich lang.		
Gegenüberliegende Kanten sind parallel zueinander.		
Benachbarte Kanten sind senkrecht zueinander.		
Der Körper besitzt 8 Ecken.		

5 Tim hat einige Eigenschaften von Quader und Würfel genannt. Stimmt alles?
Schreibe die Sätze richtig in dein Heft.
Begründe, warum etwas nicht stimmt.
a) Alle Seitenflächen eines Würfels sind gleich groß.
b) Ein Quader hat acht Ecken und in jeder Ecke stoßen drei Kanten zusammen. Also hat der Quader $8 \cdot 3 = 24$ Kanten.
c) Ein Würfel hat sechs Flächen. Jede Fläche hat vier Ecken. Also hat der Würfel $6 \cdot 4 = 24$ Ecken.
d) Sind alle Kanten des Quaders gleich lang, dann ist es ein Würfel.
e) Hat ein Quader eine quadratische Grundfläche, dann sind acht Kanten dieses Quaders gleich lang.
f) Wenn ein Quader acht gleich lange Kanten besitzt, dann hat er zwei Quadrate als Begrenzungsflächen.

6 Welches der sechs Bilder ist das Schrägbild eines Quaders?
Begründe, warum die anderen fünf Bilder keine Schrägbilder von Quadern sind.

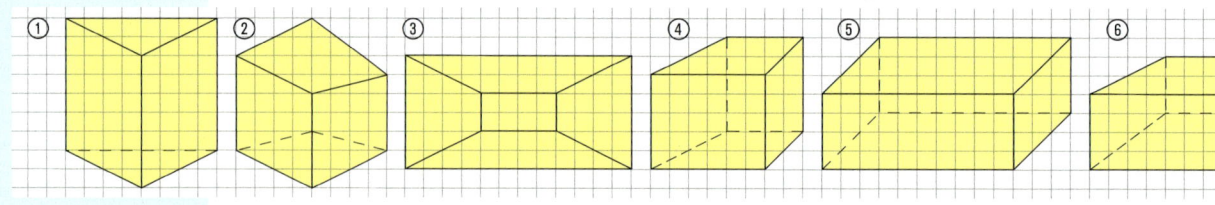

7 Übertrage ins Heft und vervollständige zum Schrägbild eines Quaders.

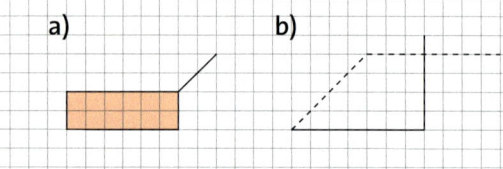

a) b)

7 Ein Quader hat folgende Kantenlängen. Zeichne ein mögliches Schrägbild ins Heft.
👥 Vergleicht eure Ergebnisse miteinander und diskutiert verschiedene Darstellungen.
a) $a = 6\,cm$, $b = 4\,cm$, $c = 3\,cm$
b) $a = 8\,cm$, $b = 5\,cm$, $c = 2\,cm$
c) $a = 4\,cm$, $b = 5\,cm$, $c = 7\,cm$
d) $a = 3\,cm$, $b = 6\,cm$, $c = 4\,cm$

8 Zeichne ein Koordinatensystem in dein Heft.
a) Trage die Punkte $A(1|1)$, $B(4|1)$, $C(4|4)$, $F(5|2)$ ein.
b) Ergänze die Punkte D, E, G und H, sodass das Schrägbild eines Quaders entsteht und gib die Koordinaten der Punkte an.

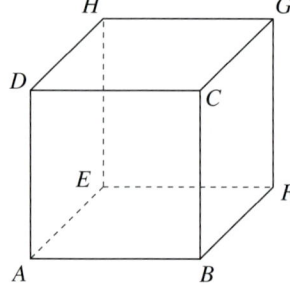

8 Zeichne ein Koordinatensystem in dein Heft.
a) Trage die Punkte $A(2|1)$, $B(7|1)$, $E(5|4)$, $C(7|7)$ ein.
b) Ergänze die Punkte D, F, G und H, sodass das Schrägbild eines Quaders entsteht und gib die Koordinaten der Punkte an.

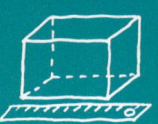

Netz von Quader und Würfel

Entdecken

1 Einige Trinkpäckchen wurden an verschiedenen Kanten aufgeschnitten und auseinander-
gefaltet. Man sagt: Die Päckchen wurden abgewickelt.
Je nachdem, wie die Trinkpäckchen aufgeschnitten wurden, entstehen verschiedene Abwicklungen. Diese Abwicklungen nennt man auch Netze oder Körpernetze.

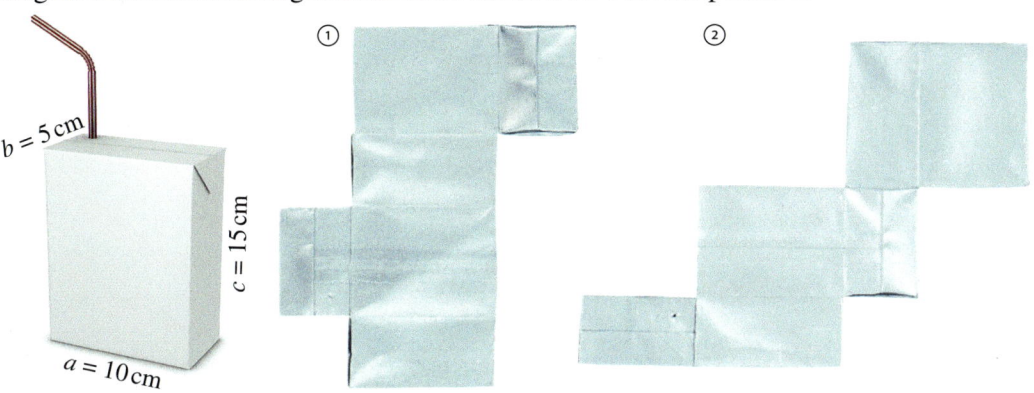

a) Welche der Abbildungen ① bis ③ können wieder zu einem Trinkpäckchen zusammen-
   gefaltet werden?
   Bei welcher gelingt das nicht?
b) Zeichne die richtigen Netze des Trinkpäckchens ab. Verwende dabei jeweils nur die halben
   Längen, damit die Zeichnungen in dein Heft passen.
c) Man hätte das Trinkpäckchen auch anders aufschneiden können.
   Zeichne ein weiteres Körpernetz dieser Verpackung.

2 Lara streitet oft mit ihrer Schwester Eva, ihrem Bruder Florian und ihren Eltern,
wer bestimmte Hausarbeiten erledigen muss.
Daher möchte sie sich einen Entscheidungswürfel anfertigen. Sie zeichnet die
sechs Würfelflächen auf Tonpapier und beschriftet sie.
Damit der Würfel gut zusammengeklebt werden kann, fügt sie Klebelaschen hinzu.

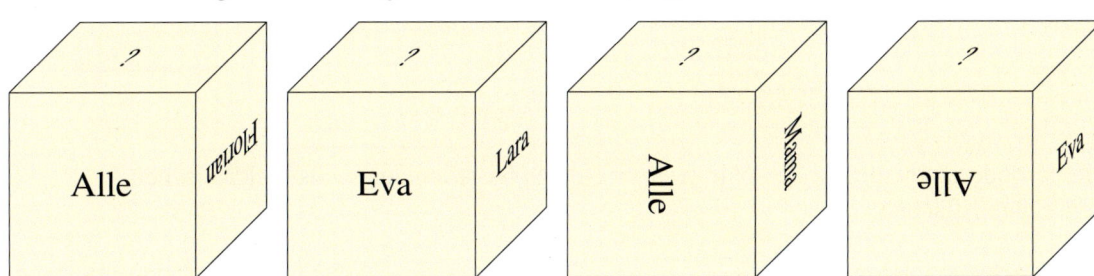

a) Weißt du, wer jeweils verloren hat?
   Notiere die Namen, die anstelle von „?" stehen müssen.
b) Baue den Würfel mit festem Papier nach.
   1. Zeichne das Netz des Würfels aus der Randspalte ab. Die Seitenlänge beträgt 4 cm.
   2. Achte auf die Klebelaschen. Beschrifte den Würfel wie in der Randspalte.
   3. Schneide den Würfel aus und klebe ihn an den Klebelaschen zusammen.
c) Bringe deinen selbst gebastelten Würfel in die jeweilige Lage in der Zeichnung.
   Überprüfe, ob du Teilaufgabe a) richtig gelöst hast.

Verstehen

Sarah möchte ein Geschenk für ihre Freundin Lilly in einem schönen Kästchen verpacken. Dazu beklebt sie eine quaderförmige Schachtel mit einem Stück buntem Filz.

Sie misst zuerst die Seitenlängen des Quaders und zeichnet ein zusammenhängendes Körpernetz.

Durch Falten des Netzes kann man den Körper herstellen.

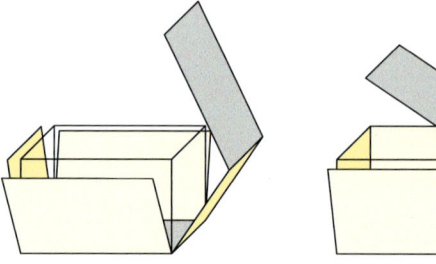

> **Merke**   Eine zusammenhängende Abwicklung aller Begrenzungsflächen eines Körpers nennt man auch **Körpernetz**.

Quadernetze bestehen aus sechs rechteckigen Begrenzungsflächen.

Beispiel 1

HINWEIS
Flächen mit gleicher Farbe liegen einander gegenüber.

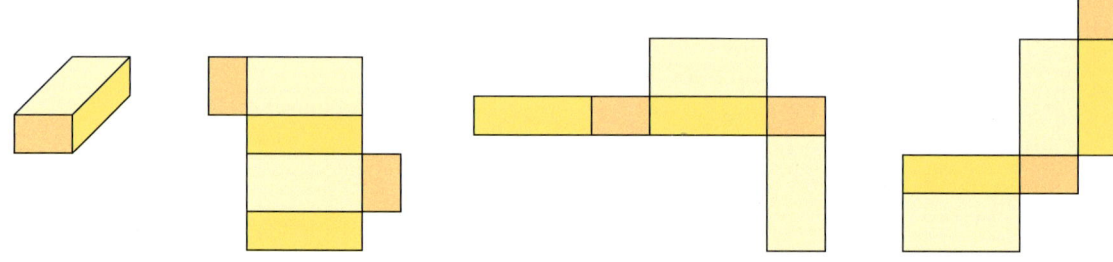

Ein besonderer Quader ist der Würfel. Würfelnetze bestehen aus sechs quadratischen Begrenzungsflächen.

Beispiel 2

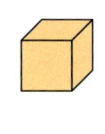

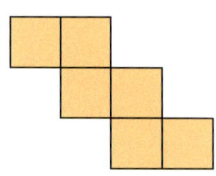

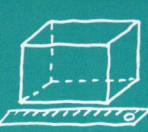

Üben und anwenden

1 👥 Schneidet verschiedene Körpernetze aus und bastelt daraus die geometrischen Körper. Die Kanten werden mit Klebeband zusammengeklebt.
a) Welche Körper entstehen?
b) Zeichnet die Tabelle ab und füllt jeweils den Steckbrief des entstandenen Körpers aus.

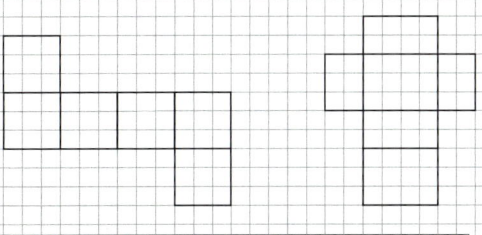

Name des Körpers	Anzahl der Flächen	Art der Fläche	Anzahl der Kanten	Anzahl der Ecken

2 Aus den Netzen werden Würfel gebaut. Welche Flächen liegen sich gegenüber?

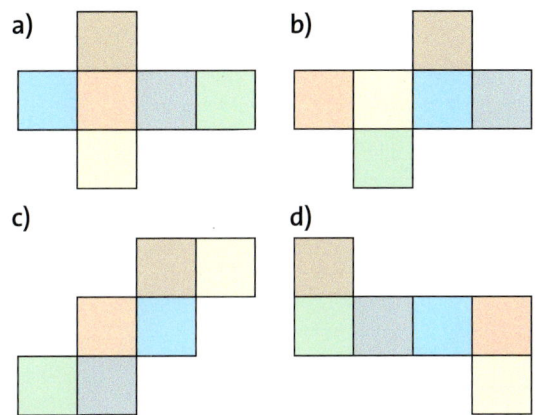

2 Welche der abgebildeten Netze sind keine Würfelnetze? Begründe.

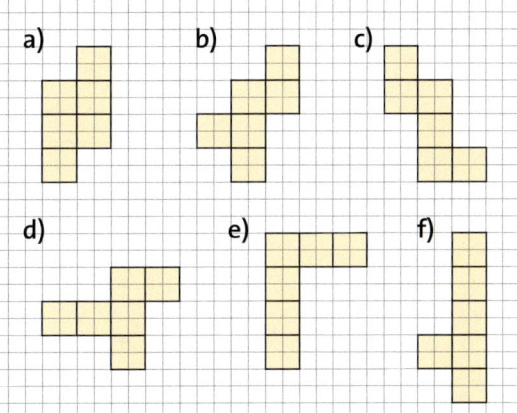

3 Welche der Figuren sind Netze von Quadern?
Wenn du dir nicht sicher bist, dann zeichne sie ab, schneide sie aus und falte die Netze.

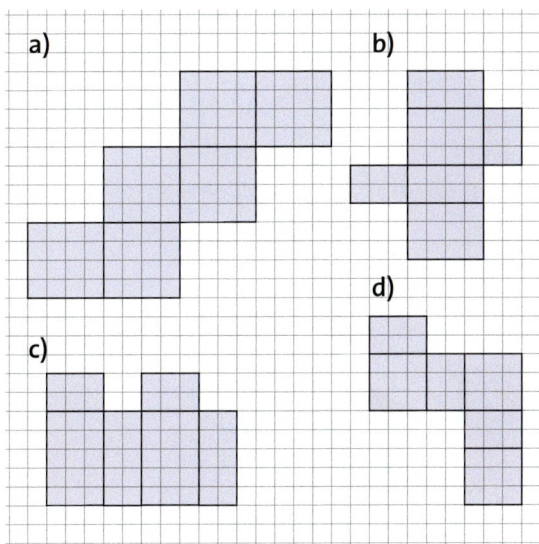

3 Übertrage die Zeichnungen in dein Heft. Ergänze jeweils die fehlenden Flächen, sodass ein Quadernetz entsteht.
Gibt es mehrere Möglichkeiten? Begründe.

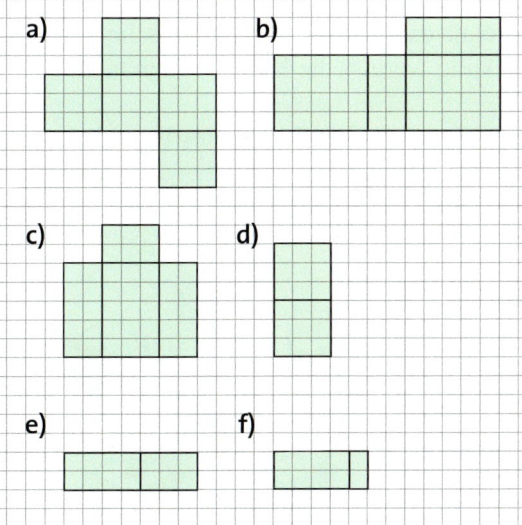

NACHGEDACHT
Es gibt verschiedene Netze für einen Quader und einen Würfel. Probiere doch einmal, wie viele verschiedene Netze du finden kannst.

HINWEIS
zu **4**
*Nimm einen
Würfel und
„roll" ihn
über das Netz.*

4 Beim Spielwürfel ist die Summe gegen-
überliegender Augenzahlen immer 7.
Übertrage ins Heft und ergänze die fehlenden
Augenzahlen.

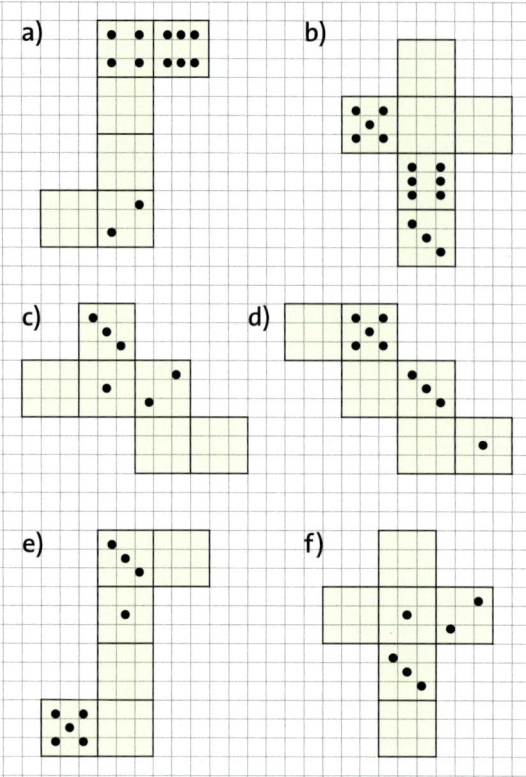

a) b) c) d) e) f)

4 Ein Käfer krabbelt über einen Quader. Sein
Weg ist eingezeichnet. Übertrage eines der
Netze ins Heft. Zeichne den Weg des Käfers
ein. Wie lang ist sein Weg etwa?

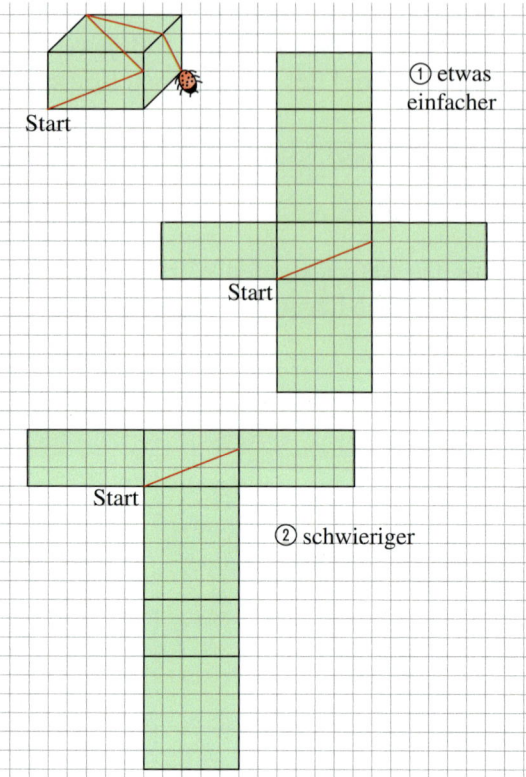

Start
Start
① etwas einfacher
Start
② schwieriger

5 Stelle aus Tonpapier eine Verpackung für
deinen Füller, Spitzer oder Radiergummi her.
Überlege dir eine Form und ermittle die
Abmessungen.
Zeichne dann ein Netz und bastle die Ver-
packung. Vergiss die Klebelaschen nicht.

5 Zeichne das Würfelnetz nach Joshuas
Beschreibung:
„Eine Fläche ist rot. Eine blaue Fläche stößt
mit allen drei gelben Flächen zusammen.
Eine andere blaue Fläche berührt nur zwei
gelbe Flächen."

6 Die sechs Seitenflächen des Würfels in der Mitte sind unterschiedlich gestaltet.
Bei welchem der fünf umgebenden Würfeldarstellungen könnte es sich um den Würfel
aus der Mitte handeln?

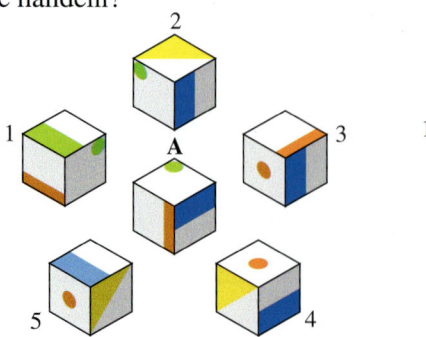

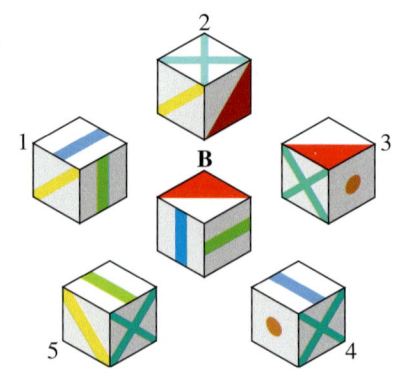

Oberfläche von Quader und Würfel

Entdecken

1 👥 Nehmt eine leere, quaderförmige Verpackung, die ihr von zu Hause mitgebracht habt.

Berechnet die gesamte Verpackungsfläche:
– Schneidet die Verpackung so auf, dass ein Quadernetz entsteht.
– Zerschneidet das Quadernetz, bis die sechs Begrenzungsflächen einzeln vor euch liegen.
– Sortiert die Rechtecke. Berechnet die Flächeninhalte der Rechtecke und addiert diese.
Was fällt euch auf?

2 Die Theater-AG bereitet eine neue Aufführung vor. Für das Bühnenbild brauchen sie eine große Kiste. Die Kiste soll 120 cm breit, 180 cm hoch und 60 cm tief sein.
Die Schülerinnen und Schüler wollen die Kiste aus Presspappe herstellen und anschließend farbig bemalen.
Wie viel Quadratmeter Presspappe müssen sie mindestens kaufen?

3 Trinkpäckchen werden häufig in Zehnerpackungen angeboten. Die 10 Päckchen (jedes ist 6 cm lang, 4 cm breit und 8,5 cm hoch) werden in Folie eingeschweißt, um sie besser transportieren zu können.
Überlegt, wie viele Möglichkeiten es gibt, die 10 Trinkpäckchen anzuordnen. Skizziert alle Möglichkeiten.
Ihr könnt die verschiedenen Möglichkeiten auch mit 10 Streichholzschachteln nachbauen.

4 Die Siegertreppe soll farbig gestrichen werden.

a) Zeichne das Netz des Körpers. Markiere alle Flächen, die gestrichen werden.
b) Wie groß ist die zu streichende Fläche?

ZUM WEITERARBEITEN
zu Aufgabe 2
Wie viel Farbe benötigen sie, um alle äußeren Kistenwände zu bemalen? Erkundigt euch nach möglichen Farben, ihren Preisen und der Fläche, die man damit streichen kann.

ZUM WEITERARBEITEN
zu Aufgabe 3
Vergleicht den Folienverbrauch bei den verschiedenen Verpackungsmöglichkeiten. Bei welcher Verpackungsmethode ist er am niedrigsten?

Verstehen

Laura beklebt eine quaderförmige und eine würfelförmige
Schachtel mit Geschenkpapier.
Wie groß ist die Fläche, die Laura beklebt?

Die erste Schachtel ist quaderförmig.

Bei einem Quader besteht die Oberfläche aus drei verschiedenen
Rechtecken, die jeweils zweimal vorkommen.

Zuerst berechnet man die Größe der drei verschiedenen Begrenzungsflächen des **Quaders**:

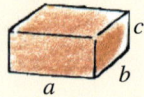

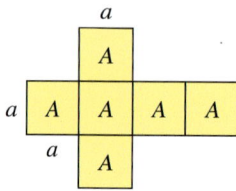

A_1: $a \cdot b = 25 \cdot 15 \, \text{cm}^2 = 375 \, \text{cm}^2$

A_2: $b \cdot c = 15 \cdot 35 \, \text{cm}^2 = 525 \, \text{cm}^2$

A_3: $a \cdot c = 25 \cdot 35 \, \text{cm}^2 = 875 \, \text{cm}^2$

Der Flächeninhalt aller Begrenzungsflächen beträgt:

$A_1 + A_2 + A_3 + A_1 + A_2 + A_3 =$
$375 \, \text{cm}^2 + 525 \, \text{cm}^2 + 875 \, \text{cm}^2 + 375 \, \text{cm}^2 + 525 \, \text{cm}^2 + 875 \, \text{cm}^2 = 3\,550 \, \text{cm}^2$

Jede Begrenzungsfläche kommt zweimal vor. Daher kann man die Rechnung kürzer schreiben:
$2 \cdot (375 \, \text{cm}^2 + 525 \, \text{cm}^2 + 875 \, \text{cm}^2) = 2 \cdot 1\,775 \, \text{cm}^2 = 3\,550 \, \text{cm}^2$

Der Oberflächeninhalt der quaderförmigen Schachtel beträgt $3\,550 \, \text{cm}^2$.

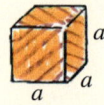

Die zweite Schachtel ist würfelförmig.

Laura berechnet die Größe einer Begrenzungsfläche des **Würfels**:

A: $a \cdot a = 30 \cdot 30 \, \text{cm}^2 = 900 \, \text{cm}^2$

Laura berechnet den Flächeninhalt der Begrenzungsflächen:

$A + A + A + A + A + A =$
$900 \, \text{cm}^2 + 900 \, \text{cm}^2 + 900 \, \text{cm}^2 + 900 \, \text{cm}^2 + 900 \, \text{cm}^2 + 900 \, \text{cm}^2 = 5\,400 \, \text{cm}^2$

Alle sechs Begrenzungsflächen sind gleich groß, also kann man die Rechnung kürzer notieren:
$6 \cdot 30 \cdot 30 \, \text{cm}^2 = 6 \cdot 900 \, \text{cm}^2 = 5\,400 \, \text{cm}^2$

Merke Der **Oberflächeninhalt O** eines Körpers ist die Summe der Flächeninhalte seiner
Begrenzungsflächen.

Oberfläche des Quaders
$O = 2 \cdot a \cdot b + 2 \cdot a \cdot c + 2 \cdot b \cdot c$
  oder kürzer
$O = 2 \cdot (a \cdot b + a \cdot c + b \cdot c)$

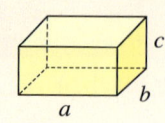

Oberfläche des Würfels
$O = 6 \cdot a \cdot a$
  oder kürzer
$O = 6 \cdot a^2$

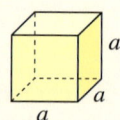

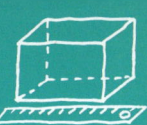

Üben und anwenden

1 Berechne den Oberflächeninhalt der Quader.

a)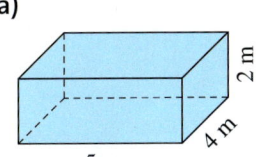
5 m, 4 m, 2 m

b)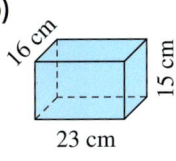
16 cm, 23 cm, 15 cm

c)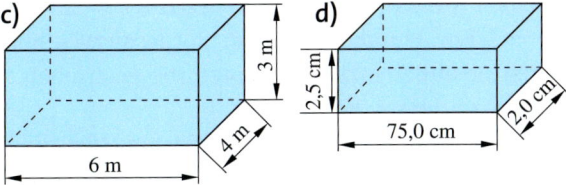
6 m, 4 m, 3 m

d)
75,0 cm, 2,0 cm, 2,5 cm

2 Berechne den Oberflächeninhalt der Quader mit den folgenden Kantenlängen.

a) $a = 4\,\text{cm}$
$b = 6\,\text{cm}$
$c = 3\,\text{cm}$

b) $a = 2\,\text{cm}$
$b = 10\,\text{cm}$
$c = 7\,\text{cm}$

c) $a = 5,0\,\text{mm}$
$b = 3,0\,\text{mm}$
$c = 8,5\,\text{mm}$

2 Berechne den Oberflächeninhalt der Quader mit den folgenden Kantenlängen.

a) $a = 9\,\text{cm}$
$b = 7\,\text{cm}$
$c = 10\,\text{cm}$

b) $a = 12\,\text{mm}$
$b = 15\,\text{mm}$
$c = 2\,\text{cm}$

c) $a = 15,0\,\text{cm}$
$b = 1,5\,\text{dm}$
$c = 2,0\,\text{mm}$

3 Berechne den Oberflächeninhalt der Würfel.

a)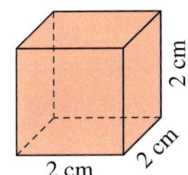
2 cm, 2 cm, 2 cm

b)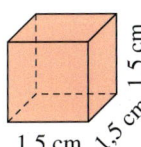
1,5 cm, 1,5 cm, 1,5 cm

c)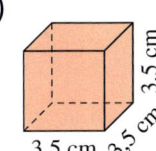
3,5 cm, 3,5 cm, 3,5 cm

d)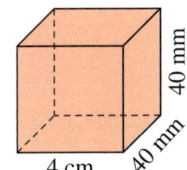
4 cm, 40 mm, 40 mm

4 Berechne jeweils den Oberflächeninhalt der Würfel.

a) $a = 3\,\text{cm}$
b) $a = 10\,\text{cm}$
c) $a = 20\,\text{dm}$
d) $a = 15\,\text{mm}$
e) $a = 37\,\text{m}$
f) $a = 12\,\text{dm}$

4 Berechne jeweils den Oberflächeninhalt der Würfel.

a) $a = 2,5\,\text{m}$
b) $a = 12,3\,\text{cm}$
c) $a = 0,5\,\text{dm}$
d) $a = 1\,000\,\text{mm}$

5 Zeichne das Netz in dein Heft. Berechne den Oberflächeninhalt des Quaders. Alle Seitenlängen kannst du an deiner Zeichnung messen.

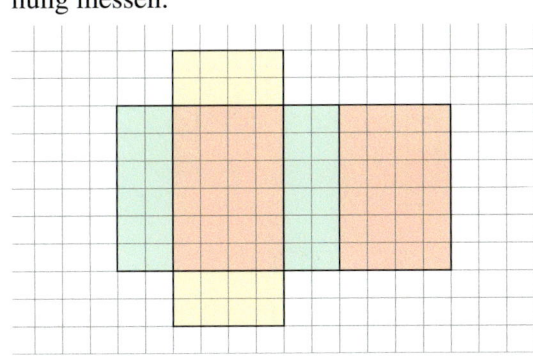

5 Berechne den Oberflächeninhalt der Quader. Entnimm die Maße der Zeichnung.

① ②

6 👥 Arbeitet zu zweit.
Beschreibt, wie man den Oberflächeninhalt von diesem aus Würfeln zusammengesetzten Körper berechnen kann.
Vergleicht euer Ergebnis in der Klasse.

Der Flächeninhalt der markierten Fläche beträgt 1 cm².

7 Viele Waren werden mit Containerschiffen verschickt. Container haben die Form eines Quaders. Die Container haben Kantenlängen von $a = 6{,}0\,\text{m}$, $b = 2{,}5\,\text{m}$ und $c = 2{,}5\,\text{m}$. Um die Container vor Rost zu schützen, werden sie außen mit Rostschutzfarbe gestrichen. 1 l Rostschutzfarbe reicht für $6\,\text{m}^2$.
Wie viel Farbe benötigt man für den Rostschutzanstrich eines Containers?

8 Berechne den Oberflächeninhalt der Würfel. Entnimm die Maße den Netzen.

a)

b)

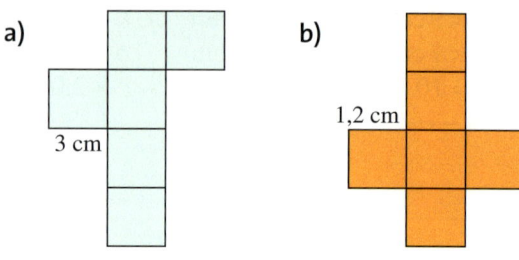

3 cm

1,2 cm

9 Ein würfelförmiger Behälter hat eine Kantenlänge von 1 dm.
Bestimme den Oberflächeninhalt des Behälters.

10 Herr Ritter möchte eine quaderförmige Truhe bauen. Die Wände, der Boden und der Deckel sind aus Holz.
Wie viel m² Holz muss er mindestens kaufen, wenn die Truhe 90 cm lang, 50 cm breit und 50 cm hoch sein soll?

HINWEIS
zu 11
Jede Seitenfläche, die man anstreichen könnte, gehört zum Oberflächeninhalt des Werkstücks.

11 Die abgebildeten Körper sind aus Würfeln zusammengesetzt. Die Würfel haben eine Kantenlänge von 1 cm.
Bestimme den Oberflächeninhalt der Körper.

a)

b)

c)

d)

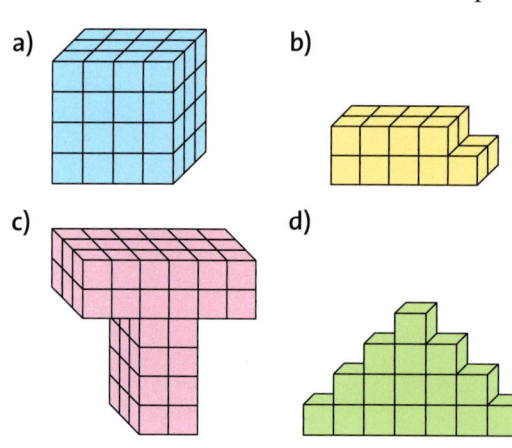

8 Yasemin möchte einen leeren Karton mit Spiegelfolie bekleben. Der Karton ist 20 cm lang, 6 cm breit und 8 cm hoch.
a) Wie viel cm² Spiegelfolie braucht sie?
b) Braucht sie genauso viel Spiegelfolie, wenn sie statt des großen Kartons zwei kleine Kartons beklebt, die 10 cm lang, 6 cm breit und 8 cm hoch sind? Begründe.

9 Wie verändert sich der Oberflächeninhalt eines Würfels, wenn man seine Kantenlänge verdoppelt? Begründe deine Antwort.

10 Die Schüler der 6 c sollen einen Würfel mit der Kantenlänge 3,5 dm mit roter Farbe anstreichen. Die Unterseite soll nicht gestrichen werden.
Genügt eine Farbdose, die für $1\,\text{m}^2$ reicht?

11 Berechne den Oberflächeninhalt der Werkstücke (Maße in cm).

a)

b)

c)

d)

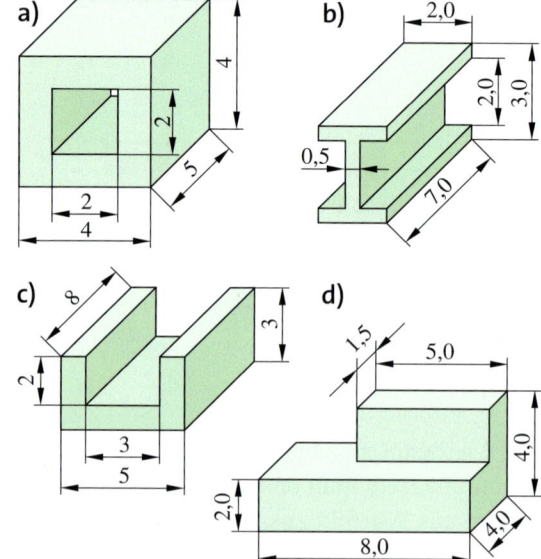

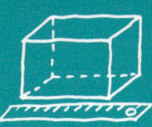

Vergleichen und Messen von Körpern

Entdecken

1 Flüssigkeiten werden oft mit Messbechern abgemessen.
Auf der Skala kann man die genaue Flüssigkeitsmenge ablesen.

a) Erkläre die Bedeutung der Abkürzungen auf dem
Messbecher in jeweils einem Satz.

b) Miss mit einem Messbecher ab, wie viel Wasser in die
folgenden Gefäße passt: Tasse, Glas, Brotdose, Blumentopf.
Notiere deine Ergebnisse in dein Heft.

c) Schätze, welche Menge Wasser man in einen Würfel mit
der Kantenlänge 1 dm füllen kann.

d) Überlege, welche Gefäße so viel Wasser fassen wie der
Würfel mit der Kantenlänge 1 dm.

e) Wie viele Würfel der Kantenlänge 1 dm passen in einen
Würfel mit der Kantenlänge 1 m? Welche Wassermenge ist dann im großen Würfel enthalten? Fertige eine Skizze an.

2 Kai hat aus Zentimeterwürfeln verschiedene Körper gebaut.

a) Wie viele Würfel wurden in den einzelnen Körpern verbaut?

b) Welche Abmessungen müsste eine quaderförmige Kiste jeweils mindestens haben, damit die
abgebildeten Körper dort aufbewahrt werden können?

HINWEIS
Alle Kanten eines
Zentimeter-
würfels *sind 1 cm*
lang.

① 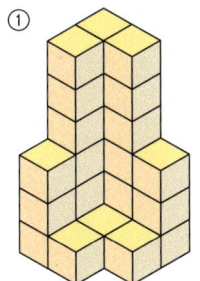   ②    ③ 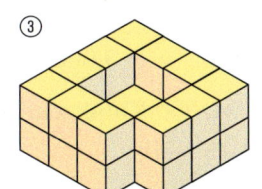   ④

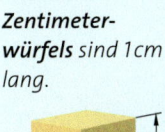
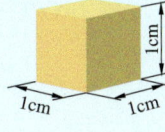

3 Einen Würfel mit der Kantenlänge
1 m nennt man Meterwürfel. Sein
Volumen beträgt 1 Kubikmeter (man
schreibt: 1 m^3).
In einen Meterwürfel passen etwa
sieben Kinder und eine Katze.

a) Nenne Gegenstände, die etwa ein
Volumen von 1 m^3 haben.

b) Schätze, wie viele Meterwürfel
in deinen Klassenraum oder eure
Turnhalle passen.

c) Wie viele Würfel mit der Kantenlänge 1 dm passen in einen Meterwürfel?

d) Wie viele Zentimeterwürfel passen in den Meterwürfel?

Verstehen

David und Jelena vergleichen einen Quader und einen Würfel. Sie fragen sich, ob beide Kästchen gleich groß sind. Dazu füllen sie beide Kästchen mit Zentimeterwürfeln.

In jedes Kästchen passen 64 Zentimeterwürfel, also sind sie gleich groß.

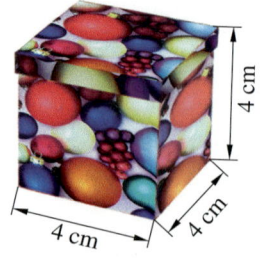
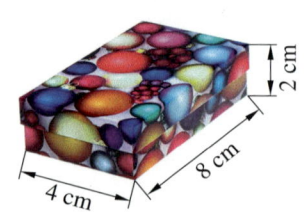

> **Merke** Der **Rauminhalt** eines Körpers wird auch **Volumen** genannt. Das Volumen gibt die Größe eines Körpers an. Können zwei Körper mit gleich vielen, gleich großen Teilkörpern ausgelegt werden, so haben sie dasselbe Volumen.

Das Volumen wird durch Vergleich mit Einheitskörpern gemessen. Als Einheitsvolumen eignen sich besonders gut Würfel, zum Beispiel mit der Kantenlänge 1 m oder 1 cm.

Volumeneinheiten und ihre Umrechnung

$1\,m^3$ $1\,dm^3$ $1\,cm^3$ $1\,mm^3$

$$1\,m^3 = 1\,000\,dm^3$$
$$1\,dm^3 = 1\,000\,cm^3$$
$$1\,cm^3 = 1\,000\,mm^3$$

Mülltonne   Milchkarton   Zuckerwürfel   Zuckerkorn

Beispiel 1

Wie viel Kubikzentimeter sind 2 Kubikmeter?

$$2\,m^3 = 2 \cdot 1\,000\,dm^3 = 2 \cdot 1\,000\,000\,cm^3 = 2\,000\,000\,cm^3$$

Wie viel Kubikmeter sind 4 500 000 Kubikzentimeter?

$$4\,500\,000\,cm^3 = 4\,500\,dm^3 = 4{,}5\,m^3$$

HINWEIS
Wird eine Größe in eine kleinere Maßeinheit umgerechnet, dann vergrößert sich die Maßzahl und umgekehrt.

> **Merke** Wandelt man **Volumenmaße** in eine benachbarte Volumeneinheit um, so ist die **Umrechnungszahl 1 000**.
>
>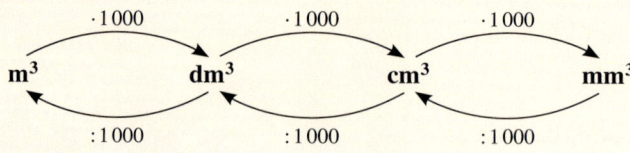

Ein Liter Wasser passt genau in einen Würfel mit dem Volumen $1\,dm^3$.

Beispiel 2

Wie viel Liter sind 3 Kubikmeter? $3\,m^3 = 3\,000\,dm^3 = 3\,000\,l$

Wie viel Kubikzentimeter sind 1,5 Liter? $1{,}5\,l = 1{,}5\,dm^3 = 1\,500\,cm^3$

> **Merke** Für Flüssigkeiten verwendet man **Hohlmaße**.
> 1 Liter (l) hat 1 000 Milliliter (ml).
> Volumenmaße und Hohlmaße können nach der Tabelle ineinander umgerechnet werden.

Volumenmaß	Hohlmaß
$1\,dm^3$	1 l
$1\,cm^3$	1 ml

Margarinewürfel mit einer Kantenlänge von 1 dm³ werden in einem Karton verpackt.
Der Karton ist 5 dm lang, 3 dm breit und 2 dm hoch.

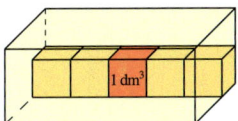 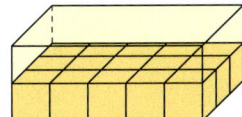 

Der Karton kann mit 3 Reihen mit jeweils 5 Margarinewürfeln ausgelegt werden. Es passen
2 Lagen übereinander.

Der Karton hat ein Volumen von $5 \cdot 3 \cdot 2 \cdot \boxed{1\,dm^3} = 30\,dm^3$.

> **Merke**
>
> Das **Volumen V eines Quaders**
> wird mit der Formel $V = a \cdot b \cdot c$
> berechnet.
>
>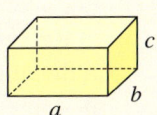
>
> Das **Volumen V eines
> Würfels** wird mit der
> Formel $V = a \cdot a \cdot a = a^3$
> berechnet.
>
>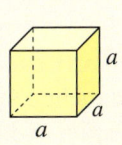

HINWEIS
„Länge mal Breite
mal Höhe" ergibt
das Volumen
eines Quaders.

Üben und anwenden

1 Aus wie vielen Würfeln bestehen diese
Körper? Ordne sie nach der Größe ihres
Volumens. Beginne mit dem Kleinsten.

a)

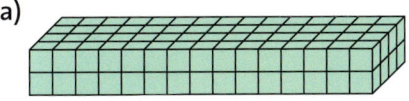

b) 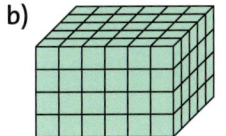 c)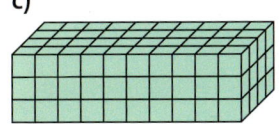

1 Gib das Volumen des abgebildeten Körpers
in Kubikzentimeter (cm³) an. Jeder Teilwürfel
hat die Kantenlänge 1 cm.

a) 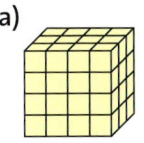 b)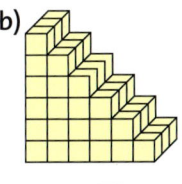

c)  d)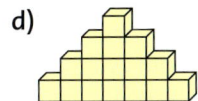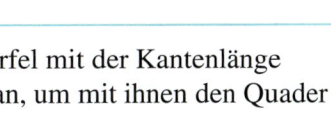

**ZUM
WEITERARBEITEN**
Wie viele Zenti-
meterwürfel
fehlen am Dezi-
meterwürfel?

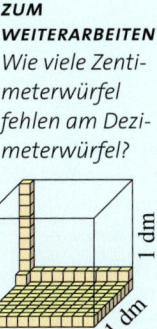

2 Wie viele kleine Würfel benötigt man,
um aus ihnen den großen Würfel zusammenzusetzen?

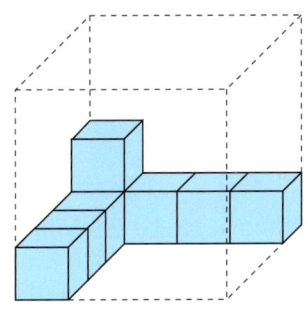

2 Wie viele Würfel mit der Kantenlänge
1 cm benötigt man, um mit ihnen den Quader
zu füllen?

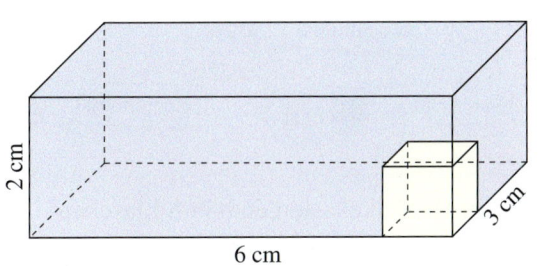

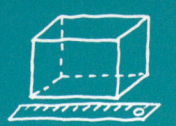

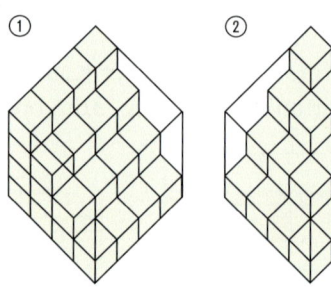

3 Aus kleinen Styroporwürfeln mit der Kantenlänge 1 cm soll ein großer Würfel zusammengesetzt werden. Betrachte die Zeichnungen ① und ②.
a) Wie viele kleine Würfel wurden bereits gestapelt?
b) Wie viele kleine Würfel fehlen jeweils noch zum Ausfüllen des großen Würfels?
c) Was wiegt der große Würfel, wenn 1 cm³ Styropor 30 mg wiegt?

4 In welcher Volumeneinheit würdest du das Volumen der folgenden Körper angeben?
a) Schwimmbecken   b) Würfelzucker
c) Schuhkarton   d) Wassereimer
e) Trinkpäckchen   f) Wassertropfen

4 Schätze das Volumen der Gegenstände.
a) Saftglas   b) Kochtopf
c) Mülltonne   d) Blumenvase
e) Badewanne   f) Parfüm/Deo
g) Tintenpatrone   h) Thermoskanne

5 Übertrage die Stellenwerttafel ins Heft und rechne mit ihrer Hilfe um.
Beispiel $5 \, dm^3 = \blacksquare \, cm^3$

dm³			cm³			mm³		
H	Z	E	H	Z	E	H	Z	E
		5						
		5	0	0	0			

$5 \, dm^3$
$= 5\,000 \, cm^3$

a) $18 \, dm^3 = \blacksquare \, cm^3$ b) $33 \, cm^3 = \blacksquare \, mm^3$
c) $10 \, cm^3 = \blacksquare \, mm^3$ d) $125 \, cm^3 = \blacksquare \, mm^3$
e) $15 \, dm^3 = \blacksquare \, cm^3$ f) $350 \, dm^3 = \blacksquare \, cm^3$

5 Rechne mithilfe einer Stellenwerttafel in die angegebene Einheit um.
a) $4 \, dm^3$ (cm^3) b) $50 \, cm^3$ (mm^3)
c) $39 \, m^3$ (dm^3) d) $108 \, m^3$ (dm^3)
e) $75 \, cm^3$ (mm^3) f) $88 \, m^3$ (dm^3)
g) $65 \, m^3$ (dm^3) h) $34 \, dm^3$ (cm^3)
i) $80 \, cm^3$ (mm^3) j) $1\,047 \, cm^3$ (mm^3)

HINWEIS
zu Aufgabe 6
Du kannst dir zur Hilfe eine Stellenwerttafel ins Heft zeichnen.

6 Rechne in die nächstkleinere Einheit um.
a) $2{,}5 \, dm^3$ b) $8{,}8 \, cm^3$
c) $15{,}4 \, cm^3$ d) $20{,}8 \, cm^3$
e) $40{,}04 \, dm^3$ f) $102{,}005 \, dm^3$
g) $6{,}025\,5 \, dm^3$ h) $0{,}875 \, cm^3$

6 Fülle die Tabelle im Heft aus.

	dm³	cm³	mm³
a)	44,8		
b)		2 005,2	
c)			120 080
d)	125,05		
e)		0,75	
f)			555,55

7 Wähle fünf Artikel und rechne die Hohlmaße in Volumenmaße um.

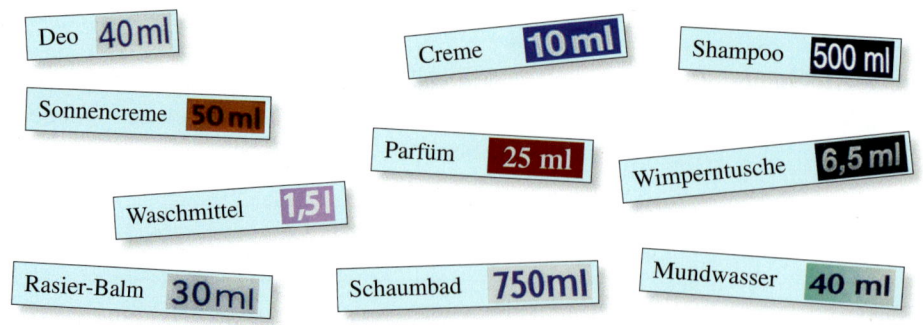

8 Ein Getränkekasten enthält 8 Flaschen Limonade zu 1,5 l Inhalt. Wie viele Gläser zu je 200 ml kann man damit füllen?

8 Eine Mülltonne fasst 120 l Müll. In einem Dorf werden an einem Tag 420 Mülltonnen geleert. Wie viel Kubikmeter Müll ergibt das?

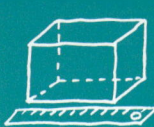

9 Berechne das Volumen der Quader.

a)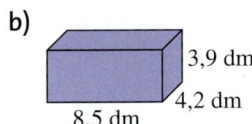
5 cm
6 cm
4 cm

b)
3,9 dm
4,2 dm
8,5 dm

10 Berechne das Volumen der Quader in Kubikzentimeter (cm^3). Welche Quader haben dasselbe Volumen?
a) $a = 4\,cm$, $b = 5\,cm$, $c = 6\,cm$
b) $a = 3\,cm$, $b = 6\,cm$, $c = 6\,cm$
c) $a = 2\,cm$, $b = 5\,cm$, $c = 12\,cm$
d) $a = 6\,cm$, $b = 3\,cm$, $c = 12\,cm$

11 Übertrage die Tabelle in dein Heft und vervollständige sie.

	Länge	Breite	Höhe	Volumen
a)	2 cm	3 cm	4 cm	
b)		3 m	2 m	30 m³
c)	3 dm		7 dm	21 dm³
d)	5 cm	7 cm		210 cm³
e)	5 cm	0,6 dm	0,4 dm	

12 Wie ändert sich das Volumen eines Würfels, wenn man die Kantenlängen verdoppelt? Stelle eine Vermutung auf und überprüfe sie am Beispiel von Würfeln mit den Kantenlängen $a = 4\,m$ und $a = 6\,m$.

13 Berechne das Volumen der zusammengesetzten Körper.

a)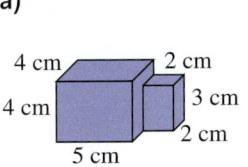
4 cm
2 cm
4 cm
3 cm
2 cm
5 cm

b)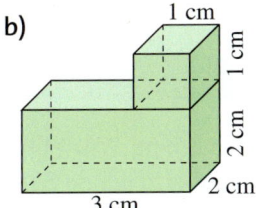
1 cm
1 cm
2 cm
3 cm
2 cm
2 cm

14 👥 Arbeitet zu zweit. Berechnet das Volumen der Körper. Die Maße sind in cm angegeben.

a)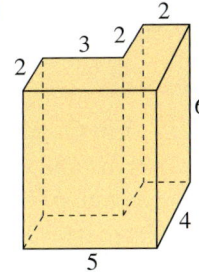
2
3 2
2
6
4
5

---

9 Berechne das Volumen der Quader. Achte auf die Einheiten.

a)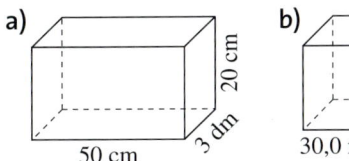
20 cm
3 dm
50 cm

b)
0,4 dm
2,0 cm
30,0 mm

10 Berechne das Volumen der Quader. Sortiere die Ergebnisse der Größe nach.
a) $a = 5\,cm$, $b = 7\,cm$, $c = 8\,cm$
b) $a = 12\,cm$, $b = 9\,cm$, $c = 4,5\,cm$
c) $a = 4\,m$, $b = 20\,dm$, $c = 300\,cm$
d) $a = 2,5\,m$, $b = 1,5\,m$, $c = 0,5\,m$

11 Übertrage die Tabelle und berechne die fehlenden Angaben im Heft.

	Länge	Breite	Höhe	Volumen
a)	6,6 cm	5,2 cm	2,9 cm	
b)		2 cm	1,5 dm	90 cm³
c)	50 cm		120 cm	300 dm³
d)	7,2 cm	7,5 dm		54 dm³
e)	1,2 dm	13 cm	3,4 dm	

12 Wie ändert sich das Volumen eines Würfels, wenn seine Kantenlängen verdoppelt werden?
Wie ändert sich das Volumen, wenn sie halbiert werden?

13 Berechne das Volumen der zusammengesetzten Körper (Maße in cm).

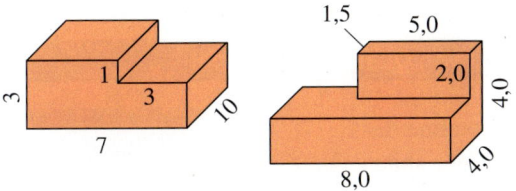
1,5 5,0
1
3 2,0
3 10 4,0
7 4,0
8,0

b)
30
5
8
4
8
5
5 18 4 18 5
50
24

ZUM WEITERARBEITEN
Ein Würfel hat ein Volumen von 27 000 cm³. Wie lang sind seine Kantenlängen?

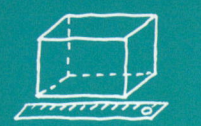
Klar so weit?

→ Seite 136

Körperformen erkennen und beschreiben

1 Wie heißen die Körper, die hier abgebildet sind?

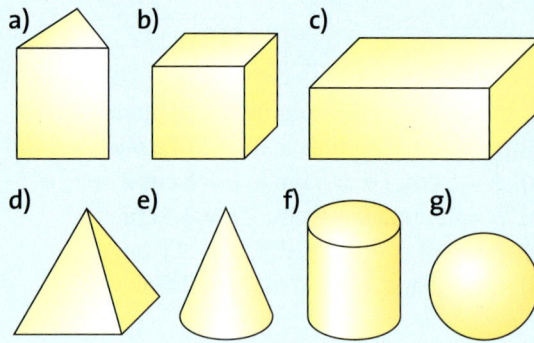

1 Welche Körperformen erkennst du?

2 Körperformen im Alltag
a) Welche Körperformen haben folgende Gegenstände?
Schuhkarton, Apfelsine, Eistüte, Ziegelstein, CD, Telefonbuch, Würfelzucker, 1-€-Münze, Seifenblase, Schultüte
b) Nenne zu jeder Körperform ein weiteres Beispiel.

2 Ermittle für einen Quader, ein Dreiecksprisma und eine Kugel die Anzahl der Ecken, Kanten und Flächen.
a) Welcher Körper hat besonders viele und welcher besonders wenige Ecken bzw. Kanten und Flächen?
b) Welcher Körper hat drei Flächen, zwei Kanten und keine Ecke?

3 Stammen die abgebildeten Schrägbilder alle von demselben Quader? Begründe.

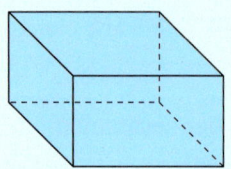
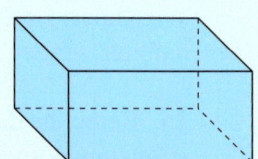
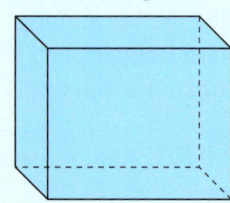

→ Seite 142

Netz von Quader und Würfel

4 Zeichne das Netz der abgebildeten Verpackung.

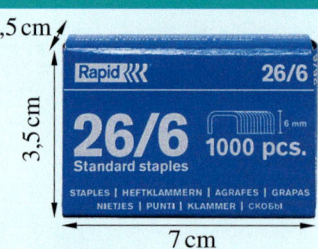

4 Bei einem Würfel haben jeweils zwei gegenüberliegende Seiten zusammen die Augensumme 7.
Skizziere zwei verschiedene Netze des Würfels und zeichne die Augenzahlen ein.

5 Ein Würfel hat eine Kantenlänge von 2 cm. Zeichne mindestens drei unterschiedliche Netze des Würfels in dein Heft.
Kann man beim Zeichnen eines Körpernetzes die Seitenflächen beliebig aneinanderzeichnen?

5 Ein Quader hat die folgenden Seitenlängen: $a = 3,5$ cm, $b = 5,2$ cm und $c = 4,8$ cm.
Zeichne mindestens drei unterschiedliche Netze des Quaders ins Heft.
Worauf musst du beim Zeichnen achten?

Oberfläche von Quader und Würfel

→ Seite 146

6 Das ist das Netz eines Quaders. Entnimm der Zeichnung die notwendigen Maße und berechne den Oberflächeninhalt.

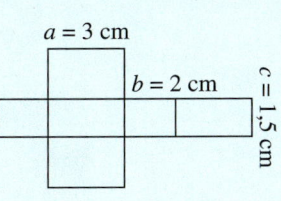

$a = 3$ cm
$b = 2$ cm
$c = 1,5$ cm

6 Berechne den Oberflächeninhalt des Quaders.

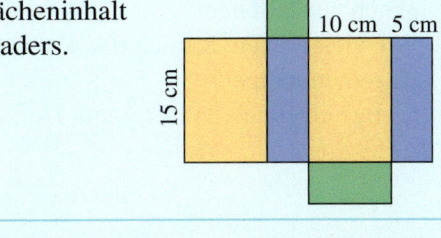

10 cm   5 cm
15 cm

7 Vergleiche den Oberflächeninhalt der Körper durch Abzählen oder Berechnen.

a)
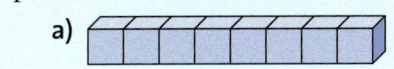

b)
c)
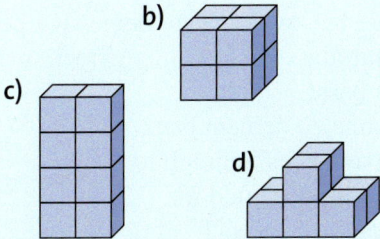

d)

7 Berechne den Oberflächeninhalt der Werkstücke. Entnimm die Maße der Zeichnung.

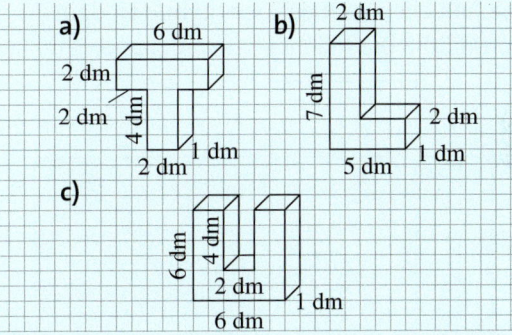

a)   6 dm
2 dm
2 dm   4 dm
2 dm   1 dm

b)   2 dm
7 dm
2 dm
5 dm   1 dm

c)   6 dm   4 dm
2 dm
6 dm   1 dm

Vergleichen und Messen von Körpern

→ Seiten 150/151

8 Berechne das Volumen.

a)
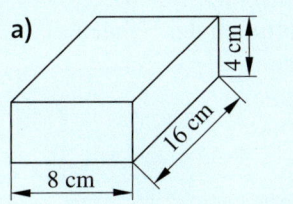
4 cm
16 cm
8 cm

b)
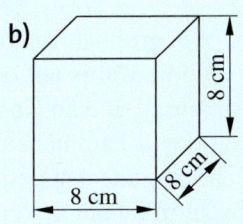
8 cm
8 cm
8 cm

8 Berechne die fehlenden Angaben des Quaders im Heft.

	Länge	Breite	Höhe	Volumen
a)		20 mm	15 mm	7 500 mm³
b)	34 cm	20 cm	6 cm	
c)	2,3 m	310 cm		4 278 m³
d)	4 dm		1,3 m	780 dm³

9 Guinness-Rekord: Der kleinste und leichteste Farbfernseher der Welt besitzt die Abmessungen 60 mm × 91 mm × 24 mm. Welches Volumen hat er?

9 Ein Quader mit einer quadratischen Grundfläche hat ein Volumen von 240 cm³. Wie lang könnten die Seitenlängen der Grundfläche sein? Gib ganzzahlige Längen an.

10 Berechne das Volumen des Körpers. Alle Maße sind in cm angegeben.

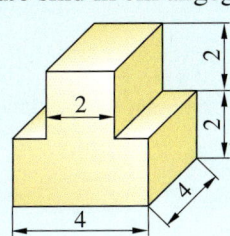
2
2
2
2
4
4

10 Berechne das Volumen des Körpers. Alle Maße sind in cm angegeben.

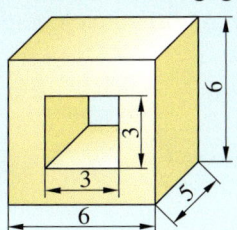
6
3
3
6
5

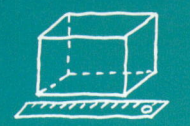

Vermischte Übungen

1 Welche Körper siehst du im Bild?
a) Benenne die Körper.
   👥 Vergleicht untereinander, ob ihr alle Körper gleich benannt habt.
b) Wie viele Ecken, Kanten und Flächen besitzen die einzelnen Körper?
   Fertige eine Tabelle in deinem Heft an.

2 Du siehst das Netz eines Quaders. Entnimm die Maße der Zeichnung. Zeichne ein passendes Schrägbild in dein Heft. Färbe die Flächen entsprechend ein.

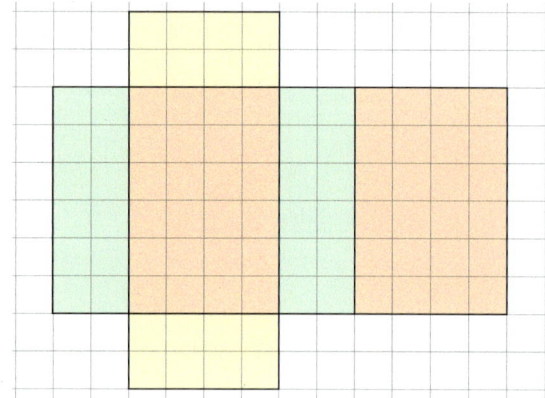

3 Welcher Sandkasten hat das größte Volumen? Ordne die Kästen nach der Größe ihres Volumens.

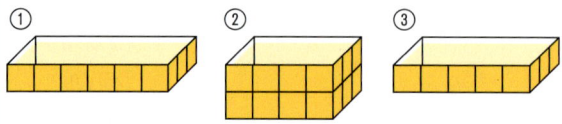

4 Miss die folgenden Gegenstände aus. Berechne ihren Oberflächeninhalt.
a) Butterstück   b) Schuhkarton
c) Streichholzschachtel   d) Zimmertür
e) Kühlschrank   f) Trinkpäckchen

2 Suche dir in dem Zimmer, in dem du dich befindest, einen kleinen Körper, der einem Würfel oder Quader gleicht, wie z. B ein Buch.
a) Zeichne ein Netz des Körpers mit Originalmaßen in dein Heft.
   Achte bei der Auswahl deines Körpers darauf, dass die Zeichnung noch in dein Heft passt.
b) Zeichne zu deinem Netz ein passendes Schrägbild.
c) Färbe im Netz und im Schrägbild alle sich entsprechenden Flächen mit der gleichen Farbe. Überprüft euch gegenseitig.

3 Wie groß ist das Volumen der Schachtel, wenn die Karos auf den Außenseiten eine Kantenlänge von 1 cm haben? Schätze zunächst und überprüfe dann mit einer Rechnung.

4 Wie groß ist ungefähr die Oberfläche der folgenden Gegenstände? Erkläre, wie du vorgegangen bist.
a) Radiergummi   b) Rucksack
c) Federmäppchen   d) Mathebuch

5 Welcher Körper gehört zu welchem Volumen? Ordne zu.

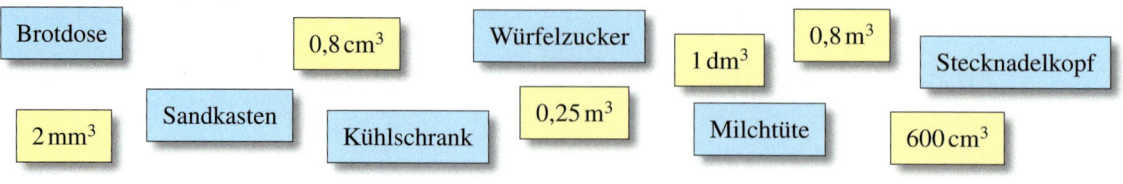

Brotdose $0,8\,cm^3$ Würfelzucker $1\,dm^3$ $0,8\,m^3$ Stecknadelkopf
$2\,mm^3$ Sandkasten   Kühlschrank $0,25\,m^3$ Milchtüte $600\,cm^3$

6 Rechne mithilfe einer Stellenwerttafel in die angegebene Einheit um.
a) $4\,dm^3$ (cm^3) b) $50\,cm^3$ (mm^3)
c) $39\,m^3$ (dm^3) d) $108\,m^3$ (dm^3)
e) $75\,cm^3$ (mm^3) f) $88\,m^3$ (dm^3)
g) $65\,m^3$ (dm^3) h) $34\,dm^3$ (cm^3)

6 Schreibe in der angegebenen Einheit.
Beispiele $1{,}5\,dm^3 = 1\,500\,cm^3$
$750\,cm^3 = 0{,}75\,dm^3$
a) $2{,}5\,dm^3 = \blacksquare\,cm^3$ b) $4{,}52\,dm^3 = \blacksquare\,cm^3$
c) $0{,}075\,dm^3 = \blacksquare\,cm^3$ d) $75\,cm^3 = \blacksquare\,dm^3$
e) $5\,cm^3 = \blacksquare\,dm^3$ f) $1\,800\,cm^3 = \blacksquare\,dm^3$

7 Berechne das Volumen und den Oberflächen-inhalt des Werk-stücks. Alle Maße sind in cm angegeben.

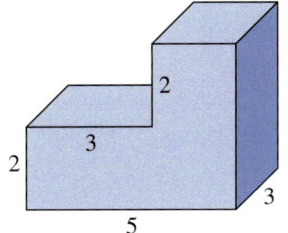

7 Berechne das Volumen und den Oberflächen-inhalt des Werk-stücks. Alle Maße sind in cm angegeben.

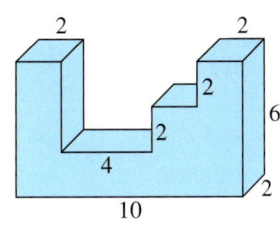

8 Die Wetterkunde-AG hat ein Regenmess-gerät gebaut und meldet: „Gestern stand das Regenwasser 12 mm hoch." Wie viel Liter Regen-wasser fielen auf $1\,m^2$ Bodenfläche?

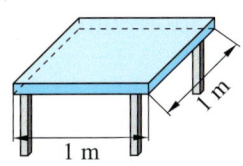

8 Ermittle über einen Wetterdienst z. B. im Inter-net die durchschnittliche Niederschlagsmenge pro Jahr in deinem Heimatort. Berechne, wie viel Liter Wasser insgesamt auf $1\,m^2$ gefallen sind.

9 Aus Versehen hat jemand im Packraum den Zettel mit den Maßen der Kartons zerrissen. Ein Teil der Maße ging dabei verloren. Ergänze im Heft die fehlenden Angaben (Maße in cm). Kontrolliert eure Rechnungen gegenseitig.

	Länge	Breite	Höhe	Inhalt
Karton A	35	19	11	cm^3
Karton B	51	24		$14\,688\,cm^3$
Karton C	60		15	$23\,400\,cm^3$
Karton D		25	12	$30\,000\,cm^3$

10 Sarah möchte das Volumen eines Steins bestimmen. Sie füllt 0,5 l Wasser in einen Messbecher und wirft den Stein in den Becher. An der Skala liest sie nun den Wasserstand ab. Er beträgt 650 ml. Gib das Volumen des Steins in cm^3 an.

10 Florian möchte das Volumen eines Wassertropfens bestimmen.
a) Erkläre, wie er das machen könnte.
b) Sein Vater behauptet, dass ein tropfender Wasserhahn täglich 100 l Wasser ver-braucht. Kann das stimmen? Begründe.

HINWEIS
*zu Aufgabe **10**
Wandle zuerst die Einheiten um.*

11 Volumenberechnung einmal anders.
Erkläre, wie die beiden Mädchen ihr Volumen vergleichen. Welches Volumen hat Anna?

Wir ziehen um

Bei einem Umzug muss man alle Einrichtungsgegenstände gut verpacken, damit sie beim Transport nicht beschädigt werden. In Baumärkten oder bei Umzugsunternehmen kann man dafür spezielle Umzugskartons kaufen.
Ein Umzugsunternehmen bietet einzelne Umzugskartons oder ein Set für den Umzug an.

Set für 37,50 €	
10 ×	Bücherkarton bis 30 kg
10 ×	Universalkarton bis 30 kg
1 ×	Luftpolsterfolie Kurzrolle 40 cm breit, 5 m lang

Universalkarton bis 30 kg Material: Wellpappe Farbe: braun	$L \times B \times H$ 60 cm × 35 cm × 35 cm	
	ab 1 Stück	ab 30 Stück
Preis	2,05 €	1,40 €

Bücherkarton bis 30 kg Material: Wellpappe Farbe: braun	$L \times B \times H$ 40 cm × 35 cm × 35 cm		
	ab 1 Stück	ab 20 Stück	ab 80 Stück
Preis	1,75 €	1,55 €	1,45 €

12 Vergleiche den Set-Preis mit den Preisen für die einzelnen Kartons.
a) Wie viel Geld spart man, wenn man ein Set statt alle enthaltenen Teile einzeln kauft?
b) Für einen größeren Umzug werden mindestens 30 Bücherkartons und 30 Universalkartons benötigt. Sollte man drei Sets nehmen oder die Kartons einzeln bestellen?

13 In Umzugskartons passt eine Menge hinein.
a) Gib das Volumen der Bücherkartons und der Universalkartons in cm³, in dm³ und in l an.
b) Wie groß ist das Volumen aller Kartons eines Sets zusammen? Welches Gewicht können sie maximal aufnehmen?

14 Vergleiche mit deinem Mathematikbuch.
a) Schätze zuerst, wie viele Bücher in der Größe deines Mathematikbuchs in einen Bücherkarton passen.
b) Miss nun Länge, Breite und Dicke deines Mathematikbuchs und berechne, wie viele Bücher dieser Größe man in etwa in einen Bücherkarton packen kann.
c) Bestimme das Gewicht deines Mathematikbuchs und berechne, wie schwer der Bücherkarton dann wird.
d) Skizziere, wie man die Bücher in den Karton stapeln kann. Finde verschiedene Möglichkeiten und vergleiche sie.

15 Mit Luftpolsterfolie kann man Umzugsgut vor Schäden und Schmutz schützen. Sie wird auf 40 cm breiten Rollen verkauft. Auf einer Rolle befinden sich 5 laufende Meter Folie.
Max hat ein Aquarium mit den folgenden Maßen: 80 cm × 35 cm × 40 cm. Vor dem Umzug soll das Aquarium in Luftpolsterfolie eingepackt werden.

a) Zeichne ein Netz des Aquariums und berechne seinen Oberflächeninhalt in m².
b) Wie viel Meter Folie muss man mindestens abschneiden, um das Aquarium mit einer Schicht Folie zu umwickeln?
c) Max möchte auch seinen Scanner mit Luftpolsterfolie schützen. Der Scanner hat die Maße: Länge 45 cm, Breite 30 cm, Höhe 10 cm. Reicht der Rest der Folie, um den Scanner zu verpacken?

Zusammenfassung

Körperformen erkennen und beschreiben

→ *Seite 136*

Körper werden von Flächen begrenzt. Dabei wird zwischen **Grundfläche**, **Deckfläche** und **Seitenflächen** unterschieden.

Ein **Quader** wird durch sechs rechteckige Flächen begrenzt. Ein **Würfel** ist ein besonderer Quader, alle Flächen sind Quadrate.

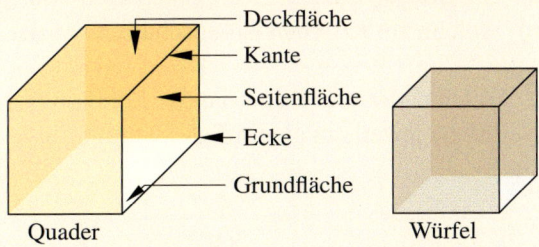

Netz von Quader und Würfel

→ *Seite 142*

Eine zusammenhängende Abwicklung aller Begrenzungsflächen eines Körpers nennt man auch **Körpernetz**.
Zu einem Körper gibt es verschiedene Netze.

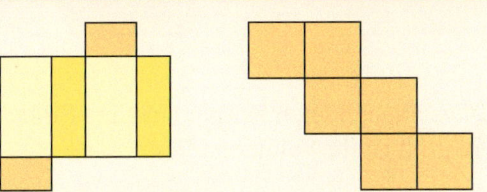

Oberfläche von Quader und Würfel

→ *Seite 146*

Oberflächeninhalt O: Quader

$O = 2 \cdot a \cdot b + 2 \cdot a \cdot c + 2 \cdot b \cdot c$
   oder kürzer
$O = 2 \cdot (a \cdot b + a \cdot c + b \cdot c)$

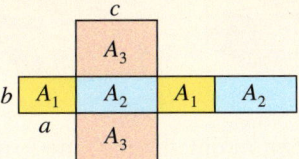

Würfel

$O = 6 \cdot a \cdot a$
   oder kürzer
$O = 6 \cdot a^2$

Vergleichen und Messen von Körpern

→ *Seiten 150/151*

Das **Volumen** gibt die Größe eines Körpers an. Können zwei Körper mit gleich vielen, gleich großen Teilkörpern ausgelegt werden, so haben sie dasselbe Volumen.

Wandelt man **Volumenmaße** in eine benachbarte Volumeneinheit um, so ist die **Umrechnungszahl 1 000**.

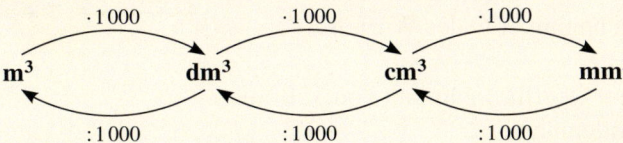

Für Flüssigkeiten werden **Hohlmaße** verwendet. 1 Liter hat 1 000 Milliliter. Volumenmaße und Hohlmaße können ineinander umgerechnet werden: **$1\,l = 1\,dm^3$, $1\,ml = 1\,cm^3$**

Das **Volumen V eines Quaders** wird mit der Formel $V = a \cdot b \cdot c$ berechnet.

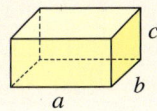

Das **Volumen V eines Würfels** wird mit der Formel $V = a \cdot a \cdot a = a^3$ berechnet.

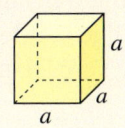

Teste dich!

2 Punkte

1 Vergleiche Quader und Würfel.

a) Gib die gemeinsamen Eigenschaften von Quader und Würfel an.

b) Welche zusätzlichen Eigenschaften hat der Würfel?

2 Punkte

2 Welches der vier Bilder ist das Schrägbild eines Würfels?
Begründe jeweils in einem Satz, warum die anderen drei Bilder keine Schrägbilder von Würfeln sind.

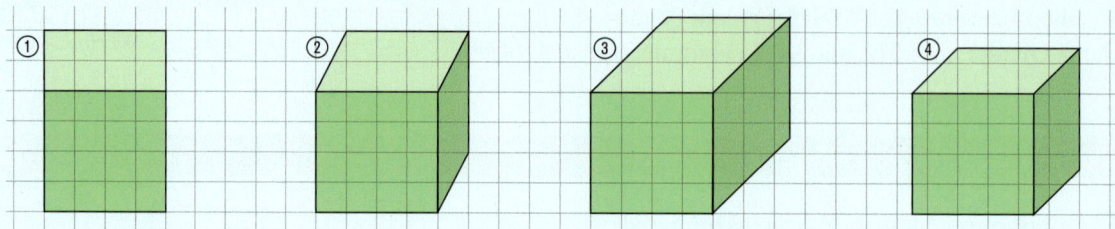

5 Punkte

3 Die abgebildeten Körper sind aus Einheitswürfeln (Kantenlänge = 1 cm) zusammengesetzt. Wie groß ist ihr Volumen V?

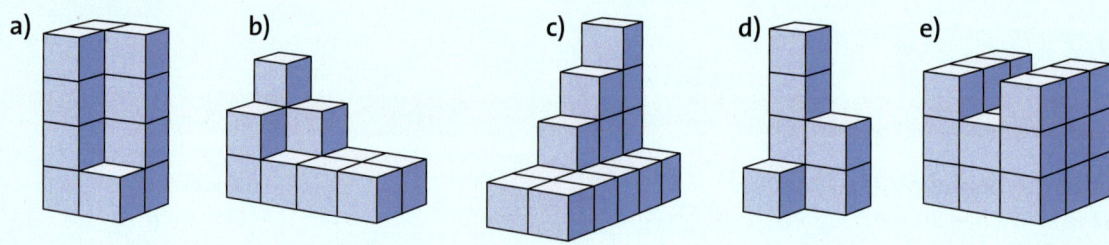

12 Punkte

4 Rechne die Volumenangaben in die angegebene Einheit um.

a) $65\,cm^3$ (mm^3) b) $15\,m^3$ (dm^3) c) $7\,000\,mm^3$ (cm^3) d) $72\,dm^3$ (mm^3)

e) $5\,m^3$ (l)   f) $450\,dm^3$ (ml)   g) $7,2\,cm^3$ (mm^3) h) $1,5\,m^3$ (dm^3)

i) $7\,500\,mm^3$ (cm^3) j) $85\,cm^3$ (dm^3) k) $3,5\,m^3$ (l)   l) $4,75\,dm^3$ (ml)

2 Punkte

5 Ein Quader hat die folgenden Maße.
Berechne das Volumen V und den Oberflächeninhalt O des Quaders.

a) $a = 3\,cm$; $b = 5\,cm$; $c = 4\,cm$ b) $a = 3,5\,dm$; $b = 15\,cm$; $c = 2,5\,dm$

1 Punkt

6 Ein Würfel hat eine Kantenlänge von 41 mm.
Berechne den Oberflächeninhalt O des Würfels.

2 Punkte

7 Ein Würfel hat einen Oberflächeninhalt von $150\,cm^2$.

a) Berechne seine Kantenlänge.

b) Berechne das Volumen des Würfels.

4 Punkte

8 Parfüm ist häufig aufwändig verpackt.
Gib jeweils das Volumen der Schachtel
an und vergleiche es mit der Angabe auf
der Verpackung.

Gold: 28–30 Punkte, Silber: 24–27 Punkte, Bronze: 18–23 Punkte   Lösungen ab Seite 202

Daten

Manchmal sind Datenmengen sehr groß.
Im Schulsekretariat sind zum Beispiel die Namen,
die Anschrift, das Geburtsdatum, die Klasse und
die Fächerwahl aller Schülerinnen
und Schüler gespeichert.
Um Daten miteinander zu vergleichen,
sind einige Werte von besonderer Bedeutung.
Außerdem ist eine übersichtliche
Darstellung der Daten wichtig.

Noch fit?

Einstieg

1 Daten aus Tabellen entnehmen

In einem Zoo leben acht Elefanten.

a) Sortiere die Elefanten nach ihrem Gewicht.

b) Sortiere die Elefanten nach ihrem Alter. Vergleiche mit a).

Name	Gewicht	Alter
Jenny	4 200 kg	44
Ganesh	4 900 kg	24
Bala	450 kg	2
Tuffi	3 400 kg	13
Calvin	4 500 kg	20
Indra	3 800 kg	33
Dunja	3 600 kg	25
Farina	470 kg	2

2 Kenngrößen von Daten

Gib die höchste Temperatur und die niedrigste an.

a) Wie groß ist der Unterschied?

b) Welche Fachbegriffe kannst du verwenden?

AUSSICHTEN FÜR DIE NÄCHSTEN TAGE

3 Daten aus Umfragen darstellen

Erstelle eine Tabelle mit Strichliste und Häufigkeit zur Umfrage „Lieblingsfarben".

Teresa: lila   Cem: rot
Ilaria: blau   Luca: grün
Lotte: gelb   Fynn: blau
Chloe: rot, blau   Samuel: gelb, grün
Canan: lila, blau, gelb Anton: grün, rot

4 Diagramme lesen

Beschreibe den Inhalt des Diagramms mit eigenen Worten.
Welche Fragestellung könnte über dem Diagramm stehen?

Aufstieg

1 Daten aus Tabellen entnehmen

Sortiere die Lebensmittel nach den Nährstoffen Eiweiß, Fett und Kohlenhydrate sowie nach ihrem Energiegehalt (in Kilokalorien).

je 100 g	Eiweiß	Fett	Kohlenhydrate	Energiegehalt
Butter	1 g	80 g	1 g	764 kcal
Bananen	1 g	0 g	18 g	81 kcal
Chips	5 g	40 g	46,1 g	530 kcal
Würstchen	15 g	26 g	0 g	292 kcal
Brötchen	9,2 g	2 g	50 g	262,8 kcal

2 Kenngrößen von Daten

Entnimm folgende Daten der Tabelle:

a) Minimum und Maximum beim Alter

b) größtes Mädchen und kleinster Junge

c) Berechne die Spannweite beim Gewicht

Name	Geburtstag	Körpergröße	Gewicht
Max	18.05.04	139 cm	42 kg
Julian	15.06.04	141 cm	39 kg
Tom	12.03.03	131 cm	40 kg
Sina	22.02.04	134 cm	28 kg
Delia	27.09.03	128 cm	27 kg
Anna	24.11.04	132 cm	34 kg

3 Daten aus Umfragen darstellen

Die Frage „Sind Raucher cooler als Nichtraucher?" wurde wie folgt beantwortet.

Mädchen: 10 × „nein", 3 × „ja" und
           2 × „keine Meinung".

Jungen: 8 × „nein", 4 × „ja" und
           2 × „keine Meinung".

Erstelle eine Strichliste mit Häufigkeitstabelle.

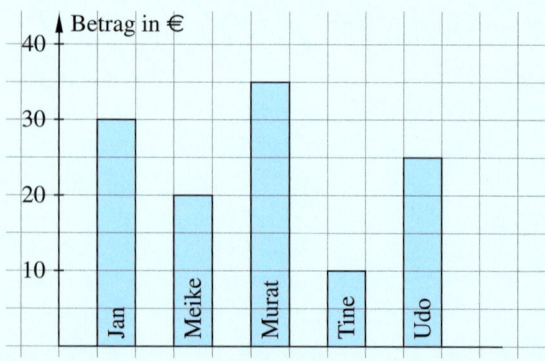

Lösungen ab Seite 202

Baumdiagramme

Entdecken

1 Das Menü einer Kantine besteht aus einer Hauptspeise und einer Nachspeise. Damit die Köchin planen kann, muss man am Vortag in einer Tabelle ankreuzen, welches Gericht man essen möchte.
Wie viele unterschiedliche Menüs können bestellt werden?

Hauptspeise \ Nachtisch	Apfel	Joghurt
Spaghetti		
Currywurst mit Pommes		
Salatteller		

2 An einem anderen Tag kann man sich aus Vorspeise, Hauptspeise und Nachtisch ein Menü zusammenstellen.

Vorspeise	**Hauptspeise**	**Nachtisch**
Tomatensuppe	Nudeln	Banane
Salat	Fischstäbchen	Joghurt
		Wassermelone

Janine stellt die Auswahlmöglichkeiten als Diagramm dar:

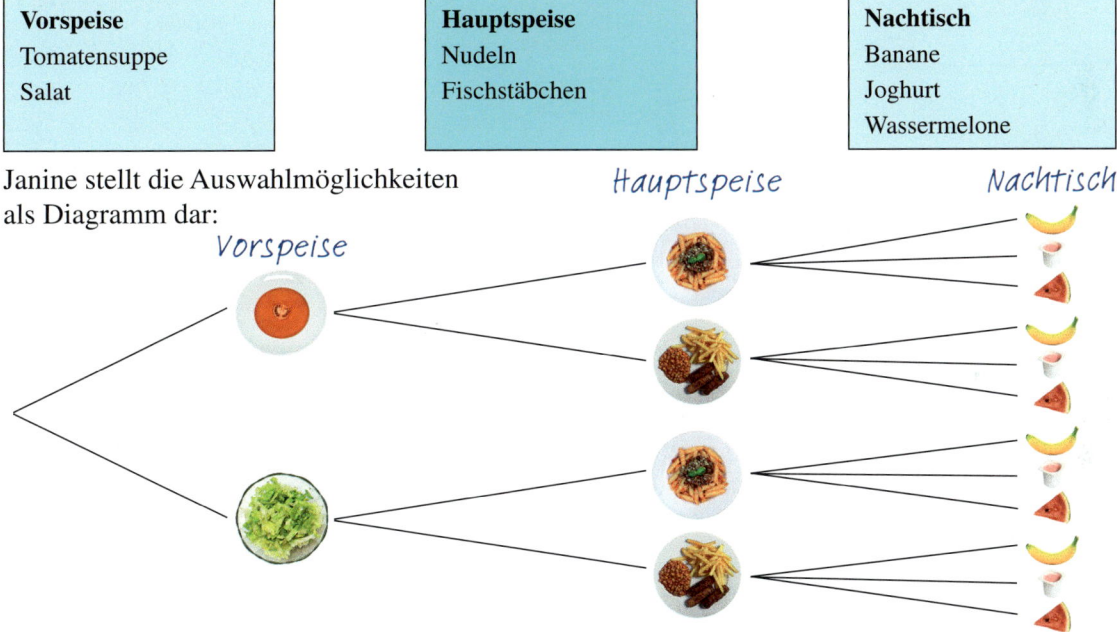

a) Fynn wählt Salat, Fischstäbchen und Joghurt zum Essen aus.
   Zeige Fynns Menü im Diagramm.
b) 👥 Stellt verschiedene Menüs aus Vorspeise, Hauptspeise und Nachtisch zusammen und zeigt sie im Diagramm.
c) Wie viele unterschiedliche Menüs können zusammengestellt werden?

3 Die Schulmensa bietet Brötchen und Mehrkornbrötchen an. Sie sind mit Käse, Schinken oder Salami belegt.
a) Gülden meint, dass die Mensa sechs Varianten belegter Brötchen anbietet.
   Bist du dergleichen Ansicht?
   Begründe und schreibe alle möglichen Kombinationen zwischen Brötchenart und Belag auf, z.B. (Brötchen/Käse) oder (Mehrkorn/Schinken).
b) Neben den Brötchen und den Mehrkornbrötchen sollen noch Roggenbrötchen angeboten werden. Als Belag kommt Frischkäse dazu. Wie viele Kombinationen gibt es nun?
   👥 Vergleicht eure Lösungswege untereinander.

Verstehen

Zum Schuljubiläum der Albert-Einstein-Schule gibt es T-Shirts mit dem Logo der Schule.
Zur Auswahl stehen T-Shirts in den Größen S, M und L jeweils in den Farben Rot und Blau.
Bei der Auswahl eines T-Shirts sind zwei Entscheidungen nötig – die Größen- und die Farbauswahl.
Alle Möglichkeiten der Auswahl lassen sich übersichtlich in einem Diagramm darstellen.

Beispiel

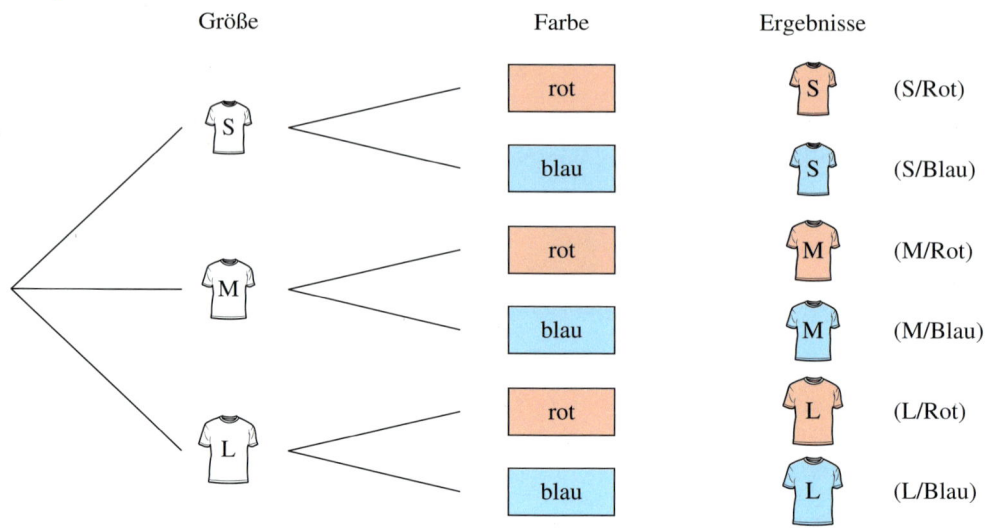

Insgesamt gibt es 6 verschiedene Möglichkeiten der Auswahl, also 6 verschiedene T-Shirts.

Merke Ein Diagramm, wie in der Abbildung oben, nennt man **Baumdiagramm**.
Ein Baumdiagramm beginnt mit einem Ausgangspunkt und verzweigt sich dann.
An den Ästen (Pfaden) lässt sich leicht ablesen, welche und wie viele Möglichkeiten es gibt.

HINWEIS
Die Darstellung wird Baumdiagramm genannt, weil die Verzweigungen den Ästen und Zweigen eines Baumes ähneln.

Üben und anwenden

1 Wie viele zweistellige Zahlen kann man aus folgenden Ziffern bilden?

| 2 | 4 | 5 |

a) Ergänze dazu das Baumdiagramm im Heft.

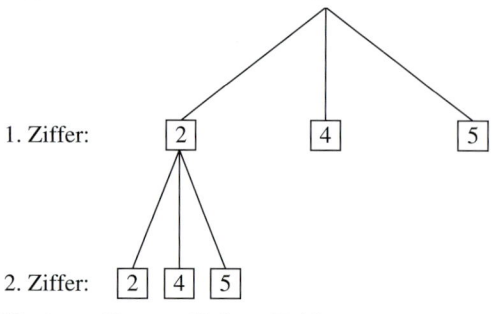

1. Ziffer:

2. Ziffer: 2 4 5

b) Notiere alle möglichen Zahlen.

1 Ein Eisverkäufer verkauft Schokoladen-, Waldmeister- und Erdbeereis.
Wie viele Möglichkeiten gibt es, die drei Kugeln übereinander zu stapeln?

a) Ergänze dazu das Baumdiagramm im Heft.

oben: S W E

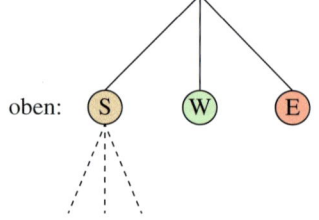

b) Notiere alle Möglichkeiten, die es gibt.

2 Ergebnisse von Zufallsexperimenten

Lucia zieht nacheinander aus dem Gefäß alle drei Kugeln und notiert jeweils den Buchstaben.
Wie viele verschiedene Fantasiewörter können entstehen?

2 Ergebnisse von Zufallsexperimenten

Wie viele Möglichkeiten gibt es, die drei Buchstaben auf verschiedene Weise anzuordnen?

 A S T

Wie viele Möglichkeiten gibt es, wenn es vier verschiedene Buchstaben wären?

---

3 Familie Messerschmidt isst im Restaurant. Es gibt drei verschiedene Hauptspeisen: Steak, Pizza oder Auflauf. Es gibt zwei verschiedene Nachspeisen: Pudding oder Eis.
a) Wie viele Möglichkeiten gibt es, ein Essen zusammenzustellen?
b) Zeichne ein Baumdiagramm.

3 In einem italienischen Restaurant gibt es drei verschiedene Suppen und fünf verschiedene Pizzen zur Auswahl.
Frau Hüller möchte eine Suppe und eine Pizza essen.
a) Zeichne ein Baumdiagramm.
b) Wie viele Möglichkeiten hat sie?

---

4 Wie viele Möglichkeiten gibt es jeweils, sich anzuziehen?

a)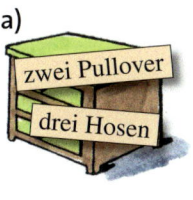
zwei Pullover
drei Hosen

b)
zwei Hosen
vier Pullover

c)
drei Hosen
vier Pullover

d)
drei Paar Schuhe
ein Rock
zwei Oberteile

4 Eine Mensa bietet zum Mittagessen vier Hauptgerichte und zwei Nachspeisen an.

Hauptgericht	Nachspeise
Nudeln	Birne
Salat	Quark
Pizza	
Fisch	

a) Zeichne ein zugehöriges Baumdiagramm.
b) Aus wie vielen Kombinationsmöglichkeiten können die Schülerinnen und Schüler das Essen auswählen?
c) Notiere alle Kombinationsmöglichkeiten z. B. (Pizza/Birne).

---

5 Eine Münze wird zweimal geworfen.
Sie landet auf Wappen (W) oder auf Zahl (Z).
a) Zeichne ein Baumdiagramm.
b) Wie viele mögliche Ergebnisse gibt es?

5 In einem Gefäß liegen zwei rote, zwei blaue und zwei gelbe Kugeln. Tina zieht zweimal hintereinander je eine Kugel, wobei sie jedes Mal die Kugel wieder zurücklegt.
a) Wie viele Stufen hat dieses Experiment?
b) Zeichne ein Baumdiagramm.
c) Wie viele verschiedene Möglichkeiten, zwei Kugeln zu ziehen, gibt es?

---

6 Mit dem Würfel, dessen Netz abgebildet ist, wird zweimal hintereinander geworfen.
Wie viele Möglichkeiten von Farbkombinationen gibt es?

6 Max möchte einen Cocktail mit zwei unterschiedlichen Säften mixen. Er hat sechs verschiedene Fruchtsäfte im Haus. Max meint, dass er 30 verschiedene Cocktails mixen kann. Sein Vater ist der Ansicht, dass es nur 15 sind. Welcher Meinung bist du? Begründe.

7 In der Führerscheinprüfung müssen die richtigen Antworten aus vorgegebenen Antworten ausgewählt werden.

1. Frage: Sie nähern sich mit dem Auto Kindern, die auf dem Gehweg spielen.
Wie müssen Sie sich verhalten?

① Langsamer fahren und bremsbereit sein.
② Unverändert weiterfahren.
③ Kräftig hupen und weiterfahren.

2. Frage: Wer ist für den verkehrssicheren Zustand eines zugelassenen Fahrzeugs verantwortlich?

① Der Fahrer   ② Der Halter
③ Die Haftpflichtversicherung

Josefine weiß die richtigen Antworten nicht und rät bei beiden Fragen. Wie viele Kombinationsmöglichkeiten hat sie?

7 Simone warf einen Würfel, notierte die Augenzahl und wiederholte das noch einmal. Sie zeichnete zu den möglichen Ergebnissen ein Baumdiagramm.

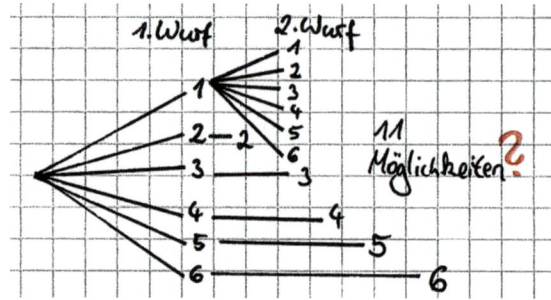

a) Beschreibe die Fehler, die Simone gemacht hat.
b) Wie viele mögliche Ergebnisse gibt es? Vergleicht eure Lösungswege.

8 Erzähle zu den Baumdiagrammen je eine passende Geschichte.

a)

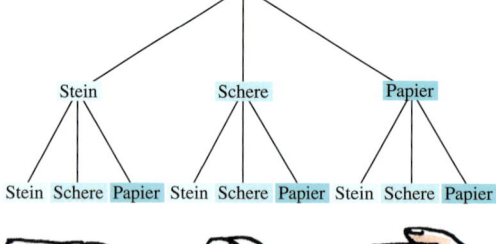

b)

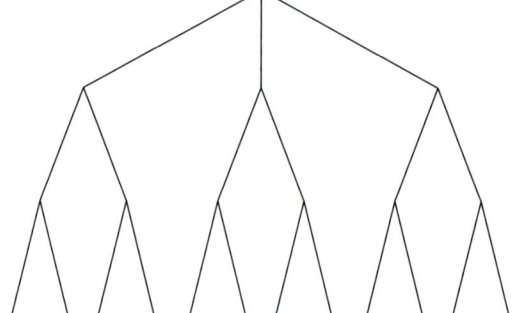

9 👥 Arbeitet zu zweit oder in kleinen Gruppen.
a) Welches Schloss ist sicherer? Begründet.
b) Wie viele verschiedene Zahlencodes gibt es jeweils bei den Zahlenschlössern? Ist es sinnvoll ein Baumdiagramm zu zeichnen? Präsentiert eure Lösungswege.

10 Autokennzeichen
Herr Andres meldet sein neues Auto in Plön an. Er möchte auf dem Nummernschild ein A haben.

a) Wie viele verschiedene Autokennzeichen sind möglich, wenn die Zahl auf dem Kennzeichen aus einer Ziffer besteht?
b) Wie viele verschiedene Autokennzeichen sind möglich, wenn die Zahl aus zwei (aus drei) Ziffern besteht?
c) Schätze: Wie viele verschiedene Autokennzeichen kann es in Plön geben? Vergleicht eure Schätzungen untereinander.

Häufigkeiten

Entdecken

1 Die Polizei kontrolliert an den Schulen die Verkehrssicherheit von Fahrrädern.

Schule	Regional-schule	Gemein-schaftsschule	Grund-schule	Gym-nasium
Gesamtanzahl der untersuchten Fahrräder	120	120	60	90
Anzahl der Fahrräder mit Mängeln	18	24	15	18

a) Die Schulleiterin der Grundschule lobt ihre Schüler, weil an ihren Fahrrädern die wenigsten Mängel festgestellt wurden. Die Direktorin der Gemeinschaftsschule ist verärgert, weil die Polizei bei den Fahrrädern ihrer Schüler die meisten Mängel gefunden hat.
Die Polizei ist anderer Meinung. Schreibe ein mögliches Gespräch zwischen dem Polizisten und den Schulleiterinnen.

b) Welche Schulen lassen sich problemlos miteinander vergleichen? Begründe.

2 Der amerikanische Statistiker John Tukey hat einzelne Daten geschickt zusammengefasst, ohne dass eine Angabe verloren geht. Er nannte seine Darstellung **Stängel-Blätter-Diagramm**.
In den vier Kästen stehen die Körpergrößen von 15 Basketballspielerinnen einer sechsten Klasse. Das Diagramm zeigt einen Kasten.

151 cm, 153 cm, 153 cm, 154 cm, 158 cm

149 cm

160 cm, 162 cm, 162 cm, 162 cm, 163 cm, 164 cm, 165 cm, 167 cm

170 cm

a) Überlege, welche Längen im Stängel und welche in den Blättern dargestellt sind.

b) Lies im Diagramm ab: Wie groß ist die kleinste (größte) Spielerin?
Wie viele Mädchen sind gleich groß?

c) Zeichne jeweils einen Stängel und ein Blatt für die anderen Kästen.

3 Bei den Bundesjugendspielen erreichten die Jungen der Klasse 6 a folgende Punktzahlen:
784, 698, 790, 812, 770, 724, 956, 756, 708, 732, 911, 925, 880, 992.
Die Jungen der Parallelklasse 6 b erzielten diese Ergebnisse: 687, 722, 740, 964, 1 043, 996, 632, 1 009, 653, 871, 692.

a) Sortiere die Punktzahlen für beide Klassen. Beginne jeweils bei der kleinsten Punktzahl.

b) Bestimme die Anzahl der Schüler, die keine Urkunde, eine Siegerurkunde und eine Ehrenurkunde erhalten.

c) Welche Klasse war erfolgreicher? Finde Argumente für beide Klassen.

167

Verstehen

Die Fußballmannschaft der Pestalozzi-Schule hat das Endspiel um die Stadtmeisterschaft erreicht. Vor dem Spiel befragte Marisa für die Schülerzeitung einige Klassen, ob sie Jannik für den erfolgreichsten Stürmer halten.

	7a	7b	8a	8b	9a	9b	10a	10b
ja	13	17	14	11	13	12	15	13
nein	12	11	15	16	6	9	10	13
weiß nicht	3	1	2	2	8	5	0	0
Gesamtzahl der Befragten	28	29	31	29	27	26	25	26

Am **häufigsten** wurde Jannik in der Klasse 7b genannt.
Am **seltensten** wurde er in der 8b genannt.
Der **Unterschied** beträgt 6 Nennungen:
17 − 11 = 6

17 ist das **Maximum** der Nennungen.

11 ist das **Minimum** der Nennungen.
6 ist die **Spannweite** der Nennungen.

In der zweiten Zeile der Tabelle steht die Anzahl der Ja-Stimmen für Jannik. Die Anzahl nennt man auch **absolute Häufigkeit**.

Achtung: Es wurde nicht berücksichtigt, dass in den einzelnen Klassen unterschiedlich viele Schülerinnen und Schüler abgestimmt haben.

	7a	7b	8a	8b	9a	9b	10a	10b
ja	13	17	14	11	13	12	15	13
Gesamtzahl	28	29	31	29	27	26	25	26
Anteil an der Gesamtzahl	$\frac{13}{28}$ ≈ 0,46	$\frac{17}{29}$ ≈ 0,59	$\frac{14}{31}$ ≈ 0,45	$\frac{11}{29}$ ≈ 0,38	$\frac{13}{27}$ ≈ 0,48	$\frac{12}{26}$ ≈ 0,46	$\frac{15}{25}$ ≈ 0,60	$\frac{13}{26}$ ≈ 0,50

In der Tabelle kann man die Anteile der Ja-Stimmen für Jannik an der Gesamtzahl der Befragten ablesen.

Beispiel
In der Klasse 7a haben 13 von 28 Befragten Jannik genannt. Das sind $\frac{13}{28}$ ≈ 0,46 der Befragten.

Die absolute Häufigkeit beträgt 13 und die relative Häufigkeit $\frac{13}{28}$, also ungefähr 0,46.

Merke Die **absolute Häufigkeit** gibt eine Anzahl an.
Die **relative Häufigkeit** ist ein Anteil an der Gesamtzahl.

$$\text{Relative Häufigkeit} = \frac{\text{absolute Häufigkeit}}{\text{Gesamtzahl}}$$

Die relative Häufigkeit kann man als Bruch und als Dezimalbruch angeben.

Üben und anwenden

1 Alina hat 100-mal gewürfelt. Übertrage die Tabelle in dein Heft. Gib die relative Häufigkeit für die Augenzahlen als Bruch an.

Augenzahl	1	2	3	4	5	6
absolute Häufigkeit	16	20	14	16	16	18
relative Häufigkeit						

1 Kira hat 25-mal gewürfelt. Übertrage die Tabelle ins Heft. Gib die relative Häufigkeit für die Augenzahlen als Dezimalbruch an.

Augenzahl	1	2	3	4	5	6
absolute Häufigkeit	4	6	2	7	2	4
relative Häufigkeit						

2 Lucia dreht an einem Glücksrad. Sie hat notiert, wie oft das Glücksrad bei den verschiedenen Farben stehengeblieben ist.

grün: ‖‖ ‖‖ ‖‖ ‖‖ ‖‖ ‖‖ ‖‖
gelb: ‖‖ ‖
rot: ‖‖ ‖‖ ‖‖‖
blau: ‖‖ ‖‖ ‖‖‖

a) Wie groß ist die absolute Häufigkeit für jede einzelne Farbe?
b) Wie oft wurde das Glücksrad gedreht?
c) Wie groß ist die relative Häufigkeit für jede einzelne Farbe? Gib die Werte als Bruch und Dezimalbruch an.
d) Auf welche Farbe würdest du bei einer Wette setzen? Begründe.

2 Mit zwei Würfeln wurde 72-mal gleichzeitig geworfen. In der Strichliste wurde die Augensumme notiert.

a) Gib die absoluten Häufigkeiten für die einzelnen Augensummen an.
b) Berechne die relative Häufigkeit für jede Augensumme.
c) Warum kann die Zahl 1 nicht als Augensumme auftreten? Warum erscheint die 13 nicht in der Liste? Begründe.
d) Auf welche Augensumme würdest du bei einer Wette setzen, um eine möglichst hohe Gewinnchance zu haben?

2:	‖‖
3:	‖‖‖
4:	‖‖ ‖‖‖
5:	‖‖ ‖
6:	‖‖ ‖‖
7:	‖‖ ‖‖ ‖
8:	‖‖ ‖‖
9:	‖‖ ‖
10:	‖‖ ‖
11:	‖‖‖
12:	‖

3 👥👥 Würfelt 36-mal mit zwei Würfeln gleichzeitig.

a) Fertigt eine Strichliste an, in der ihr nach jedem Wurf die Augensumme notiert.
b) Berechnet die relative Häufigkeit für die Augensummen.
c) Warum müssen bei dieser Untersuchung nicht alle dasselbe Ergebnis haben?
d) Wiederholt das Experiment noch einmal. Warum muss das Ergebnis in beiden Experimenten nicht gleich sein? Begründet.

3 Auf der Fahrt in den Urlaub zählen Sina und Eileen aus Langeweile Autos.
Eileen hat 8 blaue, 10 schwarze, 8 weiße und 6 rote gezählt.
Sina hat 5 Mercedes, 8 VW, 6 Renault, 3 Fiat und 2 BMW gezählt.
Überprüfe die folgenden Behauptungen:
a) Auf der Autobahn sind mehr blaue Autos als VW unterwegs.
b) Die relative Häufigkeit für einen Fiat ist größer als für ein rotes Auto.
c) 👥👥 Überlege dir ähnliche Aufgaben und lass sie von deinem Lernpartner lösen.

4 Vergleiche jeweils die beiden relativen Häufigkeiten.
a) Losbude: 5 Gewinne bei 20 Losen und 7 Gewinne bei 25 Losen
b) Basketball: 4 Körbe bei 8 Würfen und 6 Körbe bei 15 Würfen
c) Klassensprecherwahl: 9 von 30 Stimmen und 7 von 28 Stimmen

5 Eine Zeitschrift befragt ihre Leser über die Zuverlässigkeit gebraucht gekaufter Autos.

Autofabrikat	A	B	C	D
Autos, die mit einer Panne liegen blieben	55	28	30	51
untersuchte Autos	275	280	120	170

a) Berechne für jede Automarke die relative Häufigkeit, mit der die Autos eine Panne hatten.
b) Welche dieser vier Automarken ist am zuverlässigsten?

6 Die Buchstaben D, E und N gehören zu den Buchstaben, die in der deutschen Sprache am häufigsten vorkommen.
Untersuche, ob dies auch für den folgenden Text gilt.

> Der Airbus A380 zählt zu den größten Verkehrsflugzeugen der Welt. Wegen der verwendeten Baustoffe hat das Flugzeug einen geringeren Treibstoffverbrauch als herkömmliche Flugzeuge und besitzt dadurch bei geringeren Kosten eine größere Reichweite.

a) Wie groß ist die relative Häufigkeit, mit der jeder der drei Buchstaben D, E und N im Text vorkommt?
Gib jeweils als Dezimalbruch an.
b) Welche Buchstaben im Text haben die kleinste absolute Häufigkeit?

7 Im Stängel-Blätter-Diagramm sind die Zeiten der zehnten Klassen beim 100-m-Lauf notiert.
a) Wie viele Schülerinnen und Schüler haben am Lauf teilgenommen?
b) In welchem Bereich liegen die Ergebnisse der meisten Läufer?

5 Die Polizei kontrolliert häufig die Geschwindigkeit der Kraftfahrzeuge in der Nähe von Schulen und Kindergärten. Folgende Daten hat die Polizei bei der Fahrzeugkontrolle bisher gesammelt.

Straße	kontrollierte Fahrzeuge	Fahrzeuge mit überhöhter Geschwindigkeit
Boxgraben	550	11
Lindenstr.	800	20
Kiefernweg	600	30
Tulpenweg	900	54
Jahnstr.	520	26
Südring	1 300	39
Berliner Weg	500	35

In welchen vier Straßen sollte die Polizei ihre Geschwindigkeitskontrollen verstärkt durchführen?

6 Untersuche verschiedene Texte.
a) Untersuche einen kurzen deutschsprachigen Text mit mindestens 30 Wörtern.
Zähle zunächst alle Buchstaben insgesamt. Erstelle eine Häufigkeitstabelle für die im Text vorkommenden Buchstaben E, N, R, A und Y.
b) Bestimme die relative Häufigkeit, mit der jeder Buchstabe E, N, R, A und Y im Text vorkommt.
c) Präsentiere dein Ergebnis und vergleiche es mit deinen Mitschülern.
d) Untersuche nun die relative Häufigkeit der Buchstaben E, N, R, A und Y in einem kurzen englischsprachigen Text mit mindestens 30 Wörtern.
e) Sucht im Internet nach Angaben über relative Häufigkeiten für Buchstaben in der deutschen sowie der englischen Sprache und vergleicht die Resultate mit euren Ergebnissen.

Klasse 10 a		Klasse 10 b
9 7	**11**	8
8 8 5 5 2	**12**	3 7 7 9
9 9 7 6 4 4 4 1	**13**	0 1 3 4 4 5 5 6 9
8 6 0 0	**14**	0 0 1 3 5 6 6 7 8
7 6 2 2 3 1	**15**	0 1 4 9

HINWEIS
So wird die erste Zeile im Stängel-Blätter-Diagramm gelesen: In der Klasse 10 a wurden die Zeiten 11,9 s und 11,7 s erreicht, in der Klasse 10 b 11,8 s.

Mittelwerte bilden

Entdecken

1 Du findest hier die Ergebnisse von drei unterschiedlichen Klassenarbeiten:
– die Ergebnisse der 1. Klassenarbeit als Eintrag im Notenbuch eines Lehrers
– die Ergebnisse der 2. Klassenarbeit als Häufigkeitstabelle (Klassenspiegel)
– die Ergebnisse der 3. Arbeit als Säulendiagramm

1. Klassenarbeit

Klasse: 6a Kl.-Arbeit					
Nr.	Name		11	Littmann, Michael	5
1	Albrecht, Tanja	4	12	Mencük, Mehmet	4
2	Bülbül, Reham	3	13	Niessen, Lisa	3
3	Cipollo, Daniela	2	14	Özyurt, Adi	2
4	Dammer, Tim	4	15	Paglino, Vita	4
5	Ehlers, Jessica	3	16	Reimers, Sebastian	2
6	Faber, Denis	3	17	Schuster, Jens	4
7	Grabitzky, Anna	4	18	Sentürk, Yüksel	3
8	Hansen, Katharina	1	19	Starowicz, Claudia	3
9	Hartmann, Moritz	3	20	Theißen, Florian	3
10	Kamps, Tobias	4	21	Wynhoff, Simone	5
			22	Ziegler, Jan	2

2. Klassenarbeit

1	2	3	4	5	6
1	4	9	9	6	0

3. Klassenarbeit

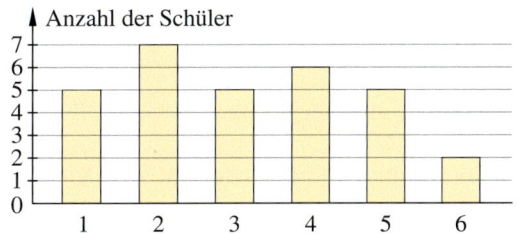

Ergebnis der Klassenarbeit

a) Welche Darstellungsform findest du am übersichtlichsten?
b) Stelle die Ergebnisse der drei Klassenarbeiten als Häufigkeitstabelle und als Säulendiagramm dar.
c) Welche Klassenarbeit ist am besten ausgefallen? Begründe.

2 Lies den Zeitungsartikel.

Geburtenrate in Deutschland

Die Geburtenrate in Deutschland ist Forschern zufolge höher als bisher angenommen. Wissenschaftler des Max-Planck-Instituts gehen laut einer am Montag veröffentlichten Untersuchung von einer Durchschnittsrate von 1,6 Kindern pro Frau aus. Sie korrigierten damit die amtlichen Geburtenraten nach oben, die bezogen auf das Jahr 2010 bislang von 1,46 Kindern pro Frau im Osten und 1,39 Kindern pro Frau im Westen ausgingen.

a) Erkläre, was mit „Durchschnittsrate von 1,6 Kindern pro Frau" gemeint sein kann.
b) Wie groß waren die bisher für 2010 angenommenen Geburtenraten?

3 Betrachte das Diagramm.
a) Beschreibe, was du aus dem Diagramm ablesen kannst.
b) 👥 Was könnte die rote Linie bedeuten? Tausche dich mit einem Lernpartner aus.
c) Stelle dir eine Situation vor, auf die das Diagramm zutreffen kann.

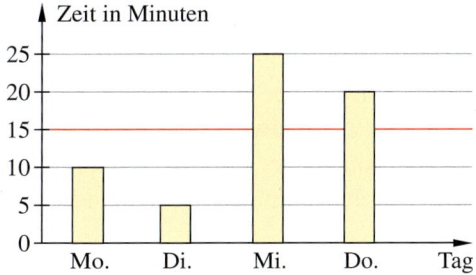

Verstehen

Bei vielen Untersuchungen von Daten sind Mittelwerte von Bedeutung.
Mittelwerte geben Auskunft über eine Datenreihe. Man unterscheidet **zwei verschiedene Arten von Mittelwerten**.

In der Tabelle steht der Notenspiegel der letzten Klassenarbeit der 6 a im Fach Mathematik. Tom möchte die Durchschnittsnote berechnen.

Note	1	2	3	4	5	6
Anzahl der Klassenarbeiten	4	10	6	4	4	2

Beispiel 1

Tom addiert jeweils die Note mit der Anzahl der Klassenarbeiten.
Anschließend dividiert er das Ergebnis durch die Anzahl der Schülerinnen und Schüler:

$(4 \cdot 1 + 10 \cdot 2 + 6 \cdot 3 + 4 \cdot 4 + 4 \cdot 5 + 2 \cdot 6) = 90$ und $90 : 30 = 3$

oder in einem Schritt: $\dfrac{4 + 20 + 18 + 16 + 20 + 12}{30} = \dfrac{90}{30} = 3$

Die Durchschnittsnote der 6 a im Fach Mathematik ist 3.

> **Merke** Der Durchschnitt (Zeichen: ∅) wird auch als **arithmetisches Mittel** bezeichnet.
>
> **Berechnung des Durchschnitts**:
> 1. Alle Werte werden addiert.
> 2. Die Summe wird durch die Anzahl der Werte dividiert.

Tom möchte das Ergebnis seiner Klasse mit dem Ergebnis der Parallelklasse vergleichen.

Note	1	2	3	4	5	6
Anzahl der Klassenarbeiten	3	14	2	3	4	3

∅ = 3

Beide Klassenarbeiten sind unterschiedlich ausgefallen. Trotzdem ergibt der Durchschnitt jeweils die Note 3. Zum Vergleichen reicht der Durchschnitt allein also nicht aus.
Zur Berechnung eines anderen Mittelwerts werden alle Daten der Größe nach geordnet und der Wert in der Mitte der Datenreihe betrachtet.

HINWEIS
Bei einer ungeraden Anzahl an Daten gibt es nur einen einzigen mittleren Wert. Dann kann man den Median ohne zu berechnen einfach ablesen.

Beispiel 2

6 a: 1 1 1 1 2 2 2 2 2 2 2 2 2 **3 3** 3 3 3 3 4 4 4 5 5 5 5 6 6

6 b: 1 1 1 2 2 2 2 2 2 2 2 2 2 **2** 2 2 3 3 4 4 4 5 5 5 5 6 6

Der mittlere Wert der Klasse 6 b ist 2 und somit besser als der mittlere Wert (3) der Klasse 6 a, denn $(3 + 3) : 2 = 6 : 2 = 3$.

> **Merke** Der Wert in der Mitte aller, der Größe nach geordneten Daten einer Datenreihe wird als **Zentralwert** oder **Median** bezeichnet.
> Ist die Anzahl der Daten gerade, liegen zwei Werte in der Mitte. Dann ist der Zentralwert der Durchschnitt aus diesen beiden Werten.

Üben und anwenden

1 Berechne das arithmetische Mittel der beiden Daten.

a) 26 und 44 b) 13 und 37
c) 104 und 12 d) 35 und 65
e) 79 und 18 f) 23 und 12
g) 45 und 31 h) 75 und 20

2 Berechne das arithmetische Mittel.

a) 25 mm; 29 mm; 36 mm und 14 mm
b) 125 g; 218 g und 59 g
c) 25 s; 63 s; 48 s und 24 s
d) 268 m; 143 m und 129 m
e) 45 min; 36 min; 18 min und 21 min

3 Familie Sauer macht mit ihren Kindern in den Osterferien eine viertägige Fahrradtour. Christiane liest jeden Abend auf ihrem Tachometer die gefahrene Streckenlänge ab:

1. Tag: 48 km;
2. Tag: 52 km;
3. Tag: 40 km und
4. Tag: 36 km.

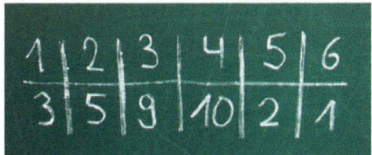

Wie viele Kilometer ist Familie Sauer im Durchschnitt täglich gefahren?

4 Nimm Stellung zum Klassenspiegel und der folgenden Rechnung.

$$\varnothing = \frac{3+5+9+10+2+1}{6} = 5$$

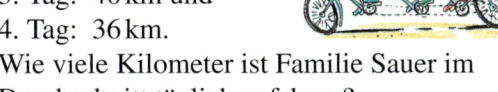

5 Das ist der Klassenspiegel der letzten Mathematikarbeit der 6 c:

Note	1	2	3	4	5	6
Anzahl	2	7	9	9	3	0

Berechne das arithmetische Mittel.

6 Bestimme jeweils den Zentralwert der Datenreihen.

a) 4; 6; 8; 12; 4; 12; 12; 24; 46; 52; 89
b) 17; 19; 19; 32; 34; 35; 38; 38; 44; 51
c) 28; 22; 17; 29; 16; 24; 24; 19; 16
d) 123; 23; 83; 163; 103; 63; 43; 143

7 👥 Gebt jeweils Datenreihen mit 10 (15) Daten zu den folgenden Eigenschaften an.

---

1 Berechne das arithmetische Mittel der beiden Daten.

a) 125 cm und 65 cm
b)   85 kg und 60 kg
c) 245 mm und 1,87 dm
d)   79 ct und 0,95 €

2 Berechne das arithmetische Mittel.

a) 4,5; 6,8; 11,4 und 13,3
b) 17,8; 25,4; 14,12 und 38,68
c) 7,3; 9,56; 24,16 und 18,98
d) 104,2; 212,6; 134,7 und 68,5
e) 2,55; 3,15 und 3,15

3 Familie Bitter ist vier Tage durch Deutschland gereist.

1. Tag: 80,5 km freie Fahrt, 9 km Stau
2. Tag: 66 km freie Fahrt, 11,5 km Stau
3. Tag: 120,5 km freie Fahrt, 0,5 km Stau
4. Tag: 90 km freie Fahrt, 21,5 km Stau

Wie viele Kilometer hatte Familie Bitter im Durchschnitt täglich freie Fahrt?
Wie viele Kilometer hatte sie im Durchschnitt täglich Stau?

4 Berechne das arithmetische Mittel.
Beachte dabei, wie oft die einzelnen Noten vergeben wurden.

5 Kevin hat den Klassenspiegel nicht vollständig abgeschrieben:

1	2	3	4	5	6
4	7	8			2

$\varnothing = 3{,}1$

30 Schüler haben die Arbeit mitgeschrieben.

6 Bestimme jeweils den Zentralwert der Datenreihen.

a) 99; 140; 187; 231; 299; 312; 500
b) 1,6; 1,7; 1,7; 1,7; 1,8; 2,1; 2,1; 2,4; 8,2
c) 3,4; 4,5; 1; 8,33; 9,2; 27,34; 47; 17,1;
    48,5; 17,657

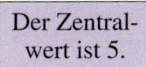

Der Zentralwert ist 5.

Der Durchschnitt ist 10.

Der Zentralwert ist 5 und der Durchschnitt ist 10.

8 Das Diagramm veranschaulicht, wie viele Abendessen ein Gasthof an jedem Tag einer Woche ausgegeben hat. Bestimme den Durchschnitt und den Zentralwert.

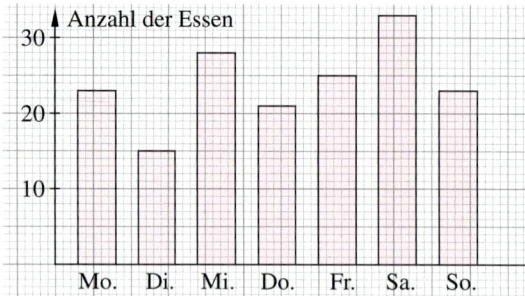

8 Ein Gasthof hat für jeden Monat eines Halbjahrs die Zahl der Übernachtungen notiert.

Januar	Februar	März	April	Mai	Juni
124	132	98	70	84	116

a) Erstelle ein Diagramm (2 Übernachtungen entsprechen 1 mm).
b) Berechne den Durchschnitt. Bestimme den Zentralwert und vergleiche mit dem Durchschnitt.
c) Trage den Durchschnitt und den Zentralwert jeweils als Linie im Diagramm ein.

9 Eine Ferienwoche mit dem Fahrrad am Bodensee hatte diese Tagesetappen.
Gib den Zentralwert an und berechne die durchschnittliche Länge einer Etappe.

9 Im Zusammenhang mit der starken Lärmbelästigung wurde an fünf Wochentagen in einem Wohngebiet die Verkehrsdichte für Züge und Kraftfahrzeuge ermittelt.

Anzahl der Züge

Mo.	Di.	Mi.	Do.	Fr.
300	320	350	340	290

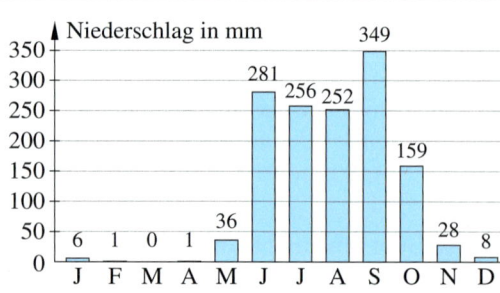

Berechne Durchschnittswerte.

10 👥 Denkt euch zu einer Umfrage zum Thema „Taschengeld" fünf Antworten aus, die zu demselben Durchschnitt und Median führen. Wählt fünf andere Werte, die denselben Durchschnitt wie eben, aber einen anderen Median haben.

11 Niederschlag in Deutschland und Mexiko
a) Die Tabelle zeigt die Niederschlagsmengen (in mm) in einem Jahr in Itzehoe.
Bestimme die durchschnittliche Niederschlagsmenge und den Zentralwert.

Januar	Februar	März	April	Mai	Juni	Juli	August	September	Oktober	November	Dezember
60	45	35	45	60	75	70	80	55	50	55	54

b) Das Diagramm zeigt die Niederschlagsmengen in Acapulco (Mexiko).
Bestimme für Acapulco den Durchschnitt und den Zentralwert.
c) 👥 Welcher Mittelwert ist bei den beiden Beispielen für Vergleichszwecke besser geeignet? Diskutiert darüber in kleinen Gruppen und präsentiert euer Ergebnis in der Klasse.

Daten in Diagrammen darstellen und auswerten

Entdecken

1 Daten von Umfrageergebnissen lassen sich besonders anschaulich in Kreisdiagrammen darstellen.
100 Schülerinnen und Schüler wurden befragt …

… nach ihrem Hobby:

Hobby	Stimmen
Sport	50
Computer	30
Freunde treffen	10
Sonstiges	10

… nach ihrem Lieblingsfach:

Lieblingsfach	Stimmen
Sport	30
Mathe	25
Biologie	25
Sonstiges	20

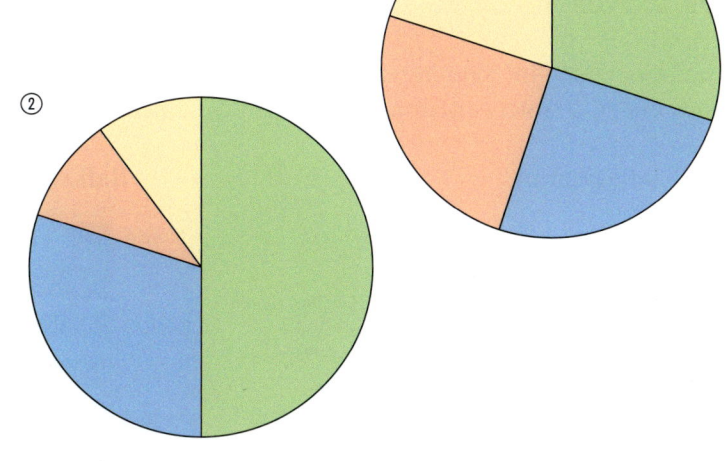

Ordne den Umfrageergebnissen das zugehörige Kreisdiagramm zu.
Übertrage die Tabellen mit dem zugehörigen Kreisdiagramm in dein Heft.
Ergänze eine Überschrift und beschrifte die Kreisteile.

2 👥 Welche Fragestellung könnte hinter folgenden Diagrammen stehen? Nennt Beispiele.

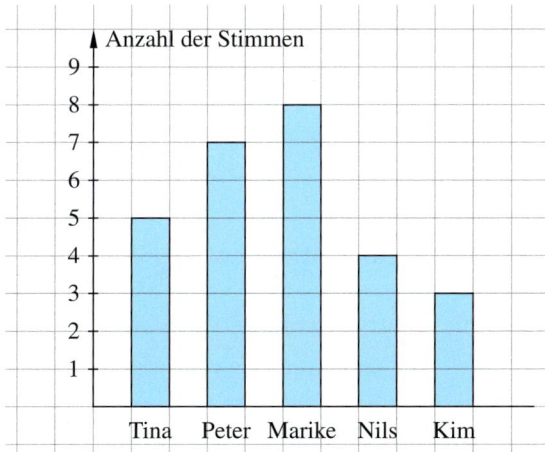

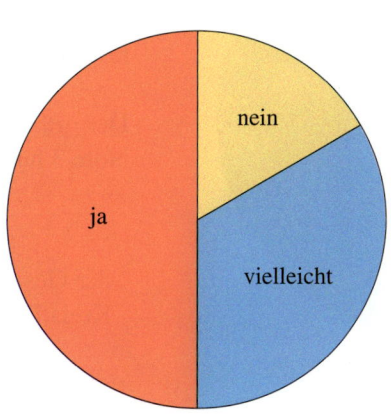

3 👥 Wenn es darum geht, im Haushalt zu helfen, sind die Unterschiede zwischen Mädchen und Jungen immer noch groß.
a) Diskutiert darüber, welche Gründe dafür bestehen.
b) Betrachtet die Daten in der Randspalte. Dargestellt ist die Zeit, die Schülerinnen (rot) und Schüler (blau) einer 6. Klasse pro Woche mit Tischdecken verbringen. Stellt die Zeitangaben in einem Diagramm dar.
c) Sucht in Zeitungen oder im Internet nach Untersuchungen, die eine Unterscheidung zwischen Jungen und Mädchen machen. Stellt sie auf einem Plakat zusammen.

ZU AUFGABE 3
Zeiten zum
Tischdecken:
10 min
60 min
90 min
10 min
15 min
10 min
25 min
5 min
0 min
20 min
5 min
0 min
70 min
30 min
15 min
10 min
0 min
0 min
10 min
15 min
30 min
20 min
5 min
10 min
10 min

175

Verstehen

Um Häufigkeiten einfach vergleichen zu können, werden diese oft in Diagrammen dargestellt. Es gibt unterschiedliche Diagrammtypen.

Beispiel 1

In der **Tabelle** sind die Ergebnisse einer Klassenarbeit angegeben.

Note	1	2	3	4	5	6
Anzahl	2	8	12	4	2	2

Die Darstellung im **Säulendiagramm** oder im **Balkendiagramm** gibt einen schnellen Überblick über die Notenverteilung. Es werden die **absoluten Häufigkeiten** angegeben.

Säulendiagramm

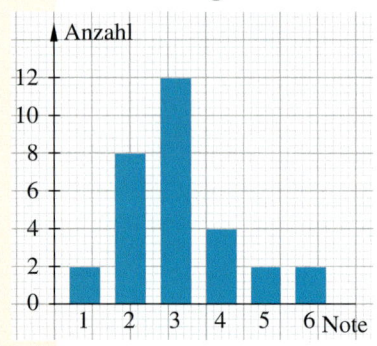

Die Höhe der Säulen gibt jeweils die Anzahl der Klassenarbeiten an.

Balkendiagramm

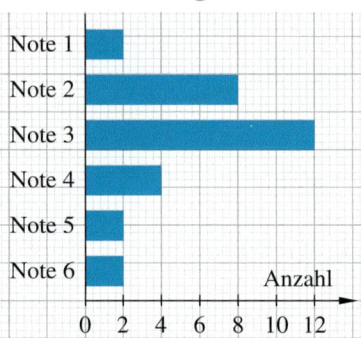

Die Länge der Balken gibt jeweils die Anzahl der Klassenarbeiten an.

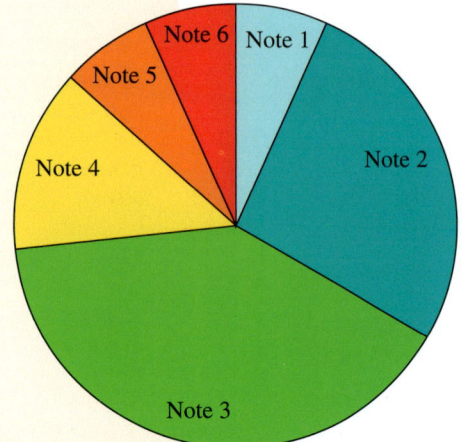

Die Ergebnisse der Klassenarbeit können auch mithilfe von **relativen Häufigkeiten** dargestellt werden.

Dabei steht der gesamte Kreis für 30 Klassenarbeiten. Die Kreisteile zeigen die Noten an.

Der grüne Kreisteil ist viel größer als der gelbe, also gab es die Note 3 häufiger als die Note 4.

> **Merke** In einem **Kreisdiagramm** wird der jeweilige Anteil an der Gesamtzahl dargestellt.
> Kreisdiagramme zeigen die **relativen Häufigkeiten** an.

Beispiel 2

Im Januar wurden in Duisburg 60 mm Niederschlag gemessen, im Mai 100 mm.
Das Diagramm zeigt den Zusammenhang zwischen den Größen *Zeit* und *Niederschlag*.

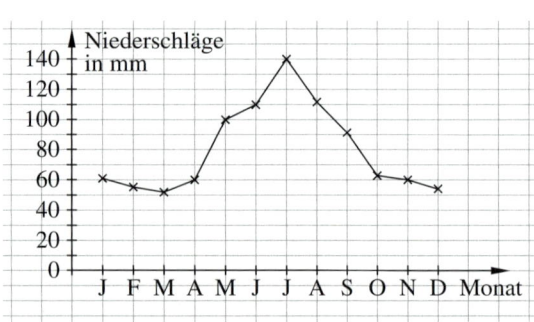

> **Merke** In einem **Liniendiagramm** werden meist zeitliche Entwicklungen dargestellt. Die einzelnen Werte werden dabei durch gerade Linien verbunden.

Üben und anwenden

1 Das Liniendiagramm zeigt die Temperaturen an einem Märztag.

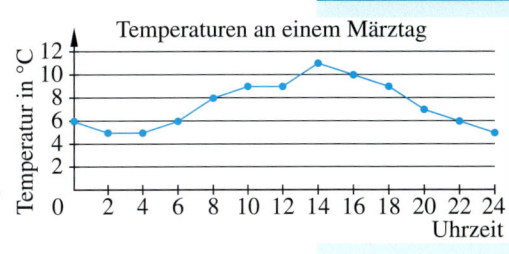

Temperaturen an einem Märztag

a) Erstelle eine Tabelle.

b) Um wie viel Uhr wurde das Maximum der Temperaturen erreicht?

c) Um wie viel Uhr gab es das Minimum?

d) Zwischen welchen Uhrzeiten stieg die Temperatur am stärksten an?

e) Zu welchen Uhrzeiten herrschte jeweils die gleiche Temperatur?

2 Lies aus dem Balkendiagramm die durchschnittliche Lebenserwartung der Tiere ab.

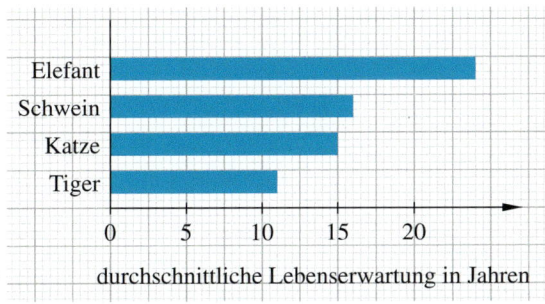

durchschnittliche Lebenserwartung in Jahren

2 Die Einwohnerzahlen der sechs größten deutschen Städte sind auf 100 000 gerundet.

Berlin: 3,5 Mio.   Köln: 1,0 Mio.
Hamburg: 1,8 Mio.   Frankfurt: 0,7 Mio.
München: 1,4 Mio.   Stuttgart: 0,6 Mio.

a) Überlege dir eine geeignete Längeneinheit für ein Säulendiagramm.

b) Stell die Einwohnerzahlen im Säulendiagramm dar.

c) Ergänze im Säulendiagramm den Durchschnitt der Einwohnerzahlen.

3 Mika fährt mit dem Fahrrad zur Schule.

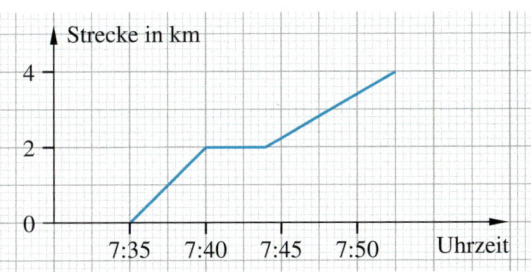

a) Unterwegs macht er eine Pause. Wie lange dauert die Pause?

b) Fährt er nach der Pause schneller oder langsamer als vor der Pause?

3 Das Diagramm zeigt den Wert einer Aktie in einer Woche im Mai.

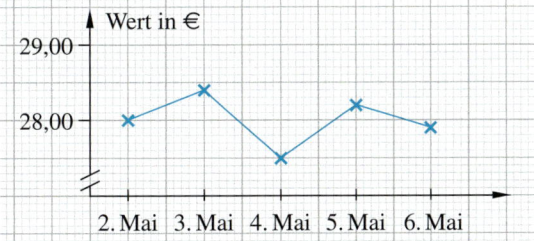

a) Welchen Wert hatte die Aktie am 4. Mai?

b) An welchem Tag betrug der Wert der Aktie 28,20 €?

ERINNERE DICH
Bei der Darstellung von großen Zahlen in einem Diagramm kann man einen Bereich von Zahlen auslassen. Dies kennzeichnet man auf der Achse z. B. so:

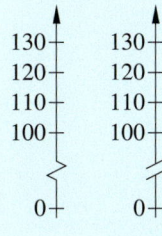

4 Das Kreisdiagramm zeigt die Zusammensetzung von Hausmüll. Ordne die Sorten der Größe nach. Beginne mit dem kleinsten Anteil.

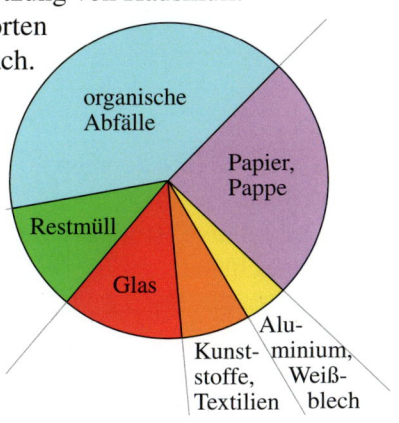

4 Lea behauptet: „In deutschen Wäldern sind gleich viele Bäume *schwach geschädigt* wie *nicht geschädigt.*" Bist du der gleichen Meinung? Begründe.

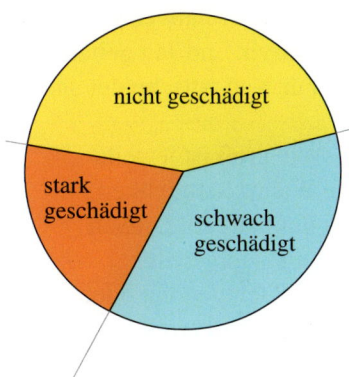

Klar so weit?

→ Seite 164

Baumdiagramme

1 Julia hat zwei neue T-Shirts (rot, türkis) und zwei neue Hosen (blau, schwarz) gekauft.
In einem Baumdiagramm stellt sie dar, wie viele Kombinationsmöglichkeiten sie damit hat.

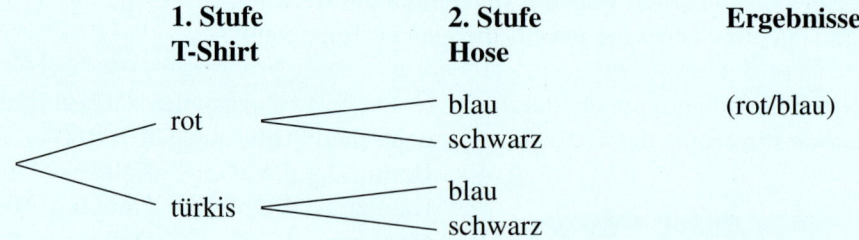

1. Stufe	2. Stufe	Ergebnisse
T-Shirt	Hose	

rot — blau / schwarz (rot/blau)

türkis — blau / schwarz

a) Ergänze die Ergebnisse. Wie viele Kombinationsmöglichkeiten gibt es?
b) Erstelle ein Baumdiagramm für den Fall, dass Julia auch noch ein grünes T-Shirt hat.

2 Ein Geschäft verkauft Smileys in den Farben gelb, grün, rot und lila.
Sie lachen, zwinkern oder sind traurig.
Wie viele verschiedene Smileys gibt es?

2 Ein Angebot im Fahrradgeschäft:
Es gibt Herren- und Damenräder, jeweils in vier verschiedenen Farben, in 3 verschiedenen Größen und jeweils mit 3- und 4-Gangschaltung.
Wie viele Räder hat das Geschäft im Angebot?

→ Seite 168

Häufigkeiten

3 Eine Umfrage führte zu den folgenden Schuhgrößen:
41; 36; 39; 42; 44; 35; 42; 45; 44; 38
Bestimme Minimum, Maximum und Spannweite.

3 Die Umfrage „Mit wie vielen Haustieren lebst du zusammen?" ergab die folgenden
Antworten: 1; 0; 0; 2; 1; 0; 1; 0;
0; 2; 1; 3; 0; 1; 1; 2
Bestimme Minimum, Maximum und Spannweite.

4 Marvin und Jan sind Torhüter. Marvin hat drei der letzten zehn Elfmeter gehalten,
Jan hat zwei von acht Elfmetern gehalten.
a) Gib die relativen Häufigkeiten der von Marvin und Jan gehaltenen Elfmeter an.
b) Für wen entscheidet sich der Trainer?

4 Bestimme die relative Häufigkeit jeder Note als Dezimalbruch.
Runde auf Hundertstel.

Note	1	2	3	4	5	6
Anzahl	1	3	9	9	6	1

5 Wie groß ist jeweils die Wahrscheinlichkeit, bei einmaligem Drehen einen Hauptgewinn, einen Kleingewinn oder eine Niete zu erreichen?

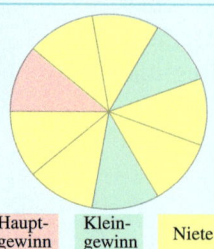

Haupt-gewinn   Klein-gewinn   Niete

5 Wie viele Frauen könnten 2010 in Kiel gelebt haben?
Nutze die relative Häufigkeit bezogen auf ganz Deutschland.

Einwohner 2010	insgesamt	davon Frauen
Deutschland	81 800 000	41 718 000
Kiel	240 000	

Mittelwerte bilden

→ Seite 172

6 Berechne den Durchschnitt von …

a) 60 und 80
b) 125 und 175
c) 133 und 137
d) 404 und 496
e) 99 und 203
f) 1 200 und 4 200
g) 397 und 1 519
h) 8 und 3 366

6 Gib das arithmetische Mittel an.

a) 13 cm, 46 cm, 49 cm und 28 cm
b) 1,25 kg, 2,5 kg, 3 kg und 2,25 kg
c) 17 min, 42 min, 9 min und 28 min
d) 1,8 km, 950 m, 0,5 km und 1 250 m

7 Bei Vergleichsarbeiten der sechsten Klassen wurden in Mathematik diese Noten erreicht:

a) Berechne den Notendurchschnitt und den Zentralwert für jede einzelne Klasse.
b) Berechne den Notendurchschnitt und den Zentralwert für die ganze Stufe 6.
c) Gibt es Klassen, in denen du den Durchschnitt nicht als aussagekräftigen Mittelwert angeben würdest?

Note\Klasse	1	2	3	4	5	6
6 a	1	6	9	8	3	2
6 b	0	5	12	8	5	1
6 c	2	7	7	9	4	0
6 d	5	7	5	6	4	1

Daten in Diagrammen darstellen und auswerten

→ Seite 176

8 Übertrage die Anzahl in eine Tabelle. Bestimme den Anteil als Bruch.

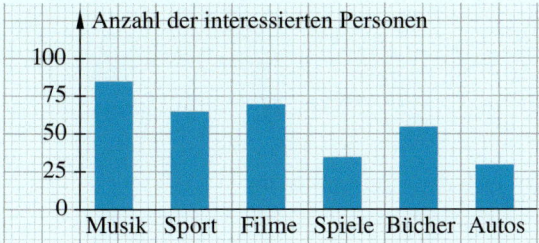

8 Auf einer Großbaustelle mischen die Bauarbeiter Kalkzementmörtel aus den folgenden Bestandteilen:

Zement	Kalk	Sand	Wasser
50 m^3	100 m^3	400 m^3	75 m^3

a) Berechne die Anteile. Gib das Ergebnis als Bruch und Dezimalbruch an.
b) Stelle die Anteile grafisch dar.

9 Für viele Tätigkeiten im Haushalt brauchen wir Wasser. Ordne die einzelnen Tätigkeiten der Größe nach. Beginne mit dem größten Anteil.

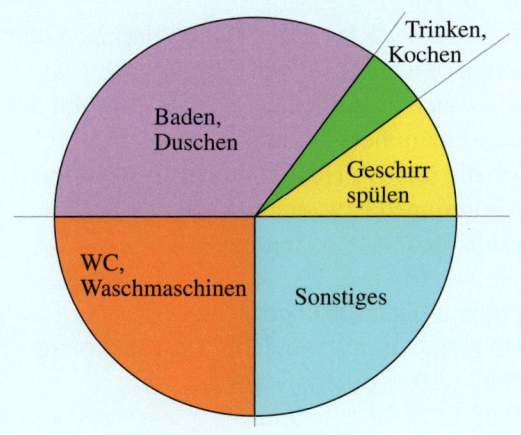

9 Eine Untersuchung befasste sich damit, welche Nahrungsmittel Kinder und Jugendliche zwischen 6 und 17 Jahren bevorzugen. Das Diagramm zeigt die absoluten Zahlen von insgesamt 100 Befragten.

	mind. einmal in der Woche	seltener	nie
Joghurt	81	17	2
Nudelgerichte	80	18	2
Suppe	60	34	6
Pommes frites	59	38	3
Cornflakes	58	31	11

a) Erstelle für jede einzelne Angabe eine Tabelle mit entsprechenden Anteilen.
b) Zeichne jeweils ein Diagramm.

Vermischte Übungen

1 Wie viele Möglichkeiten sich anzuziehen gibt es jeweils?
a) Anja: 5 Pullover, 3 Hosen
b) Bettina: 4 Blusen, 5 Röcke
c) Caro: 6 T-Shirts, 4 Hosen

1 Wie viele Kombinationsmöglichkeiten gibt es jeweils?
a) Autos: 3 Modelle, 5 Farben
b) Kleidung: 5 Hosen, 7 T-Shirts
c) Menü: 4 Fleischsorten, 6 Beilagen

2 Zeichne zu jeder Versuchsbeschreibung ein Baumdiagramm mit den entsprechenden Wahlmöglichkeiten. Gib für jeden Versuch drei mögliche Ergebnisse an.

Versuchsbeschreibung	Wahlmöglichkeit
Befragung der Mitschüler zum Lieblingseis	Behälter, Sorte
Wahl eines Menüs	Vorspeise, Hauptgericht
Werfen einer kleinen und einer großen Reißzwecke	jeweilige Lage

3 Ein Test besteht aus zwei Fragen. Für jede Frage werden drei Antworten vorgegeben, von denen nur eine richtig ist.

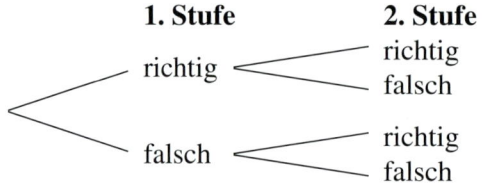

a) Erkläre das Baumdiagramm.
b) Gib die Ergebnisse an.

4 Beim Skat braucht Ella jetzt eine Karokarte oder einen Buben.
Wie viele Karten helfen ihr nun?
Hinweis: gespielt wird mit 7, 8, …, Ass in vier Farben.

5 In einer Lostrommel befinden sich 195 Nieten, 70 Kleingewinne und 15 Hauptgewinne. Es wird ein Los gezogen.
Gib die relative Häufigkeit für …

a) einen Kleingewinn,
b) eine Niete,
c) einen Gewinn an.

3 Nina hat eine Verabredung und weiß noch nicht, was sie anziehen möchte.
Zur Auswahl stehen ein Rock, eine Jeans, ein Spaghetti-Top, ein T-Shirt und eine Bluse.
a) Erkläre das Baumdiagramm.

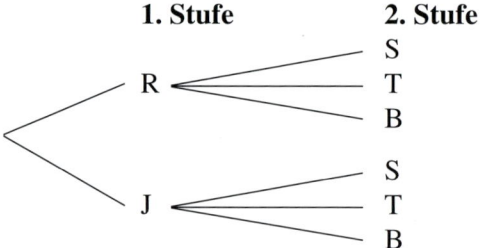

b) Gib die Ergebnisse an.

4 Beim Skat braucht Egon jetzt eine Herzkarte oder einen Buben. Er darf zwei Karten ziehen. Wie viele Kartenpaare helfen ihm?
Hinweis: gespielt wird mit 7, 8, …, Ass in vier Farben.

5 Aus einer Klasse mit 28 Schülerinnen und Schülern werden 4 zufällig ausgewählt. Sie sollen sich zwei Wochen um den Zustand des Klassenzimmers kümmern.
Gib die relative Häufigkeit an, mit der eine der Schülerinnen bzw. einer der Schüler ausgewählt wird.

6 Bei einem Schulsportfest haben 3 Schüler den Endlauf über 100 m erreicht.
Die Schülerinnen und Schüler der 6a schließen Wetten ab, wer als wievielter ins Ziel kommt.
a) Wie viele Möglichkeiten gibt es, die ersten beiden Läufer vorherzusagen?
b) Wie viele Möglichkeiten gibt es, wenn am Endlauf 4 Läufer teilnehmen?

7 In einem Kaugummiautomaten befinden sich gelbe, rote und blaue Kaugummis. Nacheinander werden zwei Kaugummis gekauft.
a) Zeichne ein Baumdiagramm.
b) Wie viele Möglichkeiten gibt es?

7 In seinem Kleiderschrank findet Thilo genug T-Shirts und Hosen, um daraus 24 verschiedene Kombinationen zu bilden.
Wie viele T-Shirts und Hosen könnten im Schrank liegen?
Finde mehrere Möglichkeiten.

8 Mithilfe von Automaten werden Pistazien in Tüten verpackt.
Auf die Tüten wird „Mindesteinwaage 150 g" gedruckt.
Beim Wiegen wurden folgende Gewichte ermittelt:
147 g; 156 g; 162 g; 145 g; 150 g; 155 g; 164 g; 153 g; 151 g.
a) Ist der Aufdruck zur Mindesteinwaage auf den Tüten richtig? Begründe.
b) Welches Durchschnittsgewicht ergibt sich aus den überprüften Tüten?
Runde auf zehntel Gramm.
c) Bestimme den Zentralwert der Einwaagen bei den überprüften Tüten.

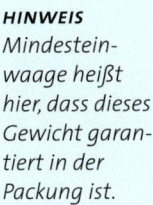

HINWEIS
Mindesteinwaage heißt hier, dass dieses Gewicht garantiert in der Packung ist.

9 Die Tabelle gibt den Gewinn einer Tischlerei in den Jahren von 2008 bis 2015 an.

Jahr	2008	2009	2010	2011	2012	2013	2014	2015
Gewinn (in €)	12 000	25 000	22 000	39 000	35 000	5 000	7 000	24 000

a) Gib das Maximum, das Minimum und die Spannweite der Gewinne an.
b) Vergleiche den Durchschnitt und den Zentralwert der Gewinne.
c) Stelle die Entwicklung der Gewinne in einem Liniendiagramm dar.
d) Stelle die Gewinne in einem Säulendiagramm dar.
Berechne die Anteile der einzelnen Jahre am Gesamtgewinn.

10 Gib zu den Beispielen jeweils die relative Häufigkeit an.
a) 16 Lose von 64 gewinnen.
b) Unter 125 Menschen sind 3 Rothaarige.
c) 5 von 120 Schrauben sind defekt.
d) 7 von 25 Bäumen sind krank.

10 Finde zu den Beispielen jeweils andere Angaben mit derselben relativen Häufigkeit.
a) 8 von 10 Befragten fahren mit dem Rad.
b) 4 Schülerinnen von 32 fehlen.
c) 65 von 200 neuen Autos waren 2010 grau.
d) 6 268 von 7 835 Familien haben einen PC.

11 Dies ist der Klassenspiegel der letzten Mathematikarbeit der 6 c.

Note	1	2	3	4	5	6
Anzahl	1	5	11	7	6	0

a) Bestimme die relativen Häufigkeiten jeder Note als Bruch.
b) Gib die Ergebnisse als Dezimalbruch an. Runde auf Zehntel.
c) Mit welcher relativen Häufigkeit ist eine Arbeit schlechter als „Note 4" ausgefallen?
d) Mit welcher relativen Häufigkeit ist eine Arbeit besser als „4" ausgefallen?

11 Stell dir vor, du würdest die Zahlen von 1 bis 99 aufschreiben.
1, 2, 3, 4, 5, … 10, 11, 12, … 97, 98, 99
Arbeitet im Team. Diskutiert und beantwortet nacheinander die folgenden Fragen:
– Wie viele unterschiedliche Ziffern musst du notieren?
– Wie oft kommt die Ziffer 1 in allen Zahlen vor?
– Mit welcher relativen Häufigkeit kommt die Ziffer 1 in den Zahlen vor?
– Kommen die Ziffern 1 bis 9 mit der gleichen absoluten Häufigkeit vor?

12 Das Diagramm zeigt die Marktanteile einiger Fernsehsender im Jahresdurchschnitt 2012.
Ordne die Marktanteile der einzelnen Fernsehsender der Größe nach. Beginne mit dem kleinsten Anteil.

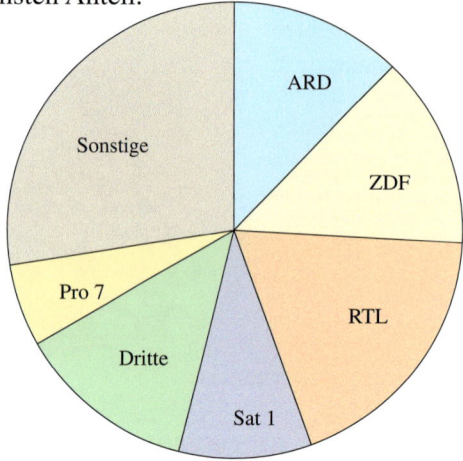

12 Eine Schule hat 740 Schülerinnen und Schüler.
Die Anteile der Jahrgangsstufen 5/6, 7/8 und 9/10 zeigt das Kreisdiagramm.

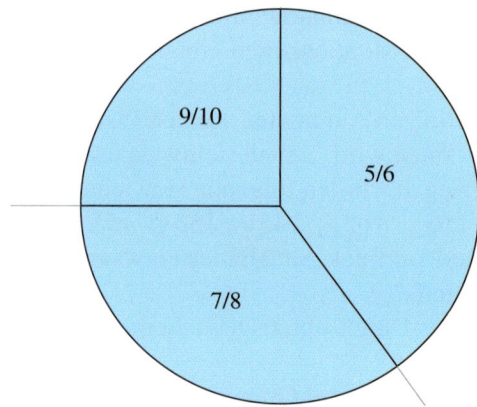

Miss die Winkel und bestimme die jeweiligen Schülerzahlen in den verschiedenen Jahrgangsstufen. Beachte: der Kreis hat 360°.

13 Berechne jeweils das arithmetische Mittel und den Zentralwert.
Welches der beiden ist größer?
a) 12; 16; 16; 21; 28; 29; 31; 35; 37; 49
b) 38; 59; 60; 60; 78; 92; 92; 102; 108; 129; 129; 129; 148; 189; 189; 219; 248
c) 2,5; 3,8; 4,25; 4,5; 4,5; 5,74; 6,9; 7,45

13 Betrachte die beiden Datenreihen.
Gib ohne zu rechnen an, welche der beiden Reihen vermutlich das größere arithmetische Mittel und welche Reihe den größeren Zentralwert hat. Überprüfe deine Vermutung.
① 2; 5; 10; 14; 25; 39; 42; 58
② 2; 5; 9; 21; 35; 39; 42; 58

14 Bei einer Castingshow kam es bei der Zuschauerabstimmung in der Runde der letzten Fünf zu folgendem Ergebnis:

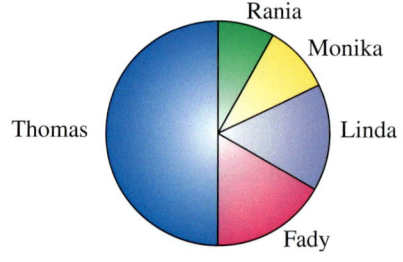

a) Ordne die Anteile für die einzelnen Kandidaten der Größe nach.
Welcher Kandidat schied aus?
b) In der Runde der letzten Drei erzielten die verbliebenen Kandidaten die in der Tabelle dargestellten Anteile.
Zeichne ein passendes Säulendiagramm.

Thomas	$\frac{47}{100}$
Fady	$\frac{30}{100}$
Linda	$\frac{23}{100}$

14 Eine Schule hat fünf sechste Klassen:

Klasse	6a	6b	6c	6d	6e
Schüleranzahl	30	28	29	28	30

a) Wie viele Schüler sind durchschnittlich in einer Klasse?
b) Untersuche, wie viele Schülerinnen und Schüler an deiner Schule die sechste Klasse besuchen und wie viele es durchschnittlich pro Klasse sind.
c) David hat herausgefunden, dass an seiner Schule durchschnittlich 28 Schülerinnen und Schüler die fünfte Klasse besuchen. Durchschnittlich 29 Schülerinnen und Schüler besuchen die Klassen 6, 7 und 9 und durchschnittlich 29,5 Schülerinnen und Schüler die Klassen 8 und 10. Lässt sich mit diesen Angaben die durchschnittliche Klassengröße an Davids Schule berechnen? Berechne und begründe.

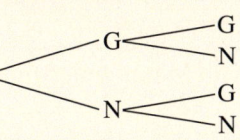

Zusammenfassung

Baumdiagramme

→ Seite 164

Mit einem **Baumdiagramm** können mögliche Ergebnisse in einer Situation oder einem Versuch schrittweise dargestellt werden.

Zwei Lose werden nacheinander gezogen. Es gibt Gewinne (G) und Nieten (N).

Häufigkeiten

→ Seite 168

Die **absolute Häufigkeit** gibt eine Anzahl an. Die **relative Häufigkeit** ist ein Anteil.

$$\text{Relative Häufigkeit} = \frac{\text{absolute Häufigkeit}}{\text{Gesamtzahl}}$$

Die relative Häufigkeit kann man als Bruch oder als Dezimalbruch angeben.

Bei der Klassensprecherwahl erhielt Lisa 9 Stimmen von insgesamt 30.

absolute Häufigkeit: 9 Stimmen

relative Häufigkeit: $\frac{9}{30} = \frac{3}{10} = 0{,}3$

Mittelwerte bilden

→ Seite 172

Addiert man alle Werte und teilt durch die Anzahl der Werte, so erhält man das **arithmetische Mittel (Durchschnitt)**.

Der **Median (Zentralwert)** ist der Wert in der Mitte aller nach der Größe geordneten Werte einer Datenreihe.
Bei einer geraden Anzahl von Daten ist der Median das arithmetische Mittel aus den beiden mittleren Werten.

$3\,\text{cm} + 8\,\text{cm} + 12\,\text{cm} + 7\,\text{cm} + 10\,\text{cm} = 40\,\text{cm}$
und $40\,\text{cm} : 5 = 8\,\text{cm}$
8 cm ist das arithmetische Mittel der Datenreihe.

– Anzahl ungerade: 3 cm; 7 cm; $\boxed{8\,\text{cm}}$; 10 cm; 12 cm
  Der Median ist 8 cm.
– Anzahl gerade: 7 €; 10 €; $\boxed{12\,€;\ 18\,€}$; 20 €; 25 €

$\frac{12\,€ + 18\,€}{2} = 15\,€$ Der Median ist 15 €.

Daten in Diagrammen darstellen und auswerten

→ Seiten 176

In Diagrammen werden Informationen bildlich dargestellt.

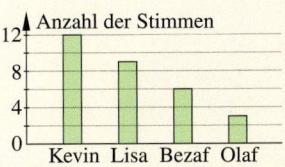
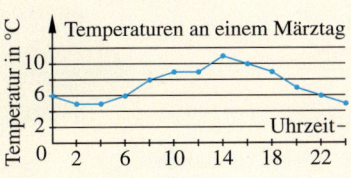
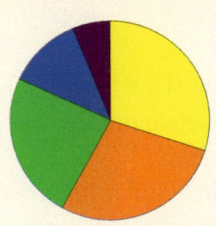

Säulen- und Liniendiagramme geben meist absolute Häufigkeiten an.

Kreisdiagramme zeigen relative Häufigkeiten.

Teste dich!

5 Punkte **1** Taifun ist krank. In der Nacht wird jede Stunde bei ihm Fieber gemessen.

Uhrzeit	1 Uhr	2 Uhr	3 Uhr	4 Uhr	5 Uhr	6 Uhr	7 Uhr	8 Uhr	9 Uhr
Temp. (in °C)	38,2	38,4	38,8	39,1	39,2	38,9	38,6	38,7	39,0

Gib Maximum, Minimum, Spannweite, das arithmetische Mittel und den Zentralwert an.

2 Punkte **2** An einem Sommertag wurden in einigen Orten Schleswig-Holsteins die Höchsttemperaturen und Tiefsttemperaturen gemessen.
a) Wie groß ist für jeden Ort die Spannweite?
b) Gib jeweils den Zentralwert der Höchsttemperaturen und Tiefsttemperaturen an.

Barmstedt	28 °C	23 °C
Glücksburg	27 °C	25 °C
Plön	29 °C	22 °C
Wedel	28 °C	24 °C
Reinbek	25 °C	22 °C

3 Punkte **3** Carlos hat 12 Freunde nach ihrem Lieblingsfußballverein gefragt.
Übertrage die Tabelle in dein Heft und vervollständige sie.

Verein	Häufigkeit	
	absolut	relativ
FC Bayern München	3	
Hamburger SV	5	
SV Werder Bremen	4	

2 Punkte **4** Ein Imbiss verkauft Würstchen, Schnitzel und Frikadellen. Als Beilage können die Kunden Kartoffelsalat oder Pommes wählen.
Zwischen wie vielen Kombinationen können die Kunden sich entscheiden?

4 Punkte **5** Die Tabelle zeigt die Platzierungen einiger Mannschaften der 1. Bundesliga nach 12 Spieltagen.
Bestimme für vier Vereine die relative Häufigkeit, mit der …
a) ein Spiel gewonnen (g) wurde.
b) ein Spiel unentschieden (u) endete.
c) ein Spiel verloren (v) ging.
d) ein Spiel *nicht* verloren wurde.

Platz	Verein	g	u	v
1	FC Bayern München	9	1	2
2	Bor. Dortmund	7	2	3
4	Bor. Mönchengladbach	7	2	3
5	FC Schalke 04	7	1	4
8	Bayer Leverkusen	5	3	4
11	1. FC Köln	5	1	6
18	FC Augsburg	1	5	6

3 Punkte **6** Gib zu jeder Datenreihe Maximum, Minimum, Spannweite, das arithmetische Mittel und den Zentralwert an.
a) 12; 26; 28; 51; 52; 56; 57; 79; 82; 96; 44
b) 740; 824; 824; 729; 283; 391; 284; 285, 685, 825
c) 86; 2903; 5778; 6209; 7357; 59 872

3 Punkte **7** Miriam hat 15 Klassenkameradinnen gefragt, in welchem Land sie ihren Urlaub verbracht haben.
a) Wie viele Schülerinnen waren in Deutschland?
b) Bestimme die Anteile als Bruch.
c) Bestimme die Anteile als Dezimalbruch. Runde auf Hundertstel.

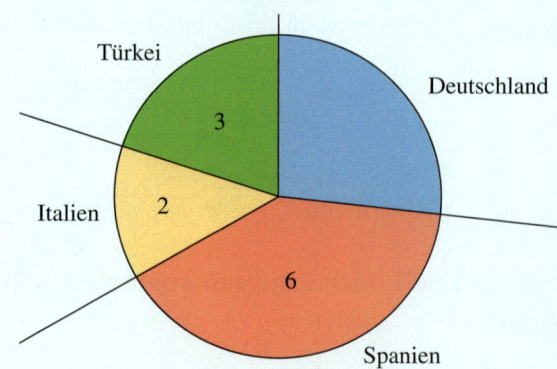

Gold: 21–22 Punkte, Silber: 18–20 Punkte, Bronze: 13–17 Punkte   Lösungen ab Seite 202

Zuordnungen

Bei Zuordnungen werden verschiedene Daten miteinander in Beziehung gebracht. Dabei spielen Fragen wie diese eine Rolle: Zu welcher Zeit fahren wie viele Autos auf der Autobahn? In welcher Zeit kann eine bestimmte Strecke zurückgelegt werden?

Noch fit?

Einstieg

1 Zahlenreihen
Ergänze die Zahlenreihen um sechs Zahlen.
a) 2; 4; 6; 8; …
b) 7; 14; 21; 28; …
c) 3; 7; 11; 15; …
d) 105; 99; 93; 87; …

2 Paare von Werten ablesen
Erkläre die Einträge in der Tabelle.
a) Mathematikbücher wurden zu einem Turm gestapelt. Die Höhe des Turmes wurde mehrmals gemessen.

Anzahl der Bücher	0	1	10	20
Turmhöhe (in cm)	0	1,2	12	24

b) Nach der Geburt eines Babys wurde die durchschnittliche Schlafzeit pro Tag in einer Tabelle notiert.

Alter (in Monaten)	0	1	3	6
Schlafzeit (in Stunden)	18	17	15	12

3 Sachaufgaben
Berechne.
a) Ein Stück Kuchen kostet 1,20 €.
   Wie viel kosten drei Stücke Kuchen?
b) An der Kinokasse zahlen drei Schüler zusammen 13,50 €.
   Wie viel muss ein Schüler bezahlen?
c) 5 € pro Monat sind so viel wie ■ pro Jahr.
d) Das Paket wiegt 450 g. Die Verpackung wiegt 55 g.
   Wie schwer ist der Inhalt?

4 Punkte im Koordinatensystem
a) Lies jeweils den Mittelpunkt der beiden Kreise ab.
   Gib die Koordinaten der Punkte an.
b) Übertrage das Koordinatensystem ins Heft.
   Zeichne die Punkte ein und verbinde sie.
   (0|7); (2|8); (9|8); (8|7); (5|7);
   (5|5); (7|4); (8|2); (7|1,5); (6|4);
   (6|0); (5|0); (5|4); (3|4); (3|5);
   (2|7); (1|6); (1|4); (0|4)

Aufstieg

1 Zahlenreihen
Ergänze die Zahlenreihen um sechs Zahlen.
a) 8; 16; ■; 32; 40; ■; 56; …
b) ■; 74; 67; 60; ■; 46; …

2 Paare von Werten ablesen
In dem Diagramm sind Gewicht und Preis von Apfelsinen dargestellt. Lies die Preise für 1 kg, 2 kg, 3 kg, 4 kg und 5 kg ab.

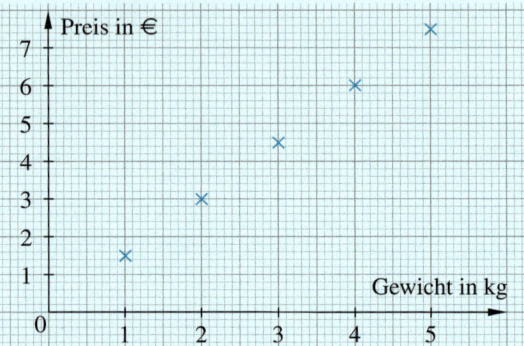

3 Sachaufgaben
Berechne und beantworte die Frage.
a) Marvin fährt 3 km. Die Fahrt dauert 20 Minuten. Wie lange ist er unterwegs, wenn er mit gleicher Geschwindigkeit 9 km weit fährt?
b) Ein Gärtner pflanzt pro Stunde zehn Blumen. Wie viele Blumen pflanzen zwei Gärtner in einer Stunde?
c) Ein Foto kostet 19 ct, der Versand 2,50 €. Wie teuer sind 12 Fotos mit Versand?

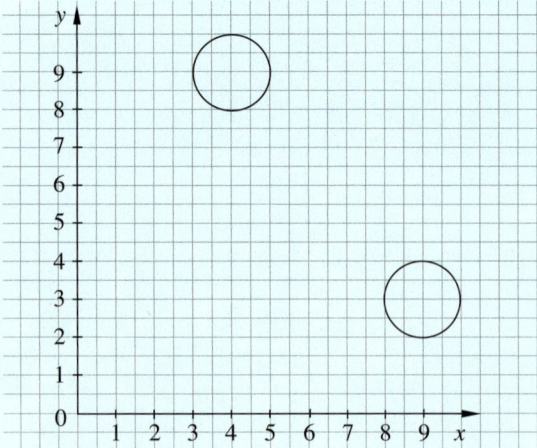

Lösungen ab Seite 202

Zuordnungen erkennen und beschreiben

Entdecken

Füllexperimente

Material:

Ihr benötigt für den Versuch mindestens drei unterschiedlich geformte kleine Vasen mit möglichst gleichem Volumen, einen Messbecher, ein langes Lineal oder einen Zollstock und Wasser.

HINWEIS
Achtet darauf, dass euer Messbecher eine 50-ml-Unterteilung besitzt.

Vorbereitung:

1. Platziert das Lineal oder den Zollstock in einer der drei Vasen.
2. Übertragt die folgende Wertetabelle in euer Heft:

Wassermenge (in ml)	0	50	100	150	200	250	300	350	400	…
Höhe der Wassersäule (in cm)										

1 🧍🧍 Messt die Vase mit dem Lineal bzw. Zollstock aus und füllt mit dem Messbecher 50 ml Wasser hinein. Lest die Füllhöhe ab und tragt sie in die Tabelle ein.
Gießt weitere 50 ml Wasser nach, lest die neue Füllhöhe ab und tragt in die Tabelle ein. Fahrt so fort, bis die Vase voll ist.

2 🧍🧍 Nehmt die weiteren Vasen und verfahrt wie bei Aufgabe 1.

3 🧍🧍 Präsentiert eure Ergebnisse euren Mitschülern.
Zeichnet dazu Diagramme auf eine Folie oder ein Plakat und lasst eure Mitschüler die Vasen den zugehörigen Diagrammen zuordnen.
Dabei sollen sie ihre Aussagen verständlich begründen.

Verstehen

Julius, Marlies, Betti und Simon füllen eine quadratische Vase mehrmals mit 50 ml Wasser. Der Wasserstand steigt nach jedem Einfüllen um 3 cm.

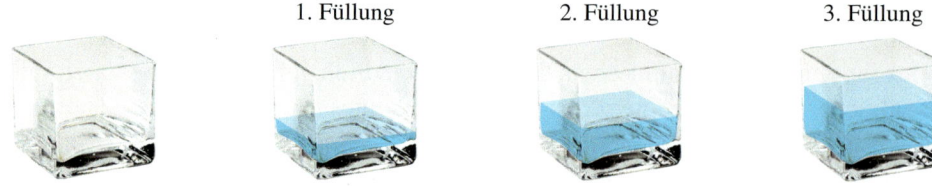

Die Schüler ordnen der *eingefüllten Wassermenge* die *Höhe der Wassersäule* in der Vase zu.

Beispiel 1

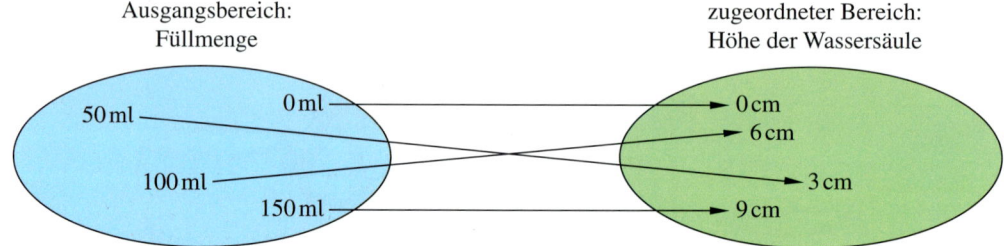

HINWEIS
Der Pfeil bedeutet „zugeordnet".

Für die Zuordnung schreibt man auch kurz: *Füllmenge → Höhe der Wassersäule.*

> **Merke** Bei Zuordnungen wird jedem Wert aus einem Bereich ein Wert aus einem anderen Bereich zugeordnet. Beide Werte ergeben zusammen ein **Wertepaar**.

Julius, Marlies, Betti und Simon wählen jeweils eine andere Form, um die Messergebnisse vorzustellen.

Beispiel 2

Wortvorschrift
Werden mehrmals 50 ml Wasser in die Vase gefüllt, steigt die Höhe der Wassersäule jeweils um 3 cm.

Tabelle

Füllmenge (in ml)	0	50	100	150
Höhe der Wassersäule (in cm)	0	3	6	9

Diagramm, z. B. Säulendiagramm

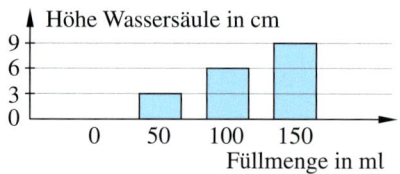

Koordinatensystem

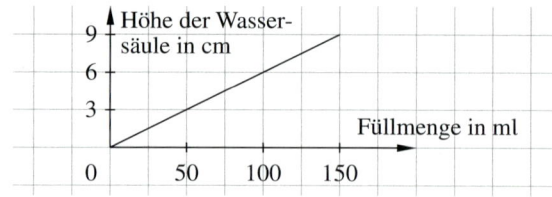

> **Merke** Zuordnungen lassen sich als Wortvorschrift, Tabelle, Diagramm und im Koordinatensystem darstellen.

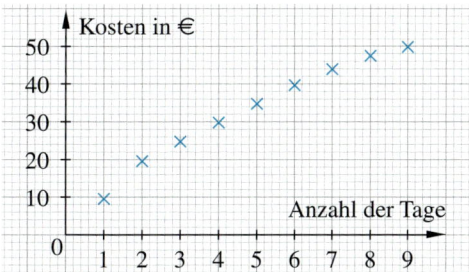

Üben und anwenden

1 Ergänze die folgenden Aussagen.
Findest du mehrere Lösungen?
Notiere mithilfe eines Pfeils wie im Beispiel.

Beispiel Jedem T-Shirt kann … zugeordnet
werden: *T-Shirt → Preis*

a) Jedem Kind kann … zugeordnet werden.
b) Jedem Tag kann … zugeordnet werden.
c) Jedem … kann seine Einwohnerzahl
zugeordnet werden.
d) Jedem Auto kann … zugeordnet werden.
e) Jedem … kann seine Höhe zugeordnet
werden.
f) Erfinde eigene Aussagen zu Zuordnungen
und lass sie von deinem Lernpartner lösen.

2 Welche Größen sind einander zugeordnet?
a) Fieberkurve

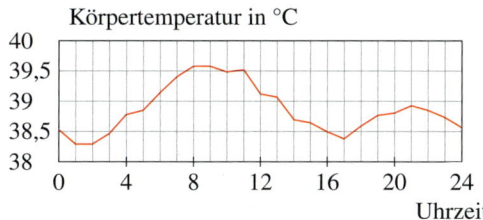

b) Wettervorhersage

3 Die 6 b verkauft auf dem Schulfest Waffeln
und notiert jede Stunde den Kassenbestand.

a) Schreibe eine Zuordnungstabelle für die
Zuordnung *Uhrzeit → Kassenbestand*.
b) Berechne, wie viel in jeder Stunde einge-
nommen wurde.

1 Entnimm die fehlenden Daten dem Koordinatensystem und ergänze die Tabelle im Heft.

a)

Tage	2	4	6	7
Kosten (in €)				

b)

Tage				
Kosten (in €)	10	30	48	50

2 Das Diagramm zeigt den Verlauf einer
Wanderung. Übertrage die Tabelle ins Heft
und lies die Werte ab.

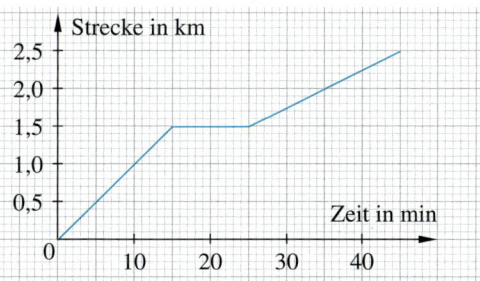

Zeit (in min)	10	20	25	35			
Strecke (in km)					0,5	1,2	2,0	2,5

3 Das Diagramm zeigt den Zusammenhang
zwischen Füllhöhe und Volumen einer Vase.

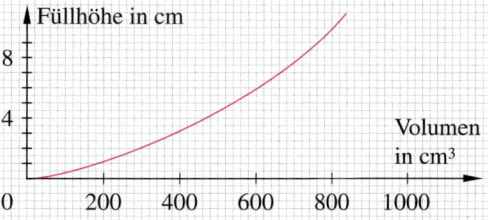

a) Ergänze die fehlenden Werte im Heft.

Volumen in (cm³)	200	400	600	800
Füllhöhe (in cm)				

b) 👥 Überlegt zu zweit, welche Form die Vase haben könnte. Skizziert und begründet.

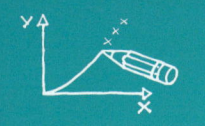

4 Die Tabelle zeigt die durchschnittlichen Monatstemperaturen in Lübeck.
Zeichne ein Temperaturdiagramm.

Monat	1	2	3	4	5	6
Temperatur (in °C)	4,5	7,4	9,7	12,9	20,5	22,7

Monat	7	8	9	10	11	12
Temperatur (in °C)	22,0	23,8	17,6	11,7	4,9	4,4

4 Was meinst du dazu? Begründe.
a) Bei Zuordnungen werden die Werte der zugeordneten Größe immer größer.
b) Handynummern sind eine Zuordnung.
c) In der Punktetabelle der Bundesjugendspiele findet man Zuordnungen.
d) Hinter jeder Währungstabelle verbirgt sich eine Zuordnung.

5 Schuhgrößen
a) Stelle die Zuordnung *Fußlänge → Schuhgröße* in einer Tabelle dar (von 20 bis 30 cm).
b) Berechne deine Schuhgröße. Stimmt sie mit deiner tatsächlichen Schuhgröße überein?

Berechnung der Schuhgröße
Zur exakten in cm gemessenen Fußlänge werden 1,5 cm addiert. Die Summe wird dann mit 1,5 multipliziert.

5 Arbeite mit einer Tabelle.
a) Welche Schuhgröße entspricht einer Fußlänge von 25,5 cm?
b) Der Amerikaner Matthew McGrory hält mit Schuhgröße 63 bislang den Weltrekord. Wie lang sind seine Füße?

6 Mit einer Kerze, die gleichmäßig Wachs verbrennt, kann man Zeitspannen messen. Die Kerze wurde jeweils im Abstand von 30 Minuten fotografiert.

a) Miss die Kerzenlängen und notiere sie zusammen mit der Brenndauer in einer Tabelle.
b) Gib die Wortvorschrift der Zuordnung an.
c) Stell die Zuordnung im Koordinatensystem dar.
Kannst du vorhersagen, wann die Kerze heruntergebrannt sein wird? Begründe.

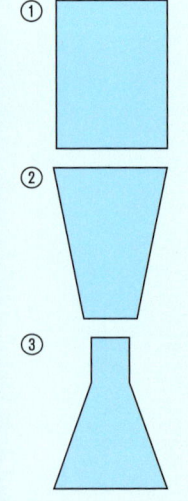

7 Ordne den Vasen eine Wertetabelle zu.

Ⓐ
Füllmenge (in ml)	0	100	200	300	400	500
Füllhöhe (in cm)	0	3	7	12	17	22

Ⓑ
Füllmenge (in ml)	0	100	200	300	400	500
Füllhöhe (in cm)	0	5	10	15	20	25

Ⓒ
Füllmenge (in ml)	0	100	200	300	400	500
Füllhöhe (in cm)	0	6	11	15	18	20

7 Drei Vasen wurden mit Wasser gefüllt. Ordne den Vasen jeweils das richtige Diagramm zu.

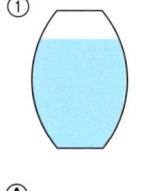

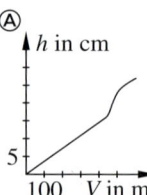
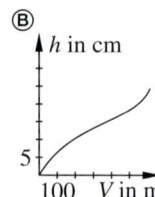
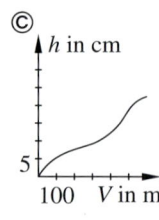

Bewegungsgeschichten

1 👥 Arbeitet zu zweit.
Seht euch den Graphen rechts genau an.
Versucht, die Bewegung, die der Graph
beschreibt, nachzustellen.
Nehmt dazu einen Stuhl und einer entfernt
sich vom Stuhl, wie der Graph es darstellt. Der
andere kontrolliert, ob er richtig gelaufen ist.
Achtet dabei auf die Entfernung vom Stuhl,
auf die Geschwindigkeit beim Laufen und
auch auf Pausen.

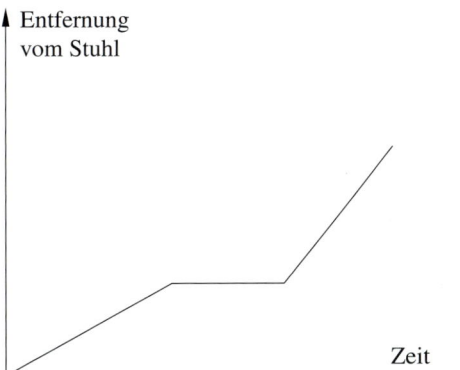

2 Ordne den Graphen Ⓐ–Ⓓ einen der Texte ① bis ④ zu .

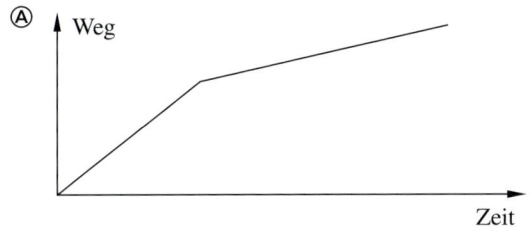

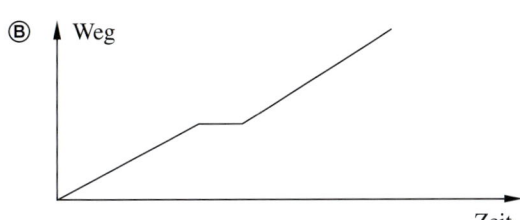

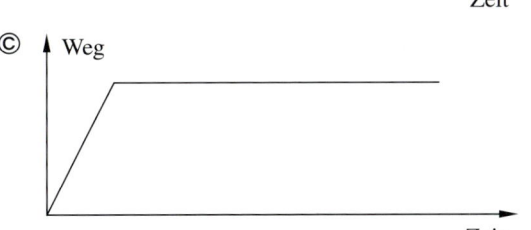

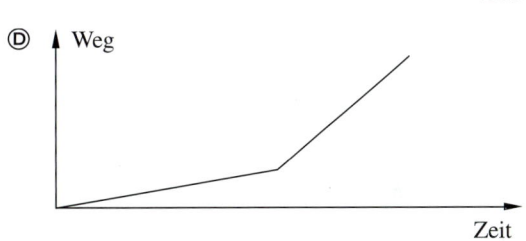

① Zunächst kamen wir sehr gut voran.
Aber in Kiel überraschte uns zäh-
fließender Verkehr.

② Matthias lief den ersten Streckenab-
schnitt recht langsam, setzte dann aber
zu einem Spurt an.

③ Kevin rannte los wie die Feuerwehr, bis
ihm die Puste ausging und er stehen
blieb.

④ Die Straßenbahn fuhr zur Haltestelle
„Opernplatz", er ließ die Fahrgäste ein-
und aussteigen und fuhr dann weiter.

3 👥 Erfinde zu den Graphen eigene Geschichten, z. B. über einen Schulweg, über einen
Marathonlauf oder über eine Zugfahrt. Lies sie deinen Mitschülern vor.

Sie können dann
raten, welcher
Graph zu deiner
Geschichte gehört.

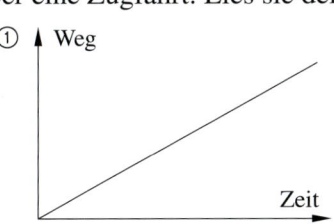

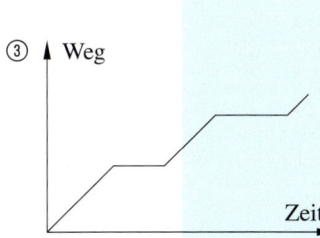

Verstehen

Auf der Klassenfahrt gehen die Schüler in den Bergen wandern.
Von der Jugendherberge aus gehen sie zum Fuß des Berges.
Nach dem Anstieg machen sie eine Pause.
Dann geht es den Berg hinab und nach einer Pause wieder in die
Jugendherberge. Die Schüler sollen die Bewegung festhalten.
Rick und Tina haben folgendes notiert:

vergangene Zeit	40 min	1 h 40 min	2 h	2 h 30 min	2 h 40 min	3 h 30 min
insgesamt gelaufene Strecke	3 km	5 km	5 km	7 km	7 km	10 km
Aktion	Hinweg	Anstieg	Pause	Abstieg	Pause	Rückweg

Beide zeichnen ein Diagramm.

Beispiel 1

Rick stellt in seinem Diagramm die Entfernung zum Ausgangspunkt (der Jugendherberge) in km dar.

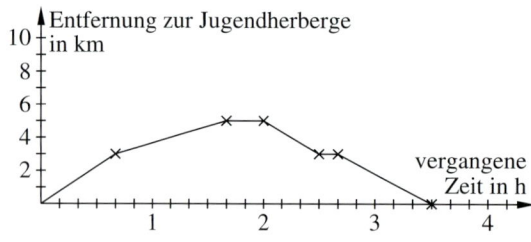

Beispiel 2

Tina stellt in ihrem Diagramm die gelaufene
Strecke in km dar.

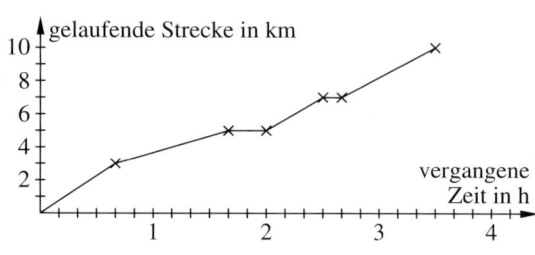

Beide Diagramme ordnen der Zeit den Weg zu. Die Pausen sehen gleich aus.

> **Merke** In **Weg-Zeit-Diagrammen** wird die Zeit auf der *x*-Achse und der Weg auf der
> *y*-Achse eingetragen.
> Ist der Graph parallel zur *x*-Achse gibt es **keine Bewegung**.
> Wird die Bewegung **langsamer**, so wird der Graph flacher.
> Wird die Bewegung **schneller**, so wird der Graph steiler.

Üben und anwenden

1 Die Bewegung eines Radfahrers wird im
Weg-Zeit-Diagramm dargestellt.
Zu welchen der Zeitpunkte ① bis ⑤ stand er
an einer Ampel?

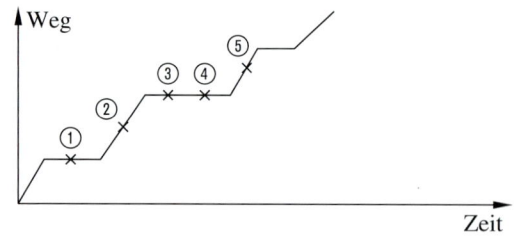

1 Die Bewegung eines Radfahrers wird im
Weg-Zeit-Diagramm dargestellt.
Zwischen welchen der Zeitpunkte ① bis ⑤
stand er an einer Ampel?

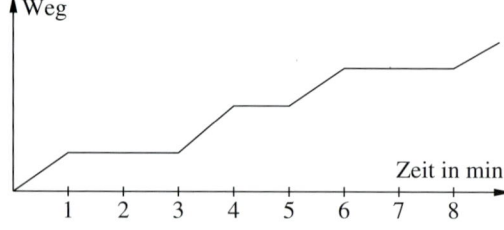

2 Übertrage die Zeitpunkte und den Weg in ein Weg-Zeit-Diagramm.
Verbinde anschließend die Punkte.

Zeit (x)	1 h	2 h	3 h	4 h
Gesamtweg (y)	2 km	8 km	12 km	14 km

2 Übertrage die Zeitpunkte und den Weg in ein Weg-Zeit-Diagramm.
Verbinde anschließend die Punkte.

Zeit in h	1	1,5	3	3,5
Gesamtweg in km	6,2	8,8	9,2	10,7

3 Zeichne ein Weg-Zeit-Diagramm für die folgende Situation.
Ein Auto fährt erst eine Stunde. Dann legt der Fahrer eine Pause von 30 Minuten ein. Anschließend fährt er noch 2 Stunden.

3 Zeichne ein Weg-Zeit-Diagramm.
Ein Auto fährt 30 Minuten. Dann legt der Fahrer eine Pause von 10 Minuten ein. Danach fährt das Auto 15 Minuten schneller als zuvor und dann 30 Minuten ganz langsam.

4 Mit seinen Siebenmeilenstiefeln kann der Riese genau 7 Meilen in 10 Sekunden zurücklegen.
a) Ergänze die Tabelle im Heft.

Zeit	10 s	20 s	30 s	40 s
Strecke in Meilen	7	14		

b) Zeichne ein Weg-Zeit-Diagramm.

4 Im Meilenstiefelrennen kann der Riese alle zwei Sekunden 7 Meilen laufen. Der Oger schafft nur 4 Meilen, kann aber jede Sekunde einen Schritt machen.
a) Erstelle eine Tabelle mit den Zeitpunkten von 0 bis 10 Sekunden und den gelaufenen Meilen von Riese und Oger.
b) Zeichne beide Bewegungen in dasselbe Weg-Zeit-Diagramm. Was fällt dir auf?

5 GPS-Geräte in Smartphones können den Aufenthaltsort erkennen und wann man dort war. Es kann dadurch auch die Entfernungen bestimmen. Herr Müller hat von seinem Smartphone folgende Daten bekommen.
a) Beschreibe den Vormittag von Herrn Müller in zeitlicher Reihenfolge.
b) Wie viele Kilometer hat er insgesamt zurückgelegt?
c) Erstelle ein Weg-Zeit-Diagramm zu den Werten.
d) Kann man sagen, wann Herr Müller schneller und wann langsamer war?
Wenn nein, was müsste man noch wissen?

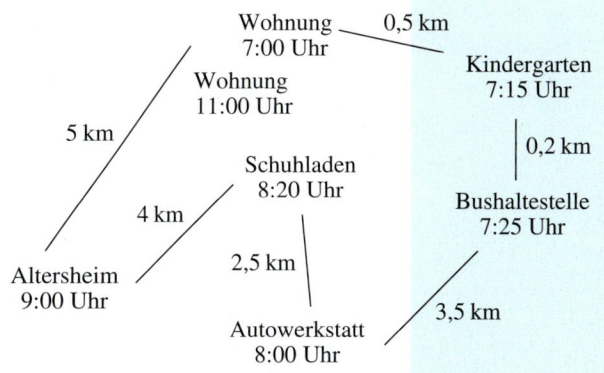

6 Auf einer Klassenfahrt gehen die Schüler erst zum Strand baden. Danach gehen sie zum Leuchtturm. Von dort geht es zurück.

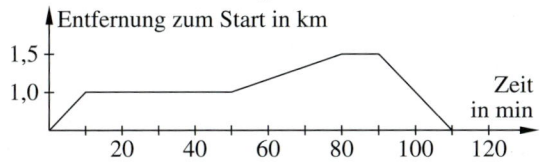

a) Wie lange haben sie gebadet?
b) Wie weit war es vom Baden zum Leuchtturm.
c) Auf welchem Weg waren sie schneller, vom Start zum Strand oder vom Strand zum Leuchtturm?

6 Auf einer Klassenfahrt gehen die Schüler erst in eine Burg. Nach der Besichtigung geht es ins Café und dann zurück.

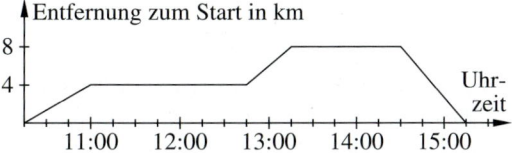

a) Wie lange waren sie im Café?
b) Waren Sie schneller auf dem Weg zur Burg oder zum Café?
c) Vergleiche die Geschwindigkeiten auf dem Hin- und Rückweg.
Wie gehst du vor?

Klar so weit?

→ Seite 188

Zuordnungen erkennen und beschreiben

1 Stefanie hat eine Woche lang jeden Tag um 14 Uhr die Temperatur gemessen.

Tag	10.6.	11.6.	12.6.	13.6.	14.6.	15.6.	16.6.
Temperatur (in °C)	25	23	22	18	17	19	23

a) Welche Größen sind einander zugeordnet?
b) Zeichne ein Säulendiagramm.
c) Zeichne die Wertepaare in ein Koordinatensystem.

2 Das Koordinatensystem zeigt die Fieberkurve eines Patienten im Krankenhaus.

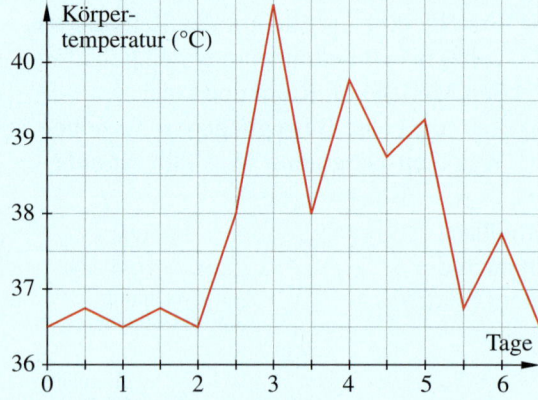

a) Welche Größen sind einander zugeordnet?
b) Lies jeweils die Körpertemperatur an den Tagen 0, 1, 2, …, 6 ab.
c) Erstelle eine Wertetabelle.
d) An welchen Tagen hat der Patient eine höhere Temperatur als 37 °C?

3 Apfelpreise

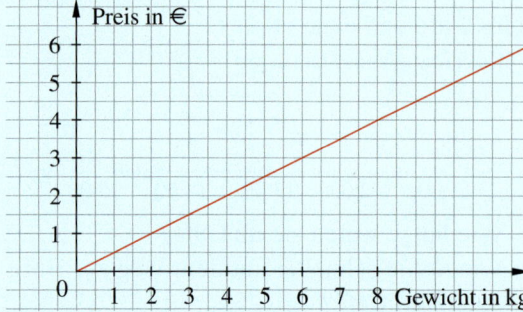

Stelle eine Zuordnungstabelle für zehn Wertepaare auf.

1 Frau Rastinowski hat sich in einem Reisebüro nach Flugpreisen für eine Wochenendreise informiert:

Dublin: 269 €   Rom: 245 €
Madrid: 199 €   Wien: 187 €
Venedig: 289 €   London: 175 €
Paris: 186 €   Amsterdam: 215 €

a) Welche Größen sind einander zugeordnet?
b) Stelle die Zuordnung in einer Tabelle dar.
c) Zeichne ein Säulendiagramm.

2 Die Vase wird gleichmäßig mit Wasser gefüllt. Was für einen Füllgraphen erwartest du für die Zuordnung *Füllmenge → Füllhöhe*?

a) Beschreibe, wie sich die Füllhöhe verändert. Verwende Begriffe wie „steigt schneller an" oder „steigt langsamer an".
b) Überprüfe für beide Graphen, ob er zu der abgebildeten Vase passen kann. Begründe.

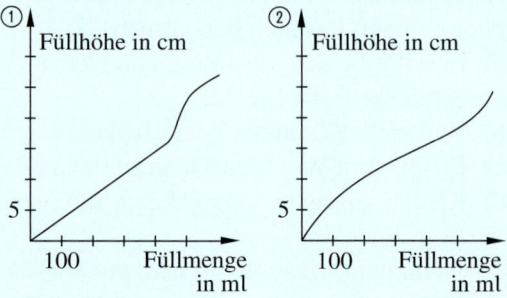

3 Stelle eine Zuordnungstabelle für zehn Wertepaare auf.

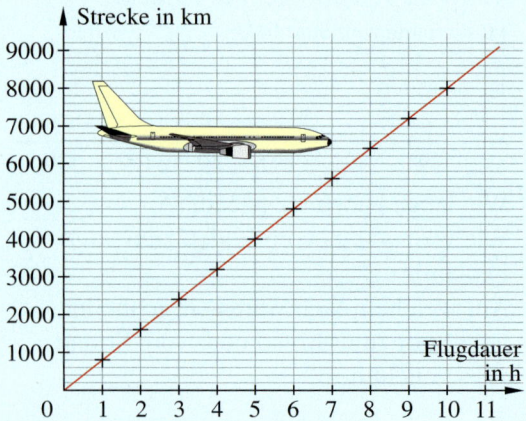

→ *Seite 192*

Bewegungsgeschichten

4 Ordne den Graphen die passende Aussage zu.

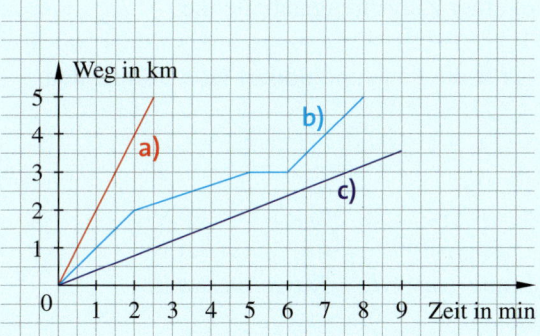

① Ein Auto fährt in einer Tempo-30-Zone.
② Ein Auto fährt auf der Autobahn.
③ Ein Auto fährt im Stadtverkehr und steht eine Minute im Stau.

5 Michael und Anke wärmen sich beim Tennis auf.
Der Ort des Balles wird aufgezeichnet.

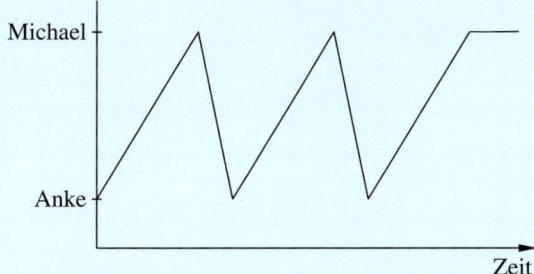

a) Beschreibe, was im Diagramm dargestellt ist.
b) Warum ist der Graph am Ende parallel zur *x*-Achse? Was ist mit dem Ball?

6 Anna geht zu Fuß zur Schule. Sie muss an einer roten Ampel warten. Bei grün läuft sie weiter. Sie sieht einen Schulfreund und rennt zu ihm. Gemeinsam laufen sie weiter zur Schule. Zeichne ein Weg-Zeit-Diagamm.

4 Ordne den Graphen die passende Aussage zu.

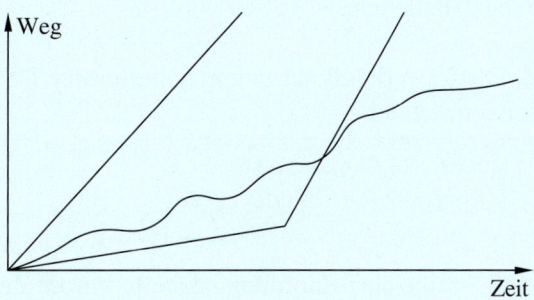

① Ein Radfahrer fährt erst durch tiefen Schlamm, dann auf dem Radweg.
② Ein Radfahrer fährt durch eine Menschen-menge.
③ Ein Radfahrer fährt auf dem Radweg.

5 Ben und Mia spielen Tennis gegeneinander. Der Ort des Balles wird aufgezeichnet.

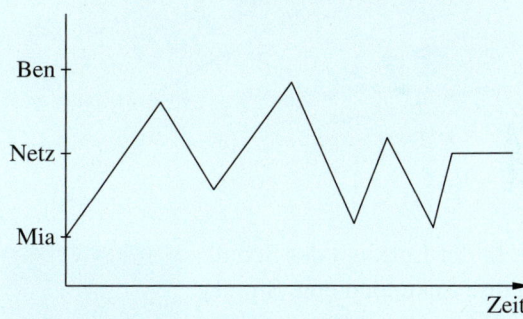

a) Beschreibe den Ballwechsel.
b) Welche Schläge waren kürzer und welche länger? Woran erkennst du das?
c) Wie endete wohl der Ballwechsel?

6 Tim läuft viermal zwischen zwei Linien, die einen Abstand von 10 m haben. Er braucht für die Durchgänge 3 s, 2 s, 5 s, 6 s. Trage die Bewegung im Heft in beide Diagramme ein.

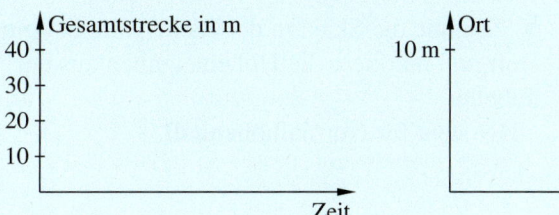

Vermischte Übungen

ZU AUFGABE 5

(Skala Randspalte:)
800
500
100
0
–100
–500
–1000
–1300

1 Tee wird zu 2,25 € je 100 g verkauft. Stelle die Zuordnung *Gewicht (in g) → Preis (in €)* für 100 g; 200 g; … ; 1000 g in einer Zuordnungstabelle dar.

1 Eine Kerze ist 20 cm lang. Sie brennt gleichmäßig alle 15 Minuten 1 cm ab. Stelle die Zuordnung *Zeit (in cm) → Kerzenhöhe (in cm)* in einer Zuordnungstabelle dar.

2 Die 6a verkauft auf einem Schulturnier T-Shirts für die Fans und notiert jede Stunde den Kassenbestand.

> *1. Stunde: 27,50 € 2. Stunde: 44 €*
> *3. Stunde: 77 € 4. Stunde: 110 €*

a) Schreibe eine Zuordnungstabelle für die Zuordnung *Uhrzeit → Kassenbestand*.
b) Stelle die Zuordnung im Koordinatensystem dar.

3 Erstelle eine Wertetabelle für die Zuordnung von 1 bis 10, in der man den Preis für eine bis zehn Eintrittskarten ablesen kann.

3 Zutaten für Pilzpfannkuchen
Berechne die Mengen, wenn 10 (15; 2; 8; 12) Pfannkuchen gebacken werden sollen.

> *Für fünf Pfannkuchen brauchst du:*
> * *4 Eier*   * *500 g Champignons*
> * $\frac{1}{8}$ *l Milch*   * *eine Zwiebel*
> * *100 g Mehl*   * *150 g Schinken*
>
> *(außerdem Salz, Pfeffer, Butter und Öl).*

4 In der Luft legt der Schall in drei Sekunden eine Strecke von etwa einem Kilometer zurück.
a) Erstell eine Wertetabelle für die Zuordnung.
b) Wie weit ist ein Gewitter entfernt, wenn man 14 Sekunden nach dem Aufleuchten des Blitzes den Donner hört?

4 Im Wasser legt der Schall 1 500 m in einer Sekunde zurück.
Taucher können sich über Klopfsignale verständigen.
a) Erstell eine Wertetabelle für die Zuordnung.
b) Wie weit sind zwei Taucher voneinander entfernt, wenn einer nach 0,02 Sekunden ein Klopfsignal von seinem Tauchpartner hört?

5 Zeichne die Skala in der Randspalte in dein Heft und markiere die Höhenangaben aus der Tabelle.
NHN steht für Normalhöhennull.

See	Oberfläche	Seegrund
Baikalsee	455 m über NHN	1 286 m unter NHN
Bodensee	395 m über NHN	141 m über NHN
Kaspisches Meer	28 m unter NHN	1 023 m unter NHN
Tanganjika-see	782 m über NHN	688 m unter NHN
Totes Meer	396 m unter NHN	794 m unter NHN

6 Die 400 m Staffel lief so:
Läufer 1 war der schnellste, Läufer 2 und Läufer 3 etwas langsamer als er, Läufer 4 war der Langsamste.
Zeichne ein Weg-Zeit-Diagramm.

7 Tanja fährt mit dem Fahrrad zur 10 km entfernten Schule.
Ihre Fahrt ist dargestellt.
a) Denk dir eine Geschichte aus, die zur Grafik passt.
b) Wie lange braucht Tanja für den Weg?

8 👥 Arbeitet zu zwei.
Zeichnet ein Diagramm. Auf der *x*-Achse trage die Zeiten 12 Uhr bis 15 Uhr ein. Wähle pro Stunde einen Zentimeter. Auf der *y*-Achse die Strecke von 0 km bis 50 km. Wähle pro 10 km einen Zentimeter. Einer erzählt nun eine Geschichte wie: „Der Zug fährt um 12 los, um … ist er in Kiel. Er hält bis… und fährt dann bis … nach Brokstedt."
Er andere trägt die Geschichte ins Weg-Zeit-Diagramm ein. Wechselt dann die Rollen.

9 Das Diagramm zeigt die Zug planmäßig Fahrt eines Zuges.

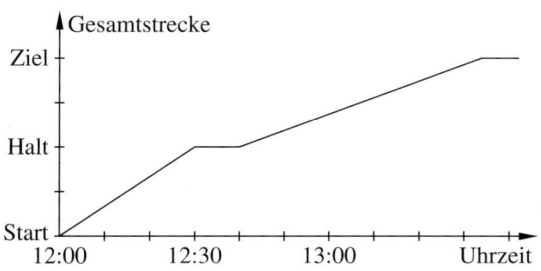

Was ändert sich im Diagramm, wenn er heute…
a) …10 Minuten später losfährt?
b) …am Halt 10 Minuten länger warten muss?

6 Pia fährt von Elmshorn nach Bremen.
Zeichne ein Weg-Zeit-Diagramm.

	Strecke	RE	IC
Elmshorn	0 km	16:11	
Hamburg	41 km	16:37	16:46
Bremen	115 km		17:41

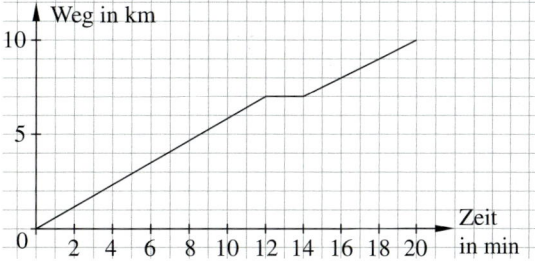

8 👥 Arbeitet zu zwei.
Zeichnet ein Diagramm mit den Zeiten 12 Uhr bis 15 Uhr und der Strecke von 0 km bis 150 km. Einer erzählt nun eine Geschichte wie: „Der Zug fährt um 12 los, um … ist er in Kiel. Er hält bis… und fährt dann bis … nach Hamburg."
Der andere trägt die Geschichte ins Weg-Zeit-Diagramm ein. Wechselt dann die Rollen.

9 Das Diagramm zeigt die Zug planmäßig Fahrt eines Zuges.

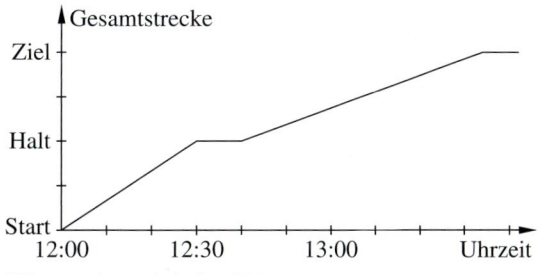

Was ändert sich im Diagramm, wenn er heute…
a) …10 Minuten länger bis zum Halt braucht?
b) …er die Strecke vom Ziel zum Start fährt?

10 Ein GPS-Gerät hat die Bewegung eines Joggers aufgezeichnet.
a) Erstelle ein Weg-Zeit-Diagramm. Bestimme die Entfernungen mit dem Maßstab.
b) Auf welcher Teilstrecke war der Jogger am schnellsten und wo am langsamsten?

197

11 Bundesjugendspiele

Bei den Sommer-Bundesjugendspielen der 11- bis 12-jährigen Mädchen und Jungen wird ein Dreikampf aus 50-m-Lauf, Weitsprung und Ballwurf durchgeführt. Jede Disziplin wird mit Punkten bewertet, die zur Gesamtpunktzahl zusammengefasst werden.
Die Tabelle zeigt einen Ausschnitt aus den Wettkampflisten der Bundesjugendspiele (11–12 Jahre):

50 m-Lauf																
Zeit in s	10,0	9,9	9,8	9,7	9,6	9,5	9,4	9,3	9,2	9,1	9,0	8,9	8,8	8,7	8,6	8,5
Mädchen	187	194	201	209	217	225	233	241	249	258	267	276	285	294	304	314
Jungen	158	165	172	179	187	194	202	210	218	226	234	243	252	261	270	279

Weitsprung																
Weite in m	3,69	3,73	3,77	3,81	3,85	3,89	3,93	3,97	4,01	4,05	4,09	4,13	4,17	4,21	4,25	4,29
Mädchen	397	402	407	412	417	422	427	432	437	441	446	451	456	460	465	470
Jungen	351	356	361	366	370	375	379	384	389	393	398	402	407	411	416	420

Ballwurf (Mädchen 80 g Schlagball, Jungen 200 g Ball)																
Weite in m	28	28,5	29	29,5	30	30,5	31	31,5	32	32,5	33	33,5	34	34,5	35	35,5
Mädchen	373	379	384	389	395	400	405	410	415	420	425	430	435	440	445	450
Jungen	270	274	278	281	285	289	292	296	300	303	307	310	314	317	320	324

a) Was wird in den Tabellen jeweils einander zugeordnet?

b) Es gibt eine Sieger- oder eine Ehrenurkunde, wenn insgesamt die Mindestpunktzahlen der linken Tabelle erreicht werden. Betrachte die rechte Tabelle. Wer erhält welche Urkunde?

	Jungen		Mädchen	
Alter	Sieger-urkunde	Ehren-urkunde	Sieger-urkunde	Ehren-urkunde
11	700	900	675	875
12	775	975	750	975

	Anne	Kai	Jana	Deniz
Alter	11	11	12	12
50-m-Lauf	10,0 s	9,5 s	9,7 s	9,0 s
Weitsprung	3,85 m	4,28 m	3,71 m	3,69 m
Ballwurf	32 m	28,5 m	29 m	35,5 m

c) Gib mögliche Ergebnisse an, mit denen ein 11-jähriger Junge (ein 12-jähriges Mädchen) eine Ehrenurkunde erreicht.

d) Leo ist 12 Jahre alt und hat beim 50-m-Lauf 9,2 s gebraucht. Kann er laut Tabelle noch eine Ehrenurkunde erreichen? Begründe.

12 Mogelpackungen

Häufig geht man beim Einkaufen davon aus, dass große Packungen günstiger sind als kleine.
Die Tabelle zeigt die Preise für verschiedene Packungsgrößen einiger Produkte.

a) Bei welchen Produkten lassen sich die Preise leicht vergleichen? Begründe.

c) Wie groß ist die Differenz zwischen dem Preis für die Großpackung und dem Einzelkauf der gleichen Menge der Produkte?

d) Vergleiche in einem Supermarkt die Preise.

Produkte	Packungsgröße	Preis (in €)
Duschgel	250 ml	1,25
	2 × 250 ml	2,65
Lollipop	1 Stück	0,55
	6 Stück	3,79
Schokolade	100 g	0,75
	4 × 100 g	3,48
Pralinen	200 g	2,59
	250 g	3,49
Bonbons	125 g	0,93
	400 g	2,99
DVD-Rohlinge	25 Stück	16,99
	50 Stück	34,99
Kekse	237 g	1,80
	310 g	2,69

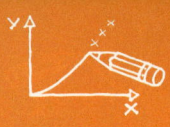

Zusammenfassung

Zuordnungen erkennen und beschreiben

→ Seite 188

Bei Zuordnungen wird jedem Wert aus einem Bereich ein Wert aus einem anderen Bereich zugeordnet.

Die beiden zugeordneten Werte bilden ein **Wertepaar**.

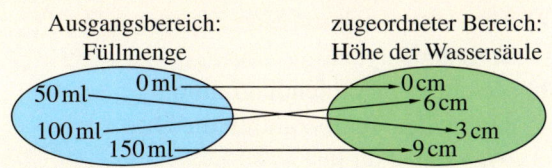

Zuordnungen werden in verschiedenen Formen dargestellt.

Wortvorschrift

Eine Kerze brennt in einer Stunde 5 mm herunter.

Tabelle

Zeit (in h)	0	1	2	3	4
Höhe (in mm)	0	5	10	15	20

Säulendiagramm

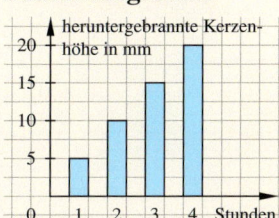

Koordinatensystem

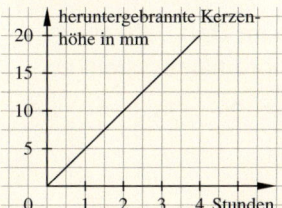

Bewegungsgeschichten

→ Seite 192

In **Weg-Zeit-Diagrammen** wird die Zeit auf der x-Achse und der Weg auf der y-Achse eingetragen.
Ist der Graph parallel zur x-Achse gibt es **keine Bewegung**.
Wird die Bewegung **langsamer**, so wird der Graph flacher.
Wird die Bewegung **schneller**, so wird der Graph steiler.

Es gibt zwei unterschiedliche Diagramme die der Zeit den Weg zuordnen.

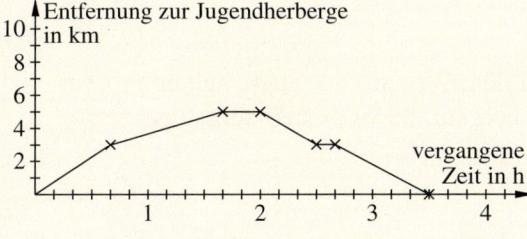

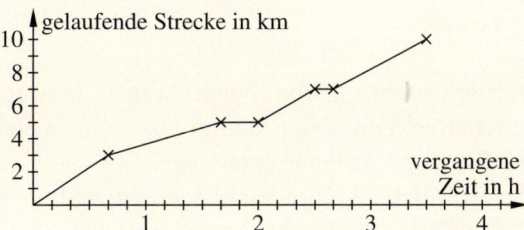

In diesem Diagramm wird der Zeit der Weg als Entfernung zum Ausgangspunkt zugeordnet.

In diesem Diagramm wird der Zeit der Weg als gelaufene Strecke zugeordnet.

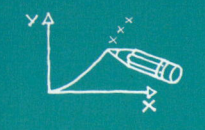

Teste dich!

1 An einem Märztag wurden in einigen Orten Schleswig-Holsteins die Höchsttemperaturen gemessen.

a) Handelt es sich um eine Zuordnung? Begründe.

b) Zeichne ein Säulendiagramm

c) Ordne den Temperaturen die Orte zu. Was stellst du fest?

Lübeck	8 °C
Schleswig	7 °C
Flensburg	9 °C
Neumünster	8 °C
Kiel	5 °C

2 Im Fußballstadion soll neuer Rasen verlegt werden.

Die grafische Darstellung zeigt, wie viel m² Rasenfläche in der Zeit von einer Stunde bis 5 Stunden verlegt werden kann.

a) Welche Größen werden einander zugeordnet?

b) Ergänze die Tabelle im Heft. Lies die fehlenden Werte im Koordinatensystem ab.

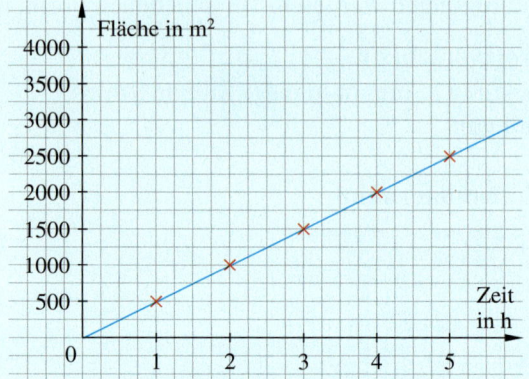

Zeit (in h)	1	2	3	4	5
Fläche (in m²)	500				

3 Im Eiscafe:

a) Erstelle eine Tabelle, aus der man die Preise für eine bis zehn Kugeln Eis ablesen kann.

b) Erstelle eine Tabelle für die Preise für eine bis zehn Kugeln Diät-Eis.

c) Stelle die Zuordnungen
Anzahl der Kugeln → Preis für Eis
Anzahl der Kugeln → Preis für Diät-Eis
in einem Säulendiagramm dar.

d) Vergleiche die Säulendiagramme.

e) Wie ändern sich die Diagramme, wenn eine Eiswaffel 0,30 € kostet?

Preise für Eis
• 1 Kugel Eis: 0,90 €
• 1 Kugel Diät-Eis: 1,10 €

4 Peter macht mit dem Fahrrad einen Ausflug. Auf dem Weg aus der Stadt, hält er an zwei Geschäften. Hinter der Stadtgrenze geht es erstmal bergauf, bevor es steil bergab geht.

a) Wie lange ist Peter unterwegs?

b) Bei welchem Kilometer begann die Abfahrt?

c) Zeichne das Weg-Zeit-Diagramm in dein Heft. Ergänze im gleichen Koordinatensystem einen zweiten Grafen, in dem du die folgenden Punkte änderst bzw. ergänzt.
① Peter macht bei Kilometer 30 eine Pause von 15 Minuten
② In der Stadt ist die erste Ampel grün und die Zweite rot.

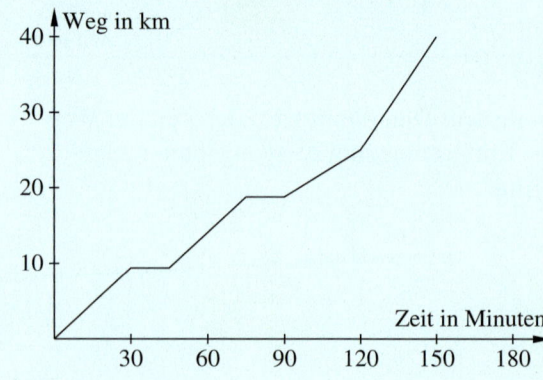

Gold: 13–13 Punkte, Silber: 11–12 Punkte, Bronze: 7–10 Punkte   Lösungen ab Seite 202